2025 소방설비기사 필기 전기 분야

필수기출 400제

전기 분야

소방전기일반
+
소방전기시설의 구조 및 원리

김앤북
KIM&BOOK

"15개년 1,800문제를 14개 대표유형 400문제로 정리했습니다."

소방설비기사 시험은 30대 이상 직장인이 많이 응시하는 시험으로 적은 시간을 투자하여 효율적으로 학습하는 것이 중요합니다.

엔지니어랩 연구소에서는 수험생들이 문제의 핵심을 파악하고, 개정된 소방법 기준으로 수정된 문제로 학습하여 빠른 시간 안에 합격점수를 만들 수 있도록 다음과 같이 구성했습니다.

❶ 단순한 기출문제 나열이 아닌 대표유형별로 문제 분류

비슷한 문항이 계속 반복되는 연도별 기출문제가 아니라 각 대표유형별로 합격에 꼭 필요한 필수 기출문제만 엄선하여 수록했습니다.

❷ 소방시설관리사의 검수를 포함, 개정 소방법 반영 완료

소방설비기사를 공부하기 위해서는 필수적으로 소방법에 대한 문제를 풀어야 합니다. 소방법은 다른 법에 비해 자주 개정이 되고, 법이 개정되면 기존에 출제된 기출문제도 개정된 법에 맞게 바꾸어 주어야 합니다.

엔지니어랩 연구소의 연구인력이 교재 내에 수록된 모든 기출문제 중 법과 관련된 문제는 개정된 법에 맞는지 확인했고, 현직 소방시설관리사의 검수를 통해 개정된 소방법을 문제와 해설에 모두 반영했습니다.

❸ 역대급 친절하고 자세한 해설 수록

교재의 해설은 "문제유형 → 난이도 → 접근 POINT → 용어 CHECK 또는 공식 CHECK → 해설 → 관련개념 또는 유사문제"의 단계적으로 수록했습니다.

수험생들이 해설을 통해 학습을 마무리하고 유사한 문제에 대비할 수 있어 빠른 시간 안에 합격점수를 획득할 수 있도록 구성하였습니다.

소방설비기사 필기 전기 분야
필수기출 400제 200% 활용 방법

1 대표유형 문제로 출제경향 파악 및 핵심개념 CHECK

대표유형별로
출제비율 및
출제경향 확인

과목별로 기출문제를
대표유형별로 정리하여
수록함

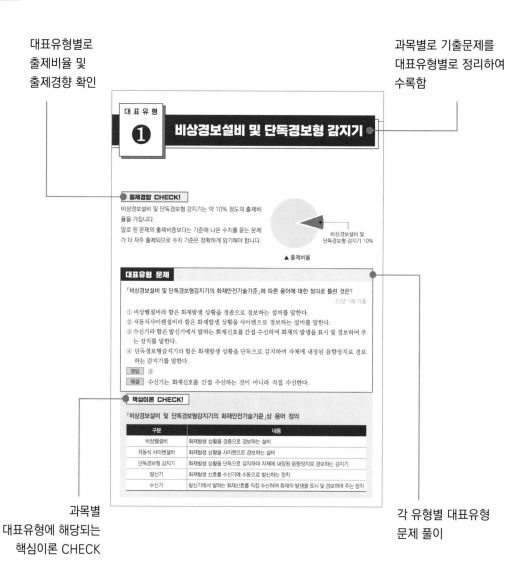

대표유형
① **비상경보설비 및 단독경보형 감지기**

출제경향 CHECK!

비상경보설비 및 단독경보형 감지기는 약 10% 정도의 출제비율을 가집니다.
말로 된 문제의 출제비중보다는 기준에 나온 수치를 묻는 문제가 더 자주 출제되므로 수치 기준은 정확하게 암기해야 합니다.

비상경보설비 및
단독경보형 감지기 10%

▲ 출제비율

대표유형 문제

「비상경보설비 및 단독경보형감지기의 화재안전기술기준」에 따른 용어에 대한 정의로 틀린 것은?　22년 1회 기출

① 비상벨설비라 함은 화재발생 상황을 경종으로 경보하는 설비를 말한다.
② 자동식사이렌설비라 함은 화재발생 상황을 사이렌으로 경보하는 설비를 말한다.
③ 수신기라 함은 발신기에서 발하는 화재신호를 간접 수신하여 화재의 발생을 표시 및 경보하여 주는 장치를 말한다.
④ 단독경보형감지기라 함은 화재발생 상황을 단독으로 감지하여 자체에 내장된 음향장치로 경보하는 감지기를 말한다.

정답 ③
해설 수신기는 화재신호를 간접 수신하는 것이 아니라 직접 수신한다.

핵심이론 CHECK!

「비상경보설비 및 단독경보형감지기의 화재안전기술기준」상 용어 정의

구분	내용
비상벨설비	화재발생 상황을 경종으로 경보하는 설비
자동식 사이렌설비	화재발생 상황을 사이렌으로 경보하는 설비
단독경보형 감지기	화재발생 상황을 단독으로 감지하여 자체에 내장된 음향장치로 경보하는 감지기
발신기	화재발생 신호를 수신기에 수동으로 발신하는 장치
수신기	발신기에서 발하는 화재신호를 직접 수신하여 화재의 발생을 표시 및 경보하여 주는 장치

과목별
대표유형에 해당되는
핵심이론 CHECK

각 유형별 대표유형
문제 풀이

2 유형별 기출문제 풀이로 합격점수 완성

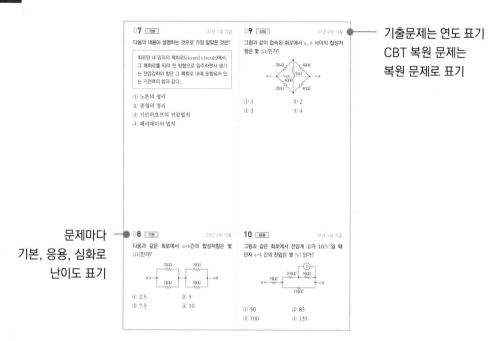

기출문제는 연도 표기
CBT 복원 문제는
복원 문제로 표기

문제마다
기본, 응용, 심화로
난이도 표기

3 역대급 단계적·친절한 해설로 학습 마무리

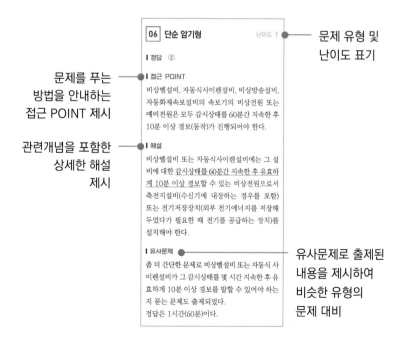

문제 유형 및
난이도 표기

문제를 푸는
방법을 안내하는
접근 POINT 제시

관련개념을 포함한
상세한 해설
제시

유사문제로 출제된
내용을 제시하여
비슷한 유형의
문제 대비

차례
CONTENTS 문제

차례
CONTENTS 정답 및 해설

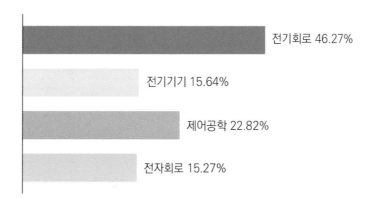

출제비중

- 전기회로 46.27%
- 전기기기 15.64%
- 제어공학 22.82%
- 전자회로 15.27%

출제경향 분석

소방전기일반은 전기회로에서 약 40%가 넘는 문제가 출제될 정도로 전기회로에 대한 기본적인 지식이 필요한 과목입니다. 전기회로에는 직류회로, 정전계, 정자계, 교류회로, 회로망 해석 등 다양한 영역의 문제가 출제되어 공부 범위가 넓은 편이고, 전기에 대한 기본적인 지식이 있어야 풀 수 있는 문제가 많습니다.

소방전기일반은 전기에 대한 기본적인 지식이 있거나 전기 관련 자격증을 가지고 있는 수험생이라면 쉽게 접근할 수 있으나 전기에 대한 기본적인 지식이 없는 수험생의 경우 어려워하는 과목입니다.

소방전기일반에 출제되는 문제를 전기기사와 비교한다면 전기기사 과목 기준으로 전기설비기술기준 외의 모든 과목과 관련된 문제가 출제되지만 전기기사에 비해서는 기본적인 개념 위주의 문제와 단순 계산형 문제가 많이 출제됩니다.

처음 소방전기일반을 공부하는 수험생이라면 기본 개념 문제, 공식을 외우면 풀 수 있는 문제부터 천천히 접근한다면 충분히 70점 정도는 획득할 수 있습니다.

대표유형

① 전기회로

출제경향 CHECK!

전기회로는 소방전기일반에서 40% 이상의 출제비율을 가지는 가장 중요한 유형입니다.
이 유형에서는 계산문제가 많이 출제되는데 기본적인 공식만 암기하면 풀 수 있는 문제가 많기 때문에 공식을 정확하게 암기하고 계산문제를 푸는 방법을 연습해야 합니다.

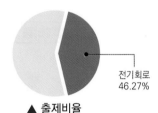

전기회로
46.27%

▲ 출제비율

대표유형 문제

직류 전압계의 내부저항이 $500[\Omega]$, 최대 눈금이 $50[\mathrm{V}]$라면, 이 전압계에 $3[\mathrm{k}\,\Omega]$의 배율기를 접속하여 전압을 측정할 때 최대 측정치는 몇 $[\mathrm{V}]$인가?   20년 1회 기출

① 250
② 303
③ 350
④ 500

정답 ③

해설 배율기의 저항값 $R_m = (m-1)R_v$ (여기서, $R_v =$전압계의 내부저항)
배율기의 저항값 관계식을 이용하여 배율에 대한 관계식으로 나타내면 다음과 같다.
$$R_m = (m-1)R_v$$
$$m = \frac{R_m}{R_v}+1 = \frac{3\times 10^3}{500}+1 = 7$$
그러므로, 전압계에 $3[\mathrm{k}\,\Omega]$의 배율기를 접속하면 7배의 전압까지 측정이 가능하다.
따라서, 전압계의 최대 측정치는 $50\times 7 = 350[\mathrm{V}]$가 된다.

핵심이론 CHECK!

1. 전압과 전류의 측정

① 전압계: 전압을 측정하는 장치로 측정대상에 병렬로 접속하여 전압을 측정한다.
② 전류계: 전류를 측정하는 장치로 측정대상에 직렬로 접속하여 전류를 측정한다.

2. 전압계와 전류계의 측정범위 확대

① 배율기
  • 전압계의 측정범위를 확대시키기 위한 저항
  • 전압계에 직렬로 설치한다.
② 분류기
  • 전류계의 측정범위를 확대시키기 위한 저항
  • 전류계에 병렬로 설치한다.

01 기본   20년 4회 기출

옴의 법칙에 대한 설명으로 옳은 것은?

① 전압은 저항에 반비례한다.
② 전압은 전류에 비례한다.
③ 전압은 전류에 반비례한다.
④ 전압은 전류의 제곱에 비례한다.

02 기본   16년 2회 기출

일정 전압의 직류전원에 저항을 접속하고 전류를 흘릴 때 전류의 값을 20[%] 감소시키기 위한 저항값은 처음의 몇 배인가?

① 0.05   ② 0.83
③ 1.25   ④ 1.5

03 기본   CBT 복원

저항을 설명한 다음 문항 중 틀린 것은?

① 기호는 R, 단위는 [Ω]이다.
② 옴의 법칙은 $R = \dfrac{V}{I}$로 표현된다.
③ R의 역수는 서셉턴스이며 단위는 [℧]이다.
④ 전류의 흐름을 방해하는 작용을 저항이라 한다.

04 기본   19년 4회 기출

직류회로에서 도체를 균일한 체적으로 길이를 10배 늘이면 도체의 저항은 몇 배가 되는가? (단, 도체의 전체 체적은 변함이 없다.)

① 10   ② 20
③ 100   ④ 120

05 기본   22년 1회 기출

절연저항 시험에서 "전로의 사용전압이 500[V] 이하인 경우 1.0[MΩ] 이상"이란 뜻으로 가장 알맞은 것은?

① 누설전류가 0.5[mA] 이하이다.
② 누설전류가 5[mA] 이하이다.
③ 누설전류가 15[mA] 이하이다.
④ 누설전류가 30[mA] 이하이다.

06 응용   20년 1회 기출

자동화재탐지설비의 감지기 회로의 길이가 500[m]이고, 종단에 8[kΩ]의 저항이 연결되어 있는 회로에 24[V]의 전압이 가해졌을 경우 도통시험 시 전류는 약 몇 [mA]인가? (단, 동선의 저항률은 1.69×10^{-8}[Ω·m]이며, 동선의 단면적은 2.5[mm²]이고, 접촉저항 등은 없다고 본다.)

① 2.4   ② 3.0
③ 4.8   ④ 6.0

07 [기본]

22년 1회 기출

다음의 내용이 설명하는 것으로 가장 알맞은 것은?

> 회로망 내 임의의 폐회로(closed circuit)에서,
> 그 폐회로를 따라 한 방향으로 일주하면서 생기
> 는 전압강하의 합은 그 폐회로 내에 포함되어 있
> 는 기전력의 합과 같다.

① 노튼의 정리
② 중첩의 정리
③ 키르히호프의 전압법칙
④ 패러데이의 법칙

08 [기본]

20년 4회 기출

다음과 같은 회로에서 a-b간의 합성저항은 몇 [Ω]인가?

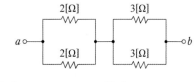

① 2.5
② 5
③ 7.5
④ 10

09 [심화]

20년 4회 기출

그림과 같이 접속된 회로에서 a, b 사이의 합성저항은 몇 [Ω]인가?

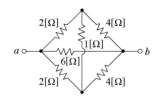

① 1
② 2
③ 3
④ 4

10 [응용]

20년 3회 기출

그림과 같은 회로에서 전압계 Ⓥ가 10[V]일 때 단자 a-b 간의 전압은 몇 [V] 인가?

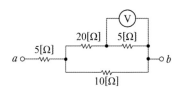

① 50
② 85
③ 100
④ 135

11 응용 22년 2회 기출

그림의 회로에서 a-b 간에 V_{ab}[V]를 인가했을 때 c-d 간의 전압이 100[V]이었다. 이때 a-b 간에 인가한 전압(V_{ab})은 몇 [V]인가?

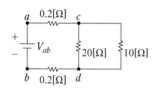

① 104
② 106
③ 108
④ 110

12 기본 CBT 복원

그림과 같이 저항 3개가 병렬로 연결된 회로에 흐르는 가지전류 I_1, I_2, I_3는 몇 [A]인가?

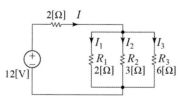

① $I_1 = 2$, $I_2 = \dfrac{4}{3}$, $I_3 = \dfrac{2}{3}$

② $I_1 = \dfrac{2}{3}$, $I_2 = \dfrac{4}{3}$, $I_3 = 2$

③ $I_1 = 3$, $I_2 = 2$, $I_3 = 1$

④ $I_1 = 1$, $I_2 = 2$, $I_3 = 3$

13 기본 13년 2회 기출

2개의 저항을 직렬로 연결하여 30[V]의 전압을 가하면 6[A]의 전류가 흐르고, 병렬로 연결하고 동일 전압을 가하면 25[A]의 전류가 흐른다. 두 저항값은 각각 몇 [Ω]인가?

① 2, 3
② 3, 5
③ 4, 5
④ 5, 6

14 기본 22년 2회 기출

200[V] 전원에 접속하면 1[kW]의 전력을 소비하는 저항을 100[V] 전원에 접속하면 소비전력은?

① 250[W]
② 500[W]
③ 750[W]
④ 900[W]

15 기본 20년 3회 기출

지하 1층, 지상 2층, 연면적이 1,500[m²]인 기숙사에서 지상 2층에 설치된 차동식스포트형감지기가 작동하였을 때 전 층의 지구경종이 동작되었다. 각 층 지구경종의 정격전류가 60[mA]이고, 24[V]가 인가되고 있을 때 모든 지구경종에서 소비되는 총 전력[W]는?

① 4.23
② 4.32
③ 5.67
④ 5.76

16 기본

1개의 용량의 25[W]인 객석유도등 10개가 설치되어 있다. 이 회로에 흐르는 전류는 약 몇 [A]인가? (단, 전원 전압은 220[V]이고, 기타 선로손실 등은 무시한다.)

① 0.88   ② 1.14
③ 1.25   ④ 1.36

17 기본

100[V], 500[W]의 전열선 2개를 같은 전압에서 직렬로 접속한 경우와 병렬로 접속한 경우에 각 전열선에서 소비되는 전력은 각각 몇 [W]인가?

① 직렬 : 250, 병렬 : 500
② 직렬 : 250, 병렬 : 1,000
③ 직렬 : 500, 병렬 : 500
④ 직렬 : 500, 병렬 : 1,000

18 기본

50[V]를 가하여 30[C]의 전기량을 3초 동안 이동시켰다. 이때의 전력은 몇 [kW]인가?

① 0.5   ② 1
③ 1.5   ④ 2

19 기본

0[°C]에서 저항이 10[Ω]이고, 저항의 온도계수가 0.0043인 전선이 있다. 30[°C]에서 이 전선의 저항은 약 몇 [Ω]인가?

① 0.013   ② 0.68
③ 1.4   ④ 11.3

20 기본

온도 $t[°C]$에서 저항이 R_1, R_2이고 저항의 온도계수가 각각 α_1, α_2인 두 개의 저항을 직렬로 접속했을 때 합성 온도계수는?

① $\dfrac{R_1\alpha_2 + R_2\alpha_1}{R_1 + R_2}$ ② $\dfrac{R_1\alpha_1 + R_2\alpha_2}{R_1 R_2}$

③ $\dfrac{R_1\alpha_1 + R_2\alpha_2}{R_1 + R_2}$ ④ $\dfrac{R_1\alpha_2 + R_2\alpha_1}{R_1 R_2}$

21 기본

내부저항이 200[Ω]이며 직류 120[mA]인 전류계를 6[A]까지 측정할 수 있는 전류계로 사용하고자 한다. 어떻게 하면 되겠는가?

① 24[Ω]의 저항을 전류계와 직렬로 연결한다.
② 12[Ω]의 저항을 전류계와 병렬로 연결한다.
③ 약 6.24[Ω]의 저항을 전류계와 직렬로 연결한다.
④ 약 4.08[Ω]의 저항을 전류계와 병렬로 연결한다.

22 기본   11년 1회 기출

분류기를 사용하여 내부저항이 R_a인 전류계의 배율을 9로 하기 위한 분류기의 저항 R_s[Ω]은?

① $R_s = \frac{1}{8}R_a$ ② $R_s = \frac{1}{9}R_a$

③ $R_s = 8R_a$ ④ $R_s = 9R_a$

23 기본   15년 2회 기출

저항이 있는 도체에 전류를 흘리면 열이 발생되는 법칙은?

① 옴의 법칙   ② 플레밍의 법칙
③ 줄의 법칙   ④ 키르히호프의 법칙

24 기본   15년 4회 기출

두 종류의 금속으로 폐회로를 만들어 전류를 흘리면 양 접속점에서 한 쪽은 온도가 올라가고 다른 쪽은 온도가 내려가는 현상은?

① 펠티에 효과   ② 제벡 효과
③ 톰슨 효과   ④ 홀 효과

25 기본   CBT 복원

기전력이 1.5[V]이고 내부저항이 10[Ω]인 건전지 4개를 직렬 연결하고 20[Ω]의 저항 R을 접속하는 경우, 저항 R에 흐르는 ㉠ 전류 I[A]와 ㉡ 단자전압 V[V]는?

① ㉠ 0.1[A], ㉡ 2[V]
② ㉠ 0.3[A], ㉡ 6[V]
③ ㉠ 0.1[A], ㉡ 6[V]
④ ㉠ 0.3[A], ㉡ 2[V]

26 기본   14년 2회 기출

기전력 3.6[V], 용량 600[mAh]인 축전지 5개를 직렬 연결할 때의 기전력과 용량은?

① 3.6[V], 3[Ah]
② 18[V], 3[Ah]
③ 3.6[V], 600[mAh]
④ 18[V], 600[mAh]

27 기본   22년 1회 기출

축전지의 자기 방전을 보충함과 동시에 일반 부하로 공급하는 전력은 충전기가 부담하고, 충전기가 부담하기 어려운 일시적인 대전류는 축전지가 부담하는 충전방식은?

① 급속충전   ② 부동충전
③ 균등충전   ④ 세류충전

28 기본   20년 4회 기출

공기 중에 $10[\mu C]$과 $20[\mu C]$인 두 개의 점전하를 $1[m]$ 간격으로 놓았을 때 발생되는 정전기력은 몇 $[N]$인가?

① 1.2   ② 1.8

③ 2.4   ④ 3.0

29 기본   22년 2회 기출

공기 중에 $1 \times 10^{-7}[C]$의 (+)전하가 있을 때, 이 전하로부터 $15[cm]$의 거리에 있는 점의 전장의 세기는 몇 $[V/m]$인가?

① 1×10^4 ② 2×10^4

③ 3×10^4 ④ 4×10^4

30 기본   21년 4회 기출

자유공간에서 무한히 넓은 평면에 면전하밀도 σ $[C/m^2]$가 균일하게 분포되어 있는 경우 전계의 세기(E)는 몇 $[V/m]$인가?

① $E = \dfrac{\sigma}{\varepsilon_0}$ ② $E = \dfrac{\sigma}{2\varepsilon_0}$

③ $E = \dfrac{\sigma}{2\pi\varepsilon_0}$ ④ $E = \dfrac{\sigma}{4\pi\varepsilon_0}$

31 기본   19년 4회 기출

$50[F]$의 콘덴서 2개를 직렬로 연결하면 합성 정전용량은 몇 $[F]$인가?

① 25   ② 50

③ 100   ④ 1,000

32 기본   CBT 복원

한쪽 극판의 면적이 $0.01[m^2]$, 극판 간격이 $1.5[mm]$인 공기콘덴서의 정전용량은?

① 약 $59[pF]$ ② 약 $118[pF]$

③ 약 $344[pF]$ ④ 약 $1,334[pF]$

33 기본   22년 2회 기출

정전용량이 각각 $1[\mu F]$, $2[\mu F]$, $3[\mu F]$이고, 내압이 모두 동일한 3개의 커패시터가 있다. 이 커패시터들을 직렬로 연결하여 양단에 전압을 인가한 후 전압을 상승시키면 가장 먼저 절연이 파괴되는 커패시터는? (단, 커패시터의 재질이나 형태는 동일하다.)

① $1[\mu F]$ ② $2[\mu F]$

③ $3[\mu F]$ ④ 3개 모두

34 기본   19년 1회 기출

두 콘덴서 C_1, C_2를 병렬로 접속하고 전압을 인가하였더니 전체 전하량이 $Q[C]$이었다. C_2에 충전된 전하량은?

① $\dfrac{C_1}{C_1+C_2}Q$ ② $\dfrac{C_1+C_2}{C_1}Q$

③ $\dfrac{C_1+C_2}{C_2}Q$ ④ $\dfrac{C_2}{C_1+C_2}Q$

35 기본   21년 1회 기출

정전용량이 $0.02[\mu F]$인 커패시터 2개와 정전용량이 $0.01[\mu F]$인 커패시터 1개를 모두 병렬로 접속하여 $24[V]$의 전압을 가하였다. 이 병렬회로의 합성 정전용량$[\mu F]$과 $0.01[\mu F]$의 커패시터에 축적되는 전하량$[C]$은?

① 0.05, 0.12×10^{-6} ② 0.05, 0.24×10^{-6}

③ 0.03, 0.12×10^{-6} ④ 0.03, 0.24×10^{-6}

36 기본   14년 2회 기출

공기 중에서 $3\times10^{-4}[wb]$와 $5\times10^{-3}[wb]$의 두 극 사이에 작용하는 힘이 $13[N]$이었다. 두 극 사이의 거리는 약 몇 $[cm]$인가?

① 4.3 ② 8.5

③ 13 ④ 17

37 기본   20년 3회 기출

다음 중 강자성체에 속하지 않는 것은?

① 니켈   ② 알루미늄

③ 코발트   ④ 철

38 기본   22년 1회 기출

한 변의 길이가 $150[mm]$인 정방형 회로에 $1[A]$의 전류가 흐를 때 회로 중심에서의 자계의 세기는 약 몇 $[AT/m]$인가?

① 5 ② 6

③ 9 ④ 21

39 기본   20년 1회 기출

반지름 $20[cm]$, 권수 50회인 원형코일에 $2[A]$의 전류를 흘려주었을 때 코일 중심에서 자계(자기장)의 세기$[AT/m]$는?

① 70 ② 100

③ 125 ④ 250

40 기본 CBT 복원

소화설비의 기동장치에 사용하는 전자(電磁)솔레노이드에서 발생되는 자계의 세기는?

① 코일의 권수에 비례한다.
② 코일의 권수에 반비례한다.
③ 전류의 세기에 반비례한다.
④ 전압에 반비례한다.

41 기본 18년 2회 기출

원형 단면적이 $S[\mathrm{m}^2]$, 평균 자로의 길이가 $l[\mathrm{m}]$, $1[\mathrm{m}]$당 권선수의 N회인 공심 환상솔레노이드에 $I[\mathrm{A}]$의 전류를 흘릴 때 철심 내의 자속은?

① $\dfrac{NI}{l}$

② $\dfrac{\mu_0 SNI}{l}$

③ $\mu_0 SNI$

④ $\dfrac{\mu_0 SN^2 I}{l}$

42 기본 13년 1회 기출

코일의 권수가 1,250회인 공심 환상솔레노이드의 평균 길이가 50[cm]이며, 단면적이 20[cm²]이고, 코일에 흐르는 전류가 1[A]일 때 솔레노이드의 내부 자속은?

① $2\pi \times 10^{-6}[wb]$
② $2\pi \times 10^{-8}[wb]$
③ $\pi \times 10^{-6}[wb]$
④ $\pi \times 10^{-8}[wb]$

43 기본 21년 4회 기출

무한장 솔레노이드에서 자계의 세기에 대한 설명으로 틀린 것은?

① 솔레노이드 내부에서의 자계의 세기는 전류의 세기에 비례한다.
② 솔레노이드 내부에서의 자계의 세기는 코일의 권수에 비례한다.
③ 솔레노이드 내부에서의 자계의 세기는 위치에 관계없이 일정한 평등 자계이다.
④ 자계의 방향과 암페어 적분 경로가 서로 수직인 경우 자계의 세기가 최대이다.

44 기본 14년 1회 기출

그림과 같은 변압기 철심의 단면적 $S=5[\mathrm{cm}^2]$, 길이 $l=50[\mathrm{cm}]$, 비투자율 $\mu_s=1,000$, 코일의 감은 횟수 $N=200$이라 하고 1[A]의 전류를 흘렸을 때 자계에 축적되는 에너지는 몇 [J]인가? (단, 누설자속은 무시한다.)

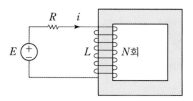

① $2\pi \times 10^{-3}$
② $4\pi \times 10^{-3}$
③ $6\pi \times 10^{-3}$
④ $8\pi \times 10^{-3}$

45 기본   21년 2회 기출

길이 1[cm]마다 감은 권선수가 50회인 무한장 솔레노이드에 500[mA]의 전류를 흘릴 때 솔레노이드 내부에서의 자계의 세기는 몇 [AT/m]인가?

① 1,250   ② 2,500

③ 12,500   ④ 25,000

46 기본   18년 4회 기출

코일을 지나가는 자속이 변화하면 코일에 기전력이 발생한다. 이 때 유기되는 기전력의 방향을 결정하는 법칙은?

① 렌츠의 법칙

② 플레밍의 왼손법칙

③ 키르히호프의 제2법칙

④ 플레밍의 오른손법칙

47 기본   22년 2회 기출

균일한 자기장 내에서 운동하는 도체에 유도된 기전력의 방향을 나타내는 법칙은?

① 플레밍의 왼손 법칙

② 플레밍의 오른손 법칙

③ 암페어의 오른나사 법칙

④ 패러데이의 전자유도 법칙

48 기본   22년 1회 기출

권선수가 100회인 코일에 유도되는 기전력의 크기가 e_1이다. 이 코일의 권선수를 200회로 늘렸을 때 유도되는 기전력의 크기(e_2)는?

① $e_2 = \frac{1}{4}e_1$ ② $e_2 = \frac{1}{2}e_1$

③ $e_2 = 2e_1$ ④ $e_2 = 4e_1$

49 기본   21년 1회 기출

자기 인덕턴스 L_1, L_2가 각각 4[mH], 9[mH]인 두 코일이 이상적인 결합이 되었다면 상호 인덕턴스는 몇 [mH]인가? (단, 결합계수는 1이다.)

① 6   ② 12

③ 24   ④ 36

50 기본   14년 4회 기출

$A - B$ 양단에서 본 합성 인덕턴스는? (단, 코일간의 상호 유도는 없다고 본다.)

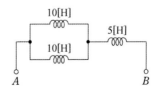

① 2.5[H]   ② 5[H]

③ 10[H]   ④ 15[H]

51 기본   22년 1회 기출

동일한 전류가 흐르는 두 평행 도선 사이에 작용하는 힘이 F_1이다. 두 도선 사이의 거리를 2.5배로 늘였을 때 두 도선 사이에 작용하는 힘 F_2는?

① $F_2 = \dfrac{1}{2.5}F_1$ ② $F_2 = \dfrac{1}{2.5^2}F_1$

③ $F_2 = 2.5F_1$ ④ $F_2 = 6.25F_1$

52 기본   21년 4회 기출

1[cm]의 간격을 둔 평행 왕복전선에 25[A]의 전류가 흐른다면 전선 사이에 작용하는 단위 길이당 힘[N/m]은?

① 2.5×10^{-2}[N/m](반발력)

② 1.25×10^{-2}[N/m](반발력)

③ 2.5×10^{-2}[N/m](흡입력)

④ 1.25×10^{-2}[N/m](흡입력)

53 기본   20년 3회 기출

50[kW]의 전력의 안테나에서 사방으로 균일하게 방사될 때, 안테나에서 1[km]거리에 있는 점에서의 전계의 실횻값은 약 몇 [V/m]인가?

① 0.87   ② 1.22

③ 1.73   ④ 3.98

54 기본   15년 4회 기출

$i = I_m \sin wt$[A]인 정현파에서 순시값과 실횻값이 같아지는 위상은 몇 도인가?

① 30°   ② 45°

③ 50°   ④ 60°

55 기본   13년 2회 기출

$v = \sqrt{2}\,V \sin wt$[V]인 전압에서 $wt = \dfrac{\pi}{6}$[rad]일 때의 크기가 70.7[V]이면 이 전원의 실횻값은 몇 [V]가 되는가?

① 100[V]   ② 200[V]

③ 300[V]   ④ 400[V]

56 기본   19년 4회 기출

반파 정류회로를 통해 정현파를 정류하여 얻은 반파정류파의 최댓값이 1일 때, 실횻값과 평균값은?

① $\dfrac{1}{\sqrt{2}}, \dfrac{2}{\pi}$ ② $\dfrac{1}{2}, \dfrac{\pi}{2}$

③ $\dfrac{1}{\sqrt{2}}, \dfrac{\pi}{2\sqrt{2}}$ ④ $\dfrac{1}{2}, \dfrac{1}{\pi}$

57 기본

$e_1 = 10\sqrt{2}\sin(wt+\dfrac{\pi}{3})[\text{V}]$와

$e_2 = 20\sqrt{2}\cos(wt-\dfrac{\pi}{6})[\text{V}]$의 두 정현파의 합성 전압 e는 약 몇 [V]인가?

① $30\sqrt{2}\sin(wt+\dfrac{\pi}{3})$

② $30\sqrt{2}\sin(wt-\dfrac{\pi}{3})$

③ $10\sqrt{2}\sin(wt+\dfrac{2}{3}\pi)$

④ $10\sqrt{2}\sin(wt-\dfrac{2}{3}\pi)$

58 기본

인덕턴스가 0.5[H]인 코일의 리액턴스가 753.6 [Ω]일 때 주파수는 약 몇 [Hz]인가?

① 120   ② 240

③ 360   ④ 480

59 기본

주파수 60[Hz], 인덕턴스 50[mH]인 코일의 유도 리액턴스는 몇 [Ω]인가?

① 14.14   ② 18.85

③ 22.12   ④ 26.86

60 기본

복소수로 표시된 전압 $10-j[\text{V}]$를 어떤 회로에 가하는 경우 $5+j[\text{A}]$의 전류가 흘렀다면 이 회로의 저항은 약 몇 [Ω]인가?

① 1.88   ② 3.6

③ 4.5   ④ 5.46

61 기본

그림과 같은 회로의 역률은 얼마인가?

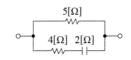

① 0.24   ② 0.59

③ 0.8   ④ 0.97

62 기본

그림과 같은 브리지 회로가 평형이 되기 위한 Z의 값은 몇 [Ω]인가? (단, 그림의 임피던스 단위는 모두 [Ω]이다.)

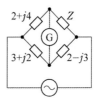

① $-3+j4$ ② $2-j4$

③ $4-j2$ ④ $3+j2$

63 [응용]

그림과 같은 브리지 회로의 평형조건은?

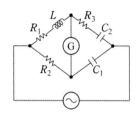

① $R_1C_1 = R_2C_2, \quad R_2R_3 = C_1L$

② $R_1C_1 = R_2C_2, \quad R_2R_3 = C_1 = L$

③ $R_1C_2 = R_2C_1, \quad R_2R_3 = C_1L$

④ $R_1C_2 = R_2C_1, \quad L = R_2R_3C_1$

64 [기본]

인덕턴스가 1[H]인 코일과 정전용량이 0.2[μF]인 콘덴서를 직렬로 접속할 때 이 회로의 공진 주파수는 약 몇 [Hz]인가?

① 89   ② 178

③ 267   ④ 356

65 [응용]

그림과 같은 회로에서 a, b단자에 흐르는 전류 I가 인가전압 E와 동위상이 되었다. 이때 L값은?

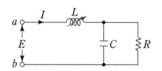

① $\dfrac{R}{1+wRC}$ ② $\dfrac{R^2}{1+(wCR)^2}$

③ $\dfrac{CR^2}{1+wCR}$ ④ $\dfrac{CR^2}{1+(wCR)^2}$

66 [기본]

그림과 같은 회로에서 단자 a, b 사이에 주파수 f [Hz]의 정현파 전압을 가했을 때 전류계 A_1, A_2의 값이 같았다. 이 경우 f, L, C 사이의 관계로 옳은 것은?

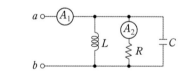

① $f = \dfrac{1}{LC}$ ② $f = \dfrac{1}{2\pi\sqrt{LC}}$

③ $f = \dfrac{1}{4\pi\sqrt{LC}}$ ④ $f = \dfrac{1}{\sqrt{2\pi^2 LC}}$

67 심화   15년 1회 기출

회로에서 공진상태의 임피던스는 몇 $[\Omega]$인가?

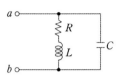

① $\dfrac{L}{CR}$ ② $\dfrac{CR}{L}$

③ $\dfrac{CL}{R}$ ④ $\dfrac{R}{CL}$

69 기본   21년 1회 기출

어떤 회로에 $v(t) = 150\sin wt[\text{V}]$의 전압을 가하니 $i(t) = 12\sin(wt-30°)[\text{A}]$의 전류가 흘렀다. 이 회로의 소비전력(유효전력)은 약 몇 $[\text{W}]$인가?

① 390   ② 450

③ 780   ④ 900

70 기본   21년 4회 기출

$50[\text{Hz}]$의 주파수에서 유도성 리액턴스가 $4[\Omega]$인 인덕터와 용량성 리액턴스가 $1[\Omega]$인 커패시터와 $4[\Omega]$의 저항이 모두 직렬로 연결되어 있다. 이 회로에 $100[\text{V}]$, $50[\text{Hz}]$의 교류전압을 인가했을 때 무효전력$[\text{Var}]$은?

① 1,000   ② 1,200

③ 1,400   ④ 1,600

68 기본   19년 2회 기출

그림과 같은 RL직렬회로에서 소비되는 전력은 몇 $[\text{W}]$인가?

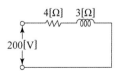

① 6,400   ② 8,800

③ 10,000   ④ 12,000

71 응용   22년 2회 기출

어떤 코일의 임피던스를 측정하고자 한다. 이 코일에 $30[\text{V}]$의 직류전압을 가했을 때 $300[\text{W}]$가 소비되었고, $100[\text{V}]$의 실효치 교류전압을 가했을 때 $1,200[\text{W}]$가 소비되었다. 이 코일의 리액턴스$[\Omega]$는?

① 2   ② 4

③ 6   ④ 8

72 기본　　　　　　19년 4회 기출

교류전압계이 지침이 지시하는 전압은 다음 중 어느 것인가?

① 실횻값　　　　② 평균값
③ 최댓값　　　　④ 순싯값

73 응용　　　　　　19년 2회 기출

그림과 같은 회로에서 각 계기의 지시값이 Ⓥ는 180[V], Ⓐ는 5[A], W는 720[W] 라면 이 회로의 무효전력[Var]은?

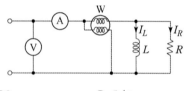

① 480　　　　　② 540
③ 960　　　　　④ 1,200

74 기본　　　　　　20년 4회 기출

교류 회로에 연결되어 있는 부하의 역률을 측정하는 경우 필요한 계측기의 구성은?

① 전압계, 전력계, 회전계
② 상순계, 전력계, 전류계
③ 전압계, 전류계, 전력계
④ 전류계, 전압계, 주파수계

75 응용　　　　　　21년 1회 기출

직류전원이 연결된 코일에 10[A]의 전류가 흐르고 있다. 이 코일에 연결된 전원을 제거하는 즉시 저항을 연결하여 폐회로를 구성하였을 때 저항에서 소비된 열량이 24[cal]이었다. 이 코일의 인덕턴스는 약 몇 [H]인가?

① 0.1　　　　　② 0.5
③ 2.0　　　　　④ 24

76 기본　　　　　　19년 2회 기출

단상전력을 간접적으로 측정하기 위해 3전압계법을 사용하는 경우 단상 교류전력 $P[\text{W}]$는?

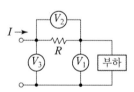

① $P = \dfrac{1}{2R}(V_3 - V_2 - V_1)^2$

② $P = \dfrac{1}{R}(V_3^2 - V_1^2 - V_2^2)$

③ $P = \dfrac{1}{2R}(V_3^2 - V_1^2 - V_2^2)$

④ $P = V_3 I \cos\theta$

77 기본

선간전압의 크기가 $100\sqrt{3}$[V]인 대칭 3상 전원에 각 상의 임피던스가 $Z=30+j40$[Ω]인 Y결선의 부하가 연결되었을 때 이 부하로 흐르는 선전류 [A]의 크기는?

① 2   ② $2\sqrt{3}$

③ 5   ④ $5\sqrt{3}$

78 기본

각 상의 임피던스가 $Z=6+j8$[Ω]인 △결선의 평형 3상 부하에 선간전압이 220[V]인 대칭 3상 전압을 가했을 때 이 부하로 흐르는 선전류의 크기는 약 몇 [A]인가?

① 13   ② 22

③ 38   ④ 66

79 응용

선간전압이 일정한 경우 △결선된 부하를 Y결선으로 바꾸면 소비전력은 어떻게 되는가?

① $\frac{1}{3}$ 배가 된다.   ② $\frac{1}{9}$ 배가 된다.

③ 3배가 된다.   ④ 9배가 된다.

80 기본

그림과 같은 회로에 평형 3상 전압 200[V]를 인가한 경우 소비된 유효전력[kW]은?

(단, $R=20$[Ω], $X=10$[Ω]이다.)

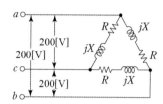

① 1.6   ② 2.4

③ 2.8   ④ 4.8

81 기본

평형 3상 회로에서 측정된 선간전압과 전류의 실효값이 각각 28.87[V], 10[A]이고, 역률이 0.8일 때 3상 무효전력의 크기는 약 몇 [Var]인가?

① 400   ② 300

③ 231   ④ 173

82 응용 21년 1회 기출

회로에서 a, b 간의 합성저항[Ω]은?
(단, $R_1 = 3[\Omega]$, $R_2 = 9[\Omega]$이다.)

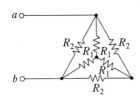

① 3
② 4
③ 5
④ 6

84 기본 20년 3회 기출

대칭 n상의 환상결선에서 선전류와 상전류(환상전류) 사이의 위상차는?

① $\frac{n}{2}\left(1 - \frac{2}{\pi}\right)$
② $\frac{n}{2}\left(1 - \frac{\pi}{2}\right)$
③ $\frac{\pi}{2}\left(1 - \frac{2}{n}\right)$
④ $\frac{\pi}{2}\left(1 - \frac{n}{2}\right)$

85 기본 20년 4회 기출

3상 유도 전동기의 출력이 25[HP], 전압이 220[V], 효율이 85[%], 역률이 85[%]일 때, 이 전동기로 흐르는 전류는 약 몇 [A]인가?
(단, 1[HP] = 0.746[kW]이다.)

① 40
② 45
③ 68
④ 70

83 심화 22년 1회 기출

그림의 회로에서 a와 c 사이의 합성저항은?

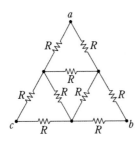

① $\frac{9}{10}R$
② $\frac{10}{9}R$
③ $\frac{7}{10}R$
④ $\frac{10}{7}R$

86 기본 20년 4회 기출

$R = 4[\Omega]$, $\frac{1}{wC} = 9[\Omega]$인 RC 직렬회로에 전압 $e(t)$를 인가할 때, 제3고조파 전류의 실횻값 크기는 몇 [A]인가? (단, $e(t) = 50 + 10\sqrt{2}\sin wt + 120\sqrt{2}\sin 3wt[V]$이다.)

① 4.4
② 12.2
③ 24
④ 34

87 기본   18년 1회 기출

RLC 직렬공진회로에서 제n고조파의 공진 주파수(f_n)는?

① $\dfrac{1}{2\pi n\sqrt{LC}}$ ② $\dfrac{1}{\pi n\sqrt{LC}}$

③ $\dfrac{1}{2\pi\sqrt{nLC}}$ ④ $\dfrac{n}{2\pi\sqrt{LC}}$

88 응용   22년 2회 기출

회로에서 저항 5$[\Omega]$의 양단 전압 $V_R[\mathrm{V}]$은?

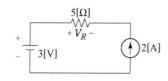

① -10   ② -7

③ 7   ④ 10

89 응용   22년 1회 기출

회로에서 저항 20$[\Omega]$에 흐르는 전류$[\mathrm{A}]$는?

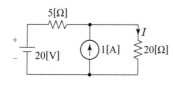

① 0.8   ② 1.0

③ 1.8   ④ 2.8

90 기본   22년 2회 기출

테브난의 정리를 이용하여 그림 (a)의 회로를 그림 (b)와 같은 등가회로로 만들고자 할 때 $V_{th}[\mathrm{V}]$와 $R_{th}[\Omega]$은?

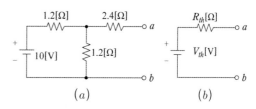

(a) (b)

① 5$[\mathrm{V}]$, 2$[\Omega]$ ② 5$[\mathrm{V}]$, 3$[\Omega]$

③ 6$[\mathrm{V}]$, 2$[\Omega]$ ④ 6$[\mathrm{V}]$, 3$[\Omega]$

91 기본   22년 1회 기출

회로에서 전류 I는 약 몇 $[\mathrm{A}]$인가?

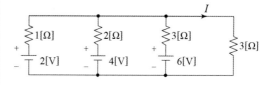

① 0.92   ② 1.125

③ 1.29   ④ 1.38

92 기본   21년 1회 기출

저항 $R_1[\Omega]$, 저항 $R_2[\Omega]$, 인덕턴스 $L[\mathrm{H}]$의 직렬회로가 있다. 이 회로의 시정수$[\mathrm{s}]$는?

① $-\dfrac{R_1+R_2}{L}$ ② $\dfrac{R_1+R_2}{L}$

③ $-\dfrac{L}{R_1+R_2}$ ④ $\dfrac{L}{R_1+R_2}$

대표유형

② 전기기기

출제경향 CHECK!

전기기기 유형의 출제비중은 약 16%로 다른 유형에 비해 출제비율은 약간 낮은 편이나 기본적인 개념 이해형 문제와 기본 공식만 알면 풀 수 있는 문제가 많이 출제됩니다.

이 유형에서는 자주 출제되는 문제 위주로 학습하면 비교적 쉽게 점수를 획득할 수 있습니다.

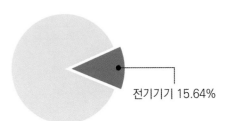

전기기기 15.64%

▲ 출제비율

대표유형 문제

어떤 측정계기의 지시값을 M, 참값을 T라 할 때 보정률[%]은?

21년 1회 기출

① $\dfrac{T-M}{M} \times 100[\%]$

② $\dfrac{M}{M-T} \times 100[\%]$

③ $\dfrac{T-M}{T} \times 100[\%]$

④ $\dfrac{T}{M-T} \times 100[\%]$

정답 ①

해설 보정률 $= \dfrac{\text{참값} - \text{측정값}}{\text{측정값}} \times 100[\%] = \dfrac{T-M}{M} \times 100[\%]$

핵심이론 CHECK!

1. 용어 정의

① 참값: 어떤 양의 실제 값을 의미한다.

② 근삿값(측정값): 도구를 사용하여 어떤 양을 측정해서 얻은 값을 의미한다.

③ 오차: 참값과 근삿값(측정값)의 차이로, 근삿값(측정값)에서 참값을 뺀 값이다.

④ 보정값: 측정값에 보정을 목적으로 가해지는 값으로, 오차와 크기는 같고 부호는 반대로 표현된다.

2. 오차율과 보정률

① 오차율: 오차와 참값의 비를 의미한다.

$$\text{오차율} = \frac{\text{오차}}{\text{참값}} = \frac{\text{측정값} - \text{참값}}{\text{참값}} \times 100[\%]$$

② 보정률: 보정값과 측정값의 비를 의미한다.

$$\text{보정률} = \frac{\text{보정값}}{\text{측정값}} = \frac{\text{참값} - \text{측정값}}{\text{측정값}} \times 100[\%]$$

01 [기본]   22년 2회 기출

4극 직류 발전기의 전기자 도체 수가 500개, 각 자극의 자속이 0.01[wb], 회전수가 1,800[rpm]일 때 이 발전기의 유도 기전력[V]은? (단, 전기자 권선법은 파권이다.)

① 100   ② 200
③ 300   ④ 400

02 [기본]   19년 2회 기출

전기기기에서 생기는 손실 중 권선의 저항에 의하여 생기는 손실은?

① 철손   ② 동손
③ 표유부하손   ④ 히스테리시스손

03 [기본]   18년 4회 기출

입력신호와 출력신호가 모두 직류(DC)로서 출력이 최대 5[kW]까지로 견고성이 좋고 토크가 에너지원이 되는 전기식 증폭기기는?

① 계전기   ② SCR
③ 자기증폭기   ④ 앰플리다인

04 [기본]   20년 1회 기출

다음 중 직류전동기의 제동법이 아닌 것은?

① 회생제동   ② 정상제동
③ 발전제동   ④ 역전제동

05 [기본]   20년 1회 기출

동기발전기의 병렬운전 조건으로 틀린 것은?

① 기전력의 크기가 같을 것
② 기전력의 위상이 같을 것
③ 기전력의 주파수가 같을 것
④ 극수가 같을 것

06 [응용]   21년 4회 기출

0.5[kVA]의 수신기용 변압기가 있다. 이 변압기의 철손은 7.5[W]이고, 전부하동손은 16[W]이다. 화재가 발생하여 처음 2시간은 전부하로 운전되고, 다음 2시간은 $\frac{1}{2}$의 부하로 운전되었다고 한다. 4시간에 걸친 이 변압기의 전손실 전력량은 몇 [Wh]인가?

① 62   ② 70
③ 78   ④ 94

07 기본   20년 1회 기출

단상변압기의 권수비가 $a=8$이고, 1차 교류전압의 실효치는 110[V]이다. 변압기 2차 전압을 단상 반파 정류회로를 이용하여 정류했을 때 발생하는 직류 전압의 평균치는 약 몇 [V]인가?

① 6.19   ② 6.29
③ 6.39   ④ 6.88

08 기본   19년 4회 기출

변압기의 내부 보호에 사용되는 계전기는?

① 비율 차동 계전기   ② 부족 전압 계전기
③ 역전류 계전기   ④ 온도 계전기

09 기본   21년 2회 기출

자기용량이 10[kVA]인 단권변압기를 그림과 같이 접속하였을 때 역률 80[%]의 부하에 몇 [kW]의 전력을 공급할 수 있는가?

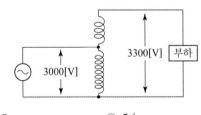

① 8   ② 54
③ 80   ④ 88

10 기본   19년 1회 기출

변류기에 결선된 전류계가 고장이 나서 교체하는 경우 옳은 방법은?

① 변류기의 2차를 개방시키고 전류계를 교체한다.
② 변류기의 2차를 단락시키고 전류계를 교체한다.
③ 변류기의 2차를 접지시키고 전류계를 교체한다.
④ 변류기에 피뢰기를 연결하고 전류계를 교체한다.

11 기본   15년 1회 기출

변압기 결선에서 제3고조파가 발생하여 통신선에 영향을 주는 결선은?

① Y-△   ② △-△
③ Y-Y   ④ V-V

12 기본   CBT 복원

그림과 같은 오디오 회로에서 스피커 저항이 8[Ω]이고, 증폭기 회로의 저항이 288[Ω]이다. 이 변압기의 권수비는?

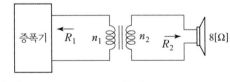

① 6   ② 7
③ 36   ④ 42

13 기본   18년 1회 기출

1차 권선수 10회, 2차 권선수 300회인 변압기에서 2차 단자전압 1,500[V]가 유도되기 위한 1차 단자전압은 몇 [V]인가?

① 30   ② 50

③ 120   ④ 150

14 기본   15년 1회 기출

3상 전원에서 6상 전압을 얻을 수 있는 변압기의 결선방법은?

① 우드브릿지 결선   ② 메이어 결선

③ 스코트 결선   ④ 환상 결선

15 기본   22년 2회 기출

3상 유도 전동기를 Y결선으로 운전했을 때 토크가 T_Y이었다. 이 전동기를 동일한 전원에서 △결선으로 운전했을 때 토크($T_\triangle$)는?

① $T_\triangle = 3 T_Y$ ② $T_\triangle = \sqrt{3}\, T_Y$

③ $T_\triangle = \dfrac{1}{3} T_Y$ ④ $T_\triangle = \dfrac{1}{\sqrt{3}}\, T_Y$

16 기본   22년 1회 기출

유도전동기의 슬립이 5.6[%]이고 회전자 속도가 1,700[rpm]일 때, 이 유도전동기의 동기속도는 약 몇 [rpm]인가?

① 1,000   ② 1,200

③ 1,500   ④ 1,800

17 기본   22년 1회 기출

3상 농형 유도전동기를 Y-△ 기동방식으로 기동할 때 전류 I_1[A]과 △결선으로 직입(전전압) 기동할 때 전류 I_2[A]의 관계는?

① $I_1 = \dfrac{1}{\sqrt{3}} I_2$ ② $I_1 = \dfrac{1}{3} I_2$

③ $I_1 = \sqrt{3}\, I_2$ ④ $I_1 = 3 I_2$

18 기본   13년 1회 기출

3상 유도전동기에 있어서 권선형 회전자에 비교한 농형 회전자의 장점이 아닌 것은?

① 구조가 간단하고 튼튼하다.

② 취급이 쉽고 효율도 좋다.

③ 보수가 용이한 이점이 있다.

④ 속도조정이 용이하고 기동토크가 크다.

19 기본   14년 1회 기출

3상 유도전동기의 기동법 중에서 2차 저항제어법은 무엇을 이용하는가?

① 전자유도작용   ② 플레밍의 법칙

③ 비례추이   ④ 게르게스현상

20 기본   21년 4회 기출

다음 단상 유도전동기 중 기동토크가 가장 큰 것은?

① 셰이딩 코일형   ② 콘덴서 기동형

③ 분상 기동형   ④ 반발 기동형

21 기본   20년 3회 기출

3상 농형 유도전동기의 기동법이 아닌 것은?

① Y-△ 기동법   ② 기동 보상기법

③ 2차 저항 기동법   ④ 리액터 기동법

22 기본   20년 4회 기출

3상 직권 정류자 전동기에서 고정자 권선과 회전자 권선 사이에 중간 변압기를 사용하는 주된 이유가 아닌 것은?

① 경부하 시 속도의 이상 상승 방지

② 철심을 포화시켜 회전자 상수를 감소

③ 중간 변압기의 권수비를 바꾸어서 전동기 특성을 조정

④ 전원전압의 크기에 관계없이 정류에 알맞은 회전자 전압 선택

23 기본   CBT 복원

피측정량과 일정한 관계가 있는 몇 개의 서로 독립된 값을 측정하고 그 결과로부터 계산에 의하여 피측정량을 구하는 방법은?

① 편위법   ② 직접측정법

③ 영위법   ④ 간접측정법

24 기본   15년 1회 기출

계측방법이 잘못된 것은?

① 훅크온 메타에 의한 전류 측정

② 회로시험기에 의한 저항 측정

③ 메거에 의한 접지저항 측정

④ 전류계, 전압계, 전력계에 의한 역률 측정

25 기본   18년 4회 기출

전지의 내부 저항이나 전해액의 도전율 측정에 사용되는 것은?

① 접지저항계
② 캘빈 더블 브리지법
③ 콜라우시 브리지법
④ 메거

26 기본   20년 4회 기출

절연저항을 측정할 때 사용하는 계기는?

① 전류계   ② 전위차계
③ 메거   ④ 휘트스톤브리지

27 기본   19년 4회 기출

가동 철편형 계기의 구조 형태가 아닌 것은?

① 흡인형   ② 회전자장형
③ 반발형   ④ 반발흡인형

28 기본   21년 4회 기출

지시계기에 대한 동작원리가 아닌 것은?

① 열전형 계기: 대전된 도체 사이에 작용하는 정전력을 이용
② 가동 철편형 계기: 전류에 의한 자기장에서 고정 철편과 가동 철편 사이에 작용하는 힘을 이용
③ 전류력계형 계기: 고정 코일에 흐르는 전류에 의한 자기장과 가동 코일에 흐르는 전류 사이에 작용하는 힘을 이용
④ 유도형 계기: 회전 자기장 또는 이동 자기장과 이것에 의한 유도 전류와의 상호작용을 이용

29 기본   22년 1회 기출

전기화재의 원인 중 하나인 누설전류를 검출하기 위해 사용되는 것은?

① 부족전압계전기   ② 영상변류기
③ 계기용변압기   ④ 과전류계전기

제어공학

출제경향 **CHECK!**

제어공학의 출제비율은 약 23%로 전기회로 다음으로 자주 출제
되는 유형입니다.

이 유형에서는 단순 암기형, 개념 이해형 문제가 많이 출제되는 편
으로 기본 개념을 이해하는 것이 중요합니다. 시퀀스 관련 내용은
최근 실기에도 일정 비율 이상 문제가 출제되므로 필기 때부터 기
본개념을 확실하게 이해하는 것이 좋습니다.

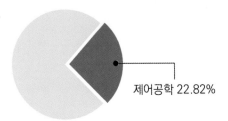

제어공학 22.82%

▲ 출제비율

대표유형 문제

제어량이 압력, 온도 및 유량 등과 같은 공업량일 경우의 제어는?   21년 4회 기출

① 시퀀스제어   ② 프로세스제어

③ 추종제어   ④ 프로그램제어

정답   ②

해설   제어량이 압력, 온도 및 유량 등과 같은 공업량일 경우 공정제어 또는 프로세스제어라 한다.

핵심이론 **CHECK!**

1. 목표값의 시간적 성질에 따른 분류(제어목적에 따른 분류)

　① 정치제어: 목표값이 시간에 대해 변화하지 않는 제어
　② 추치제어: 목표값이 시간에 따라 변화하는 제어
　　• 프로그램제어: 변화가 정해진 프로그램에 따라 일어날 때의 제어
　　• 서보(추종)제어: 변화가 임의로 일어날 때의 제어
　③ 비율제어: 어떤 비율에 따라 변화하는 제어

2. 제어량 종류에 따른 분류

　① 프로세스(공정) 제어
　　• 화학플랜트나 생산공정에 대한 상태량을 제어량으로 하는 제어
　　• 제어량: 온도, 압력, 액위, 습도, 유량, 밀도 등
　② 자동조정(정치)제어
　　• 전기적, 기계적 양을 일정하게 유지하는 제어
　　• 제어량: 전압, 전류, 주파수, 회전속도 등
　③ 서보(추종)제어
　　• 기계적 변위를 제어량으로 하는 제어
　　• 제어량: 위치, 방위, 자세 등

01 [기본]   17년 2회 기출

그림은 개루프 제어계의 신호전달 계통도이다. 다음 ( ) 안에 알맞은 제어계의 동작요소는?

① 제어량   ② 제어대상
③ 제어장치   ④ 제어요소

02 [기본]   14년 1회 기출

자동제어에서 미리 정해 놓은 순서에 따라 각 단계가 순차적으로 진행되는 제어방식은?

① 피드백제어   ② 서보제어
③ 프로그램제어   ④ 시퀀스제어

03 [기본]   18년 4회 기출

시퀀스제어에 관한 설명 중 틀린 것은?

① 기계적 계전기 접점이 사용된다.
② 논리회로가 조합 사용된다.
③ 시간 지연요소가 사용된다.
④ 전체 시스템에 연결된 접점들이 일시에 동작할 수 있다.

04 [기본]   12년 4회 기출

다음과 같은 특성을 갖는 제어계는?

> • 발진을 일으키고 불안정한 상태로 되어가는 경향성을 보인다.
> • 정확성과 감대폭이 증가한다.
> • 계의 특성변화에 대한 입력 대 출력비의 감도가 감소한다.

① 프로세스제어   ② 피드백제어
③ 프로그램제어   ④ 추종제어

05 [기본]   20년 3회 기출

개루프 제어와 비교하여 폐루프 제어에서 반드시 필요한 장치는?

① 안정도를 좋게 하는 장치
② 제어대상을 조작하는 장치
③ 동작신호를 조절하는 장치
④ 기준입력신호와 주궤환신호를 비교하는 장치

06 [기본]   18년 2회 기출

다음 중 피드백제어계의 일반적인 특성으로 옳은 것은?

① 계의 정확성이 떨어진다.
② 계의 특성변화에 대한 입력 대 출력비의 감도가 감소된다.
③ 비선형과 왜형에 대한 효과가 증대된다.
④ 대역폭이 감소된다.

07 기본   17년 1회 기출

피드백제어계에서 제어요소에 대한 설명 중 옳은 것은?

① 조작부와 검출부로 구성되어 있다.
② 조절부와 변환부로 구성되어 있다.
③ 동작신호를 조작량으로 변화시키는 요소이다.
④ 목표값에 비례하는 신호를 발생하는 요소이다.

08 기본   19년 4회 기출

제어요소의 구성으로 옳은 것은?

① 조절부와 조작부   ② 비교부와 검출부
③ 설정부와 검출부   ④ 설정부와 비교부

09 기본   22년 2회 기출

제어요소가 제어 대상에 가하는 제어신호로 제어장치의 출력인 동시에 제어대상의 입력이 되는 것은?

① 조작량   ② 제어량
③ 기준입력   ④ 동작신호

10 기본   21년 2회 기출

제어요소는 동작신호를 무엇으로 변환하는 요소인가?

① 제어량   ② 비교량
③ 검출량   ④ 조작량

11 기본   16년 2회 기출

제어량을 어떤 일정한 목표값으로 유지하는 것을 목적으로 하는 제어방식은?

① 정치제어   ② 추종제어
③ 프로그램제어   ④ 비율제어

12 기본   20년 1회 기출

제어대상에서 제어량을 측정하고 검출하여 주궤환 신호를 만드는 것은?

① 조작부   ② 출력부
③ 검출부   ④ 제어부

13 [기본]   19년 1회 기출

자동제어계를 제어목적에 의해 분류한 경우로 틀린 것은?

① 정치제어: 제어량을 주어진 일정 목표로 유지시키기 위한 제어
② 추종제어: 목표치가 시간에 따라 변화하는 제어
③ 프로그램제어: 목표치가 프로그램대로 변하는 제어
④ 서보제어: 선박의 방향제어계인 서보제어는 정치제어와 같은 성질

14 [기본]   22년 1회 기출

목표값이 다른 양과 일정한 비율관계를 가지고 변화하는 제어방식은?

① 정치제어   ② 추종제어
③ 프로그램제어   ④ 비율제어

15 [기본]   17년 4회 기출

제어 목표에 의한 분류 중 미지의 임의 시간적 변화를 하는 목표값에 제어량을 추종시키는 것을 목적으로 하는 제어법은?

① 정치제어   ② 비율제어
③ 추종제어   ④ 프로그램제어

16 [기본]   15년 2회 기출

서보기구에 있어서의 제어량은?

① 유량   ② 위치
③ 주파수   ④ 전압

17 [기본]   19년 1회 기출

서보전동기는 제어기기의 어디에 속하는가?

① 검출부   ② 조절부
③ 증폭부   ④ 조작부

18 [기본]   22년 1회 기출

잔류편차가 있는 제어 동작은?

① 비례 제어   ② 적분 제어
③ 비례 적분 제어   ④ 비례 적분 미분 제어

19 기본   15년 1회 기출

진동이 발생되는 장치의 진동을 억제시키는데 가장 효과적인 제어동작은?

① 온·오프동작   ② 미분동작

③ 적분동작   ④ 비례동작

20 기본   18년 1회 기출

제어동작에 따른 제어계의 분류에 대한 설명 중 틀린 것은?

① 미분동작: D동작 또는 rate 동작이라고 부르며, 동작신호의 기울기에 비례한 조작신호를 만든다.

② 적분동작: I동작 또는 리셋동작이라고 부르며, 적분값의 크기에 비례하여 조절신호를 만든다.

③ 2위치제어: on/off 동작이라고도 하며, 제어량이 목표값 보다 작은지 큰지에 따른 조작량으로 on 또는 off의 두 가지 값의 조절 신호를 발생한다.

④ 비례동작: P동작이라고도 부르며, 제어동작신호에 반비례하는 조절신호를 만드는 제어동작이다.

21 기본   14년 4회 기출

PI제어 동작은 프로세스 제어계의 정상 특성 개선에 많이 사용되는데, 이것에 대응하는 보상요소는?

① 지상보상요소   ② 진상보상요소

③ 동상보상요소   ④ 지상 및 진상보상요소

22 기본   21년 4회 기출

PD(비례 미분) 제어 동작의 특징으로 옳은 것은?

① 잔류편차 제거   ② 간헐현상 제거

③ 불연속 제어   ④ 속응성 개선

23 기본   22년 2회 기출

적분 시간이 3[sec]이고, 비례 감도가 5인 PI(비례적분) 제어요소가 있다. 이 제어요소의 전달함수는?

① $\dfrac{5s+5}{3s}$ ② $\dfrac{15s+5}{3s}$

③ $\dfrac{3s+3}{5s}$ ④ $\dfrac{15s+3}{5s}$

24 [응용]

입력 $r(t)$, 출력 $c(t)$인 제어시스템에서 전달함수 $G(s)$는? (단, 초기값은 0이다.)

$$\frac{d^2 c(t)}{dt^2} + 3\frac{dc(t)}{dt} + 2c(t) = \frac{dr(t)}{dt} + 3r(t)$$

① $\dfrac{3s+1}{2s^2+3s+1}$

② $\dfrac{s^2+3s+2}{s+3}$

③ $\dfrac{s+1}{s^2+3s+2}$

④ $\dfrac{s+3}{s^2+3s+2}$

26 [기본]

다음과 같은 블록선도의 전체 전달함수는?

① $\dfrac{C(s)}{R(s)} = \dfrac{G(s)}{1+G(s)}$

② $\dfrac{C(s)}{R(s)} = \dfrac{G(s)}{1-G(s)}$

③ $\dfrac{C(s)}{R(s)} = 1+G(s)$

④ $\dfrac{C(s)}{R(s)} = 1-G(s)$

25 [기본]

비례+적분+미분동작(PID동작)식을 바르게 나타낸 것은?

① $x_0 = K_p(x_i + \dfrac{1}{T_i}\int x_i dt + T_d \dfrac{dx_i}{dt})$

② $x_0 = K_p(x_i - \dfrac{1}{T_i}\int x_i dt - T_d \dfrac{dx_i}{dt})$

③ $x_0 = K_p(x_i + \dfrac{1}{T_i}\int x_i dt + T_d \dfrac{dt}{dx_i})$

④ $x_0 = K_p(x_i - \dfrac{1}{T_i}\int x_i dt - T_d \dfrac{dt}{dx_i})$

27 [기본]

그림의 블록선도에서 $\dfrac{C(s)}{R(s)}$ 을 구하면?

① $\dfrac{G_1(s)+G_2(s)}{1+G_1(s)G_2(s)+G_3(s)G_4(s)}$

② $\dfrac{G_1(s)G_2(s)}{1+G_1(s)G_2(s)G_3(s)G_4(s)}$

③ $\dfrac{G_3(s)G_4(s)}{1+G_1(s)G_2(s)G_3(s)G_4(s)}$

④ $\dfrac{G_1(s)G_2(s)}{1+G_1(s)G_2(s)+G_3(s)G_4(s)}$

28 [기본]

22년 2회 기출

그림과 같은 블록선도의 전달함수 $\dfrac{C(s)}{R(s)}$ 는?

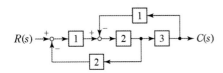

① $\dfrac{6}{23}$ ② $\dfrac{6}{7}$

③ $\dfrac{6}{15}$ ④ $\dfrac{6}{11}$

29 [기본]

14년 2회 기출

그림과 같은 블록선도에서 C는?

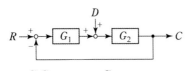

① $C = \dfrac{G_1 G_2}{1 + G_1 G_2} R + \dfrac{G_1}{1 + G_1 G_2} D$

② $C = \dfrac{G_1 G_2}{1 + G_1 G_2} R + \dfrac{G_1 G_2}{1 - G_1 G_2} D$

③ $C = \dfrac{G_1 G_2}{1 + G_1 G_2} R + \dfrac{G_1 G_2}{1 + G_1 G_2} D$

④ $C = \dfrac{G_1 G_2}{1 + G_1 G_2} R + \dfrac{G_2}{1 + G_1 G_2} D$

30 [기본]

21년 4회 기출

블록선도에서 외란 $D(s)$의 입력에 대한 출력 $C(s)$의 전달함수 $\dfrac{C(s)}{D(s)}$ 는?

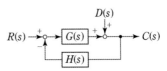

① $\dfrac{G(s)}{H(s)}$ ② $\dfrac{1}{1 + G(s)H(s)}$

③ $\dfrac{H(s)}{G(s)}$ ④ $\dfrac{G(s)}{1 + G(s)H(s)}$

31 [기본]

21년 2회 기출

그림 (a)와 그림 (b)의 각 블록선도가 등가인 경우 전달함수 $G(s)$는?

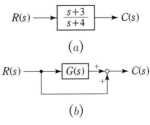

① $\dfrac{1}{s + 4}$ ② $\dfrac{2}{s + 4}$

③ $\dfrac{-1}{s + 4}$ ④ $\dfrac{-2}{s + 4}$

32 [응용]

그림과 같은 블록선도에서 출력 $C(s)$는?

$$R(s) \xrightarrow{+} \bigcirc \xrightarrow{} \boxed{G(s)} \xrightarrow{} D(s) \quad C(s)$$
$$\boxed{H(s)}$$

① $\dfrac{G(s)}{1+G(s)H(s)}R(s) + \dfrac{G(s)}{1+G(s)H(s)}D(s)$

② $\dfrac{1}{1+G(s)H(s)}R(s) + \dfrac{1}{1+G(s)H(s)}D(s)$

③ $\dfrac{G(s)}{1+G(s)H(s)}R(s) + \dfrac{1}{1+G(s)H(s)}D(s)$

④ $\dfrac{1}{1+G(s)H(s)}R(s) + \dfrac{G(s)}{1+G(s)H(s)}D(s)$

34 [기본]

다음 그림과 같은 논리회로로 옳은 것은?

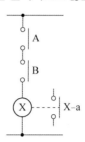

① OR 회로   ② AND 회로

③ NOT 회로   ④ NOR 회로

33 [기본]

그림과 같은 유접점 회로의 논리식은?

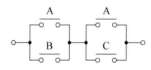

① A+B・C   ② A・B+C

③ B+A・C   ④ A・B+B・C

35 [기본]

시퀀스회로를 논리식으로 표현하면?

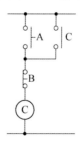

① $C = A + \overline{B} \cdot C$ ② $C = A \cdot \overline{B} + C$

③ $C = A \cdot C + \overline{B}$ ④ $C = (A+C) \cdot \overline{B}$

36 기본   18년 1회 기출

$PB-on$ 스위치와 병렬로 접속된 보조접점 $X-a$ 의 역할은?

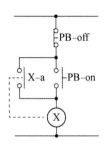

① 인터록 회로   ② 자기유지회로
③ 전원차단회로   ④ 램프점등회로

37 기본   20년 4회 기출

그림의 시퀀스(계전기 접점) 회로를 논리식으로 표현하면?

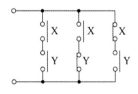

① $X+Y$
② $(XY)+(X\overline{Y})(\overline{X}Y)$
③ $(X+Y)(X+\overline{Y})(\overline{X}+Y)$
④ $(X+Y)+(X+\overline{Y})+(\overline{X}+Y)$

38 기본   15년 4회 기출

다음 그림을 논리식으로 표현한 것은?

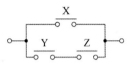

① $X(Y+Z)$ ② XYZ
③ $XY+ZY$ ④ $(X+Y)(X+Z)$

39 기본   14년 2회 기출

그림과 같은 시퀀스 제어회로에서 자기유지접점은?

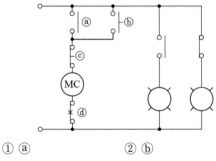

① ⓐ   ② ⓑ
③ ⓒ   ④ ⓓ

40 [기본]

그림과 같은 게이트의 명칭은?

① AND   ② OR

③ NOR   ④ NAND

42 [기본]

다음 회로에서 출력전압은 몇 $[V]$인가?

(단, $A = 5[V]$, $B = 0[V]$인 경우이다.)

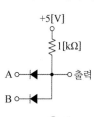

① 0   ② 5

③ 10   ④ 15

41 [기본]

그림과 같은 다이오드 회로에서 출력전압 V_o는?
(단, 다이오드의 전압강하는 무시한다.)

① 10[V]   ② 5[V]

③ 1[V]   ④ 0[V]

43 [기본]

그림과 같은 무접점회로는 어떤 논리회로인가?

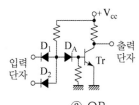

① NOR   ② OR

③ NAND   ④ AND

44 기본   14년 1회 기출

다음 무접점 논리회로의 출력 X는?

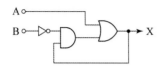

① $A(\overline{B}+X)$ ② $B(\overline{A}+X)$

③ $A+\overline{B}X$ ④ $\overline{B}+AX$

45 응용   21년 2회 기출

그림의 논리회로와 등가인 논리게이트는?

① NOR   ② NAND

③ NOT   ④ OR

46 기본   20년 1회 기출

그림과 같은 무접점회로의 논리식(Y)은?

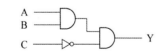

① $A \cdot B + \overline{C}$ ② $A+B+\overline{C}$

③ $(A+B) \cdot \overline{C}$ ④ $A \cdot B \cdot \overline{C}$

47 기본   22년 1회 기출

그림과 같은 논리회로의 출력 Y는?

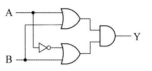

① AB   ② $A+B$

③ A   ④ B

48 기본   20년 4회 기출

입력신호 A, B가 동시에 "0"이거나 "1"일 때만 출력신호 X가 "1"이 되는 게이트의 명칭은?

① EXCLUSIVE NOR

② EXCLUSIVE OR

③ NAND

④ AND

49 기본   21년 2회 기출

논리식 $A(A+B)$를 간단히 하면?

① A   ② B

③ $A+B$ ④ $A \cdot B$

50 [응용] 21년 4회 기출

다음의 논리식을 간소화하면?

$$Y = \overline{(\overline{A}+B) \cdot \overline{B}}$$

① $Y = A+B$ ② $Y = \overline{A}+B$

③ $Y = A+\overline{B}$ ④ $Y = \overline{A}+\overline{B}$

51 [기본] 16년 1회 기출

논리식을 간략화한 것 중 그 값이 다른 것은?

① $AB+A\overline{B}$ ② $A(\overline{A}+B)$

③ $A(A+B)$ ④ $(A+B)(A+\overline{B})$

52 [기본] 22년 1회 기출

논리식 $Y = \overline{A}\overline{B}C+A\overline{B}\overline{C}+A\overline{B}C$ 를 간단히 표현한 것은?

① $\overline{A} \cdot (B+C)$ ② $\overline{B} \cdot (A+C)$

③ $\overline{C} \cdot (A+B)$ ④ $C \cdot (A+\overline{B})$

53 [기본] 19년 1회 기출

논리식 $\overline{X}+XY$ 를 간략화 한 것은?

① $\overline{X}+Y$ ② $X+\overline{Y}$

③ $\overline{X}Y$ ④ $X\overline{Y}$

54 [응용] 20년 4회 기출

다음의 논리식 중 틀린 것은?

① $(\overline{A}+B)(A+B) = B$

② $(\overline{A}+B)\overline{B} = \overline{A}\overline{B}$

③ $\overline{AB+AC}+\overline{A} = \overline{A}+\overline{B}\overline{C}$

④ $\overline{(\overline{A}+B)}+CD = A\overline{B}(C+D)$

55 [기본] CBT 복원

논리식 $(X+Y)(X+\overline{Y})$ 을 간단히 하면?

① 1 ② XY

③ X ④ Y

56 기본   20년 4회 기출

조작기기는 직접 제어대상에 작용하는 장치이고 빠른 응답이 요구된다. 다음 중 전기식 조작기기가 아닌 것은?

① 서보 전동기   ② 전동 밸브
③ 다이어프램 밸브   ④ 전자 밸브

57 기본   21년 1회 기출

2차 제어시스템에서 무제동으로 무한진동이 일어나는 감쇠율(damping ratio) δ는?

① $\delta = 0$ ② $\delta > 1$
③ $\delta = 1$ ④ $0 < \delta < 1$

58 기본   14년 2회 기출

제어계의 안정도를 판별하는 가장 보편적인 방법으로 볼 수 없는 것은?

① 루드의 안정 판별법
② 홀비쯔의 안정 판별법
③ 나이퀴스트의 안정 판별법
④ 볼츠만의 안정 판별법

대표유형 ④ 전자회로

출제경향 CHECK!

전자회로 유형의 출제비율은 약 15%이고, 세부유형으로는 전자현상 및 전자소자, 정류회로 및 정전압 회로, 증폭회로 및 발진회로 등과 관련된 문제가 주로 출제됩니다. 이 유형에서는 단순 암기형이나 개념 이해형 문제가 주로 출제됩니다.

전기에 대해 처음 공부하는 수험생들은 익숙하지 않은 용어가 많아 다소 어렵게 느껴질 수 있으나 자주 출제되는 문제부터 공부하면 점수가 쉽게 오르는 유형입니다.

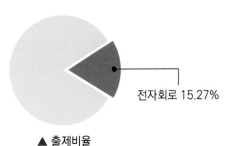

전자회로 15.27%

▲ 출제비율

대표유형 문제

반도체를 이용한 화재감지기 중 서미스터(thermistor)는 무엇을 측정하기 위한 반도체 소자인가?

21년 4회 기출

① 온도
② 연기 농도
③ 가스 농도
④ 불꽃의 스펙트럼 강도

정답 ①

해설 서미스터는 온도에 따라 물질의 저항이 변화하는 성질을 이용한 장치로, 온도 감지 및 온도 보상용으로 사용된다.

핵심이론 CHECK!

1. 서미스터

① 서미스터는 온도에 따라 물질의 저항이 변화하는 성질을 이용한 장치로, 온도 감지 및 온도 보상용으로 사용된다.

② 서미스터의 종류
- PTC 서미스터: 저항이 온도와 비례하는 성질을 가지며 주로 발열체, 스위칭 용도로 사용된다.
- NTC 서미스터: 저항이 온도와 반비례하는 성질을 가지며 주로 온도 감지기에 사용된다.

2. 바리스터

전압의 변동에 따라 저항값이 바뀌는 소자로, 허용전압에서는 저항값이 아주 큰 값으로 유지되고, 과전압 발생 시 저항값이 급격히 감소하여 과전압으로부터 보호의 용도로 사용된다.

01 [기본]   18년 2회 기출

P형 반도체에 첨가되는 불순물에 관한 설명으로 옳은 것은?

① 5개의 가전자를 갖는다.
② 억셉터 불순물이라 한다.
③ 과잉전자를 만든다.
④ 게르마늄에는 첨가할 수 있으나 실리콘에는 첨가되지 않는다.

02 [기본]   19년 2회 기출

다이오드를 사용한 정류회로에서 과전압 방지를 위한 대책으로 가장 알맞은 것은?

① 다이오드를 직렬로 추가한다.
② 다이오드를 병렬로 추가한다.
③ 다이오드의 양단에 적당한 값의 저항을 추가한다.
④ 다이오드의 양단에 적당한 값의 콘덴서를 추가한다.

03 [기본]   14년 4회 기출

다이오드를 사용한 정류회로에서 과대한 부하전류에 의하여 다이오드가 파손될 우려가 있을 경우의 적당한 대책은?

① 다이오드를 직렬로 추가한다.
② 다이오드를 병렬로 추가한다.
③ 다이오드는 양단에 적당한 값의 저항을 추가한다.
④ 다이오드의 양단에 적당한 값의 콘덴서를 추가한다.

04 [기본]   14년 2회 기출

그림과 같은 $1[\text{k}\Omega]$의 저항과 실리콘 다이오드의 직렬회로에서 양단간의 전압 V_D는 약 몇 $[\text{V}]$인가?

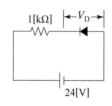

① 0   ② 0.2
③ 12   ④ 24

05 [기본]   19년 4회 기출

SCR(silicon-controlled rectifier)에 대한 설명으로 틀린 것은?

① PNPN 소자이다.
② 스위칭 반도체 소자이다.
③ 양방향 사이리스터이다.
④ 교류의 전력제어용으로 사용된다.

06 기본   21년 1회 기출

단방향 대전류의 전력용 스위칭 소자로서 교류의 위상 제어용으로 사용되는 정류소자는?

① 서미스터   ② SCR
③ 제너다이오드   ④ UJT

07 기본   15년 2회 기출

실리콘 정류기(SCR)의 애노드 전류가 5[A]일 때 게이트 전류를 2배로 증가시키면 애노드 전류[A]는?

① 2.5   ② 5
③ 10   ④ 20

08 기본   19년 1회 기출

SCR의 양극 전류가 10[A]일 때 게이트 전류를 반으로 줄이면 양극 전류는 몇 [A]인가?

① 20   ② 10
③ 5   ④ 0.1

09 기본   19년 2회 기출

SCR를 턴온시킨 후 게이트 전류를 0으로 하여도 온(ON) 상태를 유지하기 위한 최소의 애노드 전류를 무엇이라 하는가?

① 래칭전류   ② 스텐드온전류
③ 최대전류   ④ 순시전류

10 기본   19년 1회 기출

PNPN 4층 구조로 되어 있는 소자가 아닌 것은?

① SCR   ② TRIAC
③ Diode   ④ GTO

11 기본   20년 4회 기출

다음 중 쌍방향성 전력용 반도체 소자인 것은?

① SCR   ② IGBT
③ TRIAC   ④ Diode

12 기본 20년 1회 기출

전원 전압을 일정하게 유지하기 위하여 사용하는 다이오드는?

① 쇼트키다이오드   ② 터널다이오드

③ 제너다이오드   ④ 버랙터다이오드

13 기본 21년 1회 기출

전자회로에서 온도 보상용으로 많이 사용되고 있는 소자는?

① 저항   ② 리액터

③ 콘덴서   ④ 서미스터

14 기본 19년 2회 기출

열감지기의 온도 감지용으로 사용하는 소자는?

① 서미스터   ② 바리스터

③ 제너다이오드   ④ 발광다이오드

15 기본 16년 4회 기출

온도보상장치에 사용되는 소자인 NTC형 서미스터의 저항값과 온도의 관계를 옳게 설명한 것은?

① 저항값은 온도에 비례한다.

② 저항값은 온도에 반비례한다.

③ 저항값은 온도의 제곱에 비례한다.

④ 저항값은 온도의 제곱에 반비례한다.

16 기본 17년 2회 기출

제어기기 및 전자회로에서 반도체 소자별 용도에 대한 설명 중 틀린 것은?

① 서미스터: 온도 보상용으로 사용

② 사이리스터: 전기신호를 빛으로 변환

③ 제너다이오드: 정전압 소자(전원전압을 일정하게 유지)

④ 바리스터: 계전기 점검에서 발생하는 불꽃 소거에 사용

17 기본   19년 4회 기출

바리스터(varistor)의 용도는?

① 정전류 제어용
② 정전압 제어용
③ 과도한 전류로부터 회로 보호
④ 과도한 전압으로부터 회로 보호

18 기본   18년 4회 기출

반도체에 빛을 쬐이면 전자가 방출되는 현상은?

① 홀효과   ② 광전효과
③ 펠티어효과   ④ 압전기효과

19 기본   21년 2회 기출

빛이 닿으면 전류가 흐르는 다이오드로서 들어온 빛에 대해 직선적으로 전류가 증가하는 다이오드는?

① 제너다이오드   ② 터널다이오드
③ 발광다이오드   ④ 포토다이오드

20 기본   15년 2회 기출

주로 정전압 회로용으로 사용되는 소자는?

① 터널다이오드   ② 포토다이오드
③ 제너다이오드   ④ 매트릭스다이오드

21 기본   22년 2회 기출

그림의 단상 반파 정류회로에서 R에 흐르는 전류의 평균값은 약 몇 [A]인가?

(단, $v(t) = 220\sqrt{2}\sin wt[\text{V}]$, $R = 16\sqrt{2}[\Omega]$, 다이오드의 전압강하는 무시한다.)

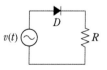

① 3.2   ② 3.8
③ 4.4   ④ 5.2

22 기본   22년 2회 기출

$60[\text{Hz}]$의 3상 전압을 반파 정류하였을 때 리플 (맥동) 주파수$[\text{Hz}]$는?

① 60   ② 120

③ 180   ④ 360

23 기본   19년 2회 기출

단상 반파 정류회로에서 교류 실횻값 $220[\text{v}]$를 정류하면 직류 평균전압은 약 몇 $[\text{v}]$인가? (단, 정류기의 전압강하는 무시한다.)

① 58   ② 73

③ 88   ④ 99

24 기본   21년 4회 기출

단상 반파 정류회로를 통해 평균 $26[\text{v}]$의 직류 전압을 출력하는 경우, 정류 다이오드에 인가되는 역방향 최대 전압은 약 몇 $[\text{v}]$인가? (단, 직류 측에 평활회로(필터)가 없는 정류회로이고, 다이오드의 순방향 전압은 무시한다.)

① 26   ② 37

③ 58   ④ 82

25 기본   22년 1회 기출

그림과 같은 정류회로에서 R에 걸리는 전압의 최 댓값은 몇 $[\text{V}]$인가? (단, $v_2(t) = 20\sqrt{2}\sin wt[\text{V}]$ 이다.)

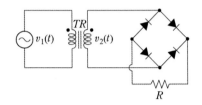

① 20   ② $20\sqrt{2}$

③ 40   ④ $40\sqrt{2}$

26 기본   17년 1회 기출

그림과 같은 반파 정류회로에 스위치 A를 사용하여 부하 저항 R_L을 떼어 냈을 경우, 콘덴서 C의 충전전압은 몇 $[\text{V}]$인가?

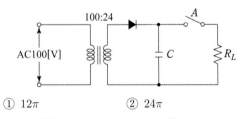

① 12π ② 24π

③ $12\sqrt{2}$ ④ $24\sqrt{2}$

27 기본   CBT 복원

그림은 비상시에 대비한 예비전원의 공급회로이다. 직류전압을 일정하게 유지하기 위하여 콘덴서를 설치한다면 그 위치로 적당한 곳은?

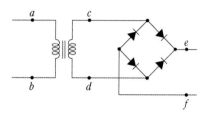

① a와 b사이
② c와 d사이
③ e와 f사이
④ c와 e사이

29 기본   16년 4회 기출

그림과 같은 트랜지스터를 사용한 정전압 회로에서 Q_1의 역할로서 옳은 것은?

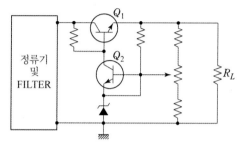

① 증폭용
② 비교부용
③ 제어용
④ 기준부용

28 기본   18년 1회 기출

자동화재탐지설비의 수신기에서 교류 220[V]를 직류 24[V]로 정류 시 필요한 구성요소가 아닌 것은?

① 변압기
② 트랜지스터
③ 정류 다이오드
④ 평활 콘덴서

30 기본   19년 2회 기출

이미터 전류를 1[mA] 증가시켰더니 컬렉터 전류는 0.98[mA] 증가되었다. 이 트랜지스터의 증폭률 β는?

① 4.9
② 9.8
③ 49.0
④ 98.0

31 응용

전압이득이 60[dB]인 증폭기와 궤환율(β)이 0.01인 궤환회로를 부궤환 증폭기로 구성하였을 때 전체 이득은 약 몇 [dB]인가?

① 20　　　　② 40
③ 60　　　　④ 80

32 기본

A급 싱글 전력증폭기에 관한 설명으로 옳지 않은 것은?

① 바이어스점은 부하선이 거의 가운데인 중앙점에 취한다.
② 회로의 구성이 매우 복잡하다.
③ 출력용의 트랜지스터가 1개이다.
④ 찌그러짐이 적다.

33 기본

교류전력변환장치로 사용되는 인버터회로에 대한 설명으로 옳지 않은 것은?

① 직류 전력을 교류 전력으로 변환하는 장치를 인버터라고 한다.
② 전류형 인버터와 전압형 인버터로 구분할 수 있다.
③ 전류방식에 따라서 타려식과 자려식으로 구분할 수 있다.
④ 인버터의 부하장치에는 직류 직권 전동기를 사용할 수 있다.

34 기본

회로(IC)의 특징으로 옳은 것은?

① 시스템이 대형화된다.
② 신뢰성이 높으나, 부품의 교체가 어렵다.
③ 열에 강하다.
④ 마찰에 의한 정전기 영향에 주의해야 한다.

35 기본   15년 1회 기출

3상 3선식 전원으로부터 80[m] 떨어진 장소에 50[A] 전류가 필요해서 14[mm²] 전선으로 배선하였을 경우 전압강하는 몇 [V]인가? (단, 리액턴스 및 역률은 무시한다.)

① 10.17   ② 9.6
③ 8.8   ④ 5.08

36 기본   CBT 복원

다음 변환요소의 종류 중 변위를 임피던스로 변환하여 주는 것은?

① 벨로스   ② 노즐 플래퍼
③ 가변 저항기   ④ 전자 코일

37 기본   21년 1회 기출

변위를 압력으로 변환하는 장치로 옳은 것은?

① 다이어프램   ② 가변 저항기
③ 벨로스   ④ 노즐 플래퍼

SUBJECT

02

소방전기시설의 구조 및 원리

출제비중

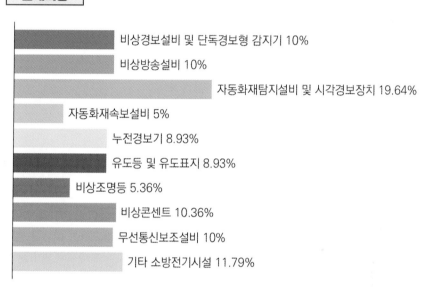

비상경보설비 및 단독경보형 감지기 10%

비상방송설비 10%

자동화재탐지설비 및 시각경보장치 19.64%

자동화재속보설비 5%

누전경보기 8.93%

유도등 및 유도표지 8.93%

비상조명등 5.36%

비상콘센트 10.36%

무선통신보조설비 10%

기타 소방전기시설 11.79%

출제경향 분석

소방전기시설의 구조 및 원리 과목은 화재안전기술기준과 화재안전성능기준, 형식승인 기준 등 다양한 기준에 대한 내용이 출제되기 때문에 소방설비기사 필기 과목 중 공부범위가 가장 넓습니다.

법에 나와 있는 기준을 전부 암기할 수는 없기 때문에 실기에도 자주 출제되는 화재안전기술기준과 화재안전성능기준과 관련된 기준 위주로 공부하는 것이 좋습니다.

대표유형 중에서는 자동화재탐지설비 및 시각경보장치와 관련된 문제가 가장 많이 출제되고 이 유형은 실기와도 가장 연관성이 큰 유형이기 때문에 기본개념을 이해한 후 자주 출제되는 기준을 정확하게 암기해야 합니다.

비상경보설비 및 단독경보형 감지기

출제경향 CHECK!

비상경보설비 및 단독경보형 감지기는 약 10% 정도의 출제비율을 가집니다.
말로 된 문제의 출제비중보다는 기준에 나온 수치를 묻는 문제가 더 자주 출제되므로 수치 기준은 정확하게 암기해야 합니다.

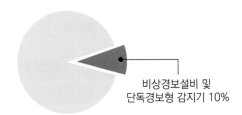

비상경보설비 및
단독경보형 감지기 10%

▲ 출제비율

대표유형 문제

「비상경보설비 및 단독경보형감지기의 화재안전기술기준」에 따른 용어에 대한 정의로 틀린 것은?

22년 1회 기출

① 비상벨설비라 함은 화재발생 상황을 경종으로 경보하는 설비를 말한다.
② 자동식사이렌설비라 함은 화재발생 상황을 사이렌으로 경보하는 설비를 말한다.
③ 수신기라 함은 발신기에서 발하는 화재신호를 간접 수신하여 화재의 발생을 표시 및 경보하여 주는 장치를 말한다.
④ 단독경보형감지기라 함은 화재발생 상황을 단독으로 감지하여 자체에 내장된 음향장치로 경보하는 감지기를 말한다.

정답 ③

해설 수신기는 화재신호를 간접 수신하는 것이 아니라 직접 수신한다.

핵심이론 CHECK!

「비상경보설비 및 단독경보형감지기의 화재안전기술기준」상 용어 정의

구분	내용
비상벨설비	화재발생 상황을 경종으로 경보하는 설비
자동식 사이렌설비	화재발생 상황을 사이렌으로 경보하는 설비
단독경보형 감지기	화재발생 상황을 단독으로 감지하여 자체에 내장된 음향장치로 경보하는 감지기
발신기	화재발생 신호를 수신기에 수동으로 발신하는 장치
수신기	발신기에서 발하는 화재신호를 직접 수신하여 화재의 발생을 표시 및 경보하여 주는 장치

01 기본   21년 2회 기출

「비상경보설비 및 단독경보형감지기의 화재안전 기술기준」에 따른 비상벨설비에 대한 설명으로 옳은 것은?

① 비상벨설비는 화재발생 상황을 사이렌으로 경보하는 설비를 말한다.

② 비상벨설비는 부식성 가스 또는 습기 등으로 인하여 부식의 우려가 없는 장소에 설치하여야 한다.

③ 음향장치의 음량은 부착된 음향장치의 중심으로부터 1m 떨어진 위치에서 60dB 이상이 되는 것으로 하여야 한다.

④ 특정소방대상물의 층마다 설치하되, 해당 특정소방대상물의 각 부분으로부터 하나의 발신기까지의 수평거리가 30m 이하가 되도록 하여야 한다.

02 기본   19년 4회 기출

「비상경보설비 및 단독경보형감지기의 화재안전 기술기준」에 따라 비상벨설비 또는 자동식사이렌설비의 지구음향장치는 특정소방대상물의 층마다 설치하되, 해당 특정소방대상물의 각 부분으로부터 하나의 음향장치까지의 수평거리가 몇 m 이하가 되도록 하여야 하는가?

① 15   ② 25

③ 40   ④ 50

03 기본   20년 2회 기출

「비상경보설비 및 단독경보형감지기의 화재안전기술기준」에 따라 비상벨설비의 음향장치의 음량은 부착된 음향장치의 중심으로부터 1m 떨어진 위치에서 몇 dB 이상이 되는 것으로 하여야 하는가?

① 60   ② 70

③ 80   ④ 90

04 기본   20년 2회 기출

「비상경보설비 및 단독경보형감지기의 화재안전기술기준」에 따른 발신기의 설치기준으로 틀린 것은?

① 발신기의 위치표시등은 함의 하부에 설치한다.

② 조작스위치는 바닥으로부터 0.8m 이상 1.5m 이하의 높이에 설치할 것

③ 복도 또는 별도로 구획된 실로서 보행거리가 40m 이상일 경우에는 추가로 설치하여야 한다.

④ 특정소방대상물의 층마다 설치하되, 해당 특정소방대상물의 각 부분으로부터 하나의 발신기까지의 수평거리가 25m 이하가 되도록 할 것

비상벨설비 또는 자동식사이렌설비의 설치기준 중 틀린 것은?

① 전원은 전기가 정상적으로 공급되는 축전지 설비, 전기저장장치 또는 교류전압의 옥내 간선으로 하고, 전원까지의 배선은 전용으로 설치하여야 한다.

② 비상벨설비 또는 자동식사이렌설비에는 그 설비에 대한 감시상태를 60분간 지속한 후 유효하게 10분 이상 경보할 수 있는 축전지 설비(수신기에 내장하는 경우를 포함) 또는 전기저장장치를 설치하여야 한다.

③ 특정소방대상물의 층마다 설치하되, 해당 특정소방대상물의 각 부분으로부터 하나의 발신기까지의 수평거리가 25m 이하가 되도록 할 것. 다만, 복도 또는 별도로 구획된 실로서 보행거리가 40m 이상일 경우에는 추가로 설치하여야 한다.

④ 발신기의 위치표시등은 함의 상부에 설치하되, 그 불빛은 부착 면으로부터 45° 이상의 범위 안에서 부착지점으로부터 10m 이내의 어느 곳에서도 쉽게 식별할 수 있는 적색등으로 설치하여야 한다.

「비상경보설비 및 단독경보형감지기의 화재안전기술기준」에 따른 비상벨설비 또는 자동식 사이렌설비에 대한 설명이다. 다음 ( ) 안의 ㉠, ㉡에 들어갈 내용으로 옳은 것은?

> 비상벨설비 또는 자동식사이렌설비에는 그 설비에 대한 감시상태를 (㉠)분간 지속한 후 유효하게 (㉡)분 이상 경보할 수 있는 비상전원으로서 축전지설비(수신기에 내장하는 경우를 포함) 또는 전기저장장치(외부 전기에너지를 저장해 두었다가 필요한 때 전기를 공급하는 장치)를 설치해야 한다.

① ㉠ 30, ㉡ 10   ② ㉠ 60, ㉡ 10

③ ㉠ 30, ㉡ 20   ④ ㉠ 60, ㉡ 20

「비상경보설비 및 단독경보형감지기의 화재안전기술기준」에 따른 발신기의 설치기준에 대한 내용이다. 다음 ( ) 안에 들어갈 내용으로 옳은 것은?

> 조작이 쉬운 장소에 설치하고, 조작 스위치는 바닥으로부터 (ⓐ)m 이상, (ⓑ)m 이하의 높이에 설치할 것

① ⓐ 0.6, ⓑ 1.2   ② ⓐ 0.8, ⓑ 1.5

③ ⓐ 1.0, ⓑ 1.8   ④ ⓐ 1.2, ⓑ 2.0

08 응용   20년 1회 기출

「비상경보설비 및 단독경보형감지기의 화재안전 기술기준」에 따라 비상경보설비의 발신기 설치 시 복도 또는 별도로 구획된 실로서 보행거리가 몇 m 이상일 경우에는 추가로 설치하여야 하는가?

① 25   ② 30

③ 40   ④ 50

09 기본   21년 2회 기출

「비상경보설비 및 단독경보형감지기의 화재안전 기술기준」에 따른 단독경보형감지기의 설치기준에 대한 내용이다. 다음 (　) 안에 들어갈 내용으로 옳은 것은?

> 단독경보형감지기는 바닥면적이 (㉠)m²를 초과하는 경우에는 (㉡)m²마다 1개 이상을 설치하여야 한다.

① ㉠ 100, ㉡ 100

② ㉠ 100, ㉡ 150

③ ㉠ 150, ㉡ 150

④ ㉠ 150, ㉡ 200

10 응용   20년 1회 기출

「비상경보설비 및 단독경보형감지기의 화재안전 기술기준」에 따라 바닥면적이 450m²일 경우 단독경보형감지기의 최소 설치개수는?

① 1개   ② 2개

③ 3개   ④ 4개

11 기본   19년 2회 기출

비상경보설비의 축전지설비의 구조에 대한 설명으로 틀린 것은?

① 예비전원을 병렬로 접속하는 경우에는 역충전 방지 등의 조치를 하여야 한다.

② 내부에 주전원의 양극을 동시에 개폐할 수 있는 전원스위치를 설치하여야 한다.

③ 축전지설비는 접지전극에 교류전류를 통하는 회로방식을 사용하여서는 아니된다.

④ 예비전원은 축전지설비용 예비전원과 외부부하 공급용 예비전원을 별도로 설치하여야 한다.

12 기본   22년 1회 기출

「비상경보설비의 축전지의 성능인증 및 제품검사의 기술기준」에 따른 축전지설비의 외함 두께는 강판인 경우 몇 mm 이상이어야 하는가?

① 0.7   ② 1.2

③ 2.3   ④ 3

13 [기본]

「감지기의 형식승인 및 제품검사의 기술기준」에 따라 단독경보형감지기의 일반기능에 대한 내용이다. 다음 (　) 안에 들어갈 내용으로 옳은 것은?

> 주기적으로 섬광하는 전원표시등에 의하여 전원의 정상 여부를 감시할 수 있는 기능이 있어야 하며, 전원의 정상상태를 표시하는 전원표시등의 섬광주기는 (ⓐ)초 이내의 점등과 (ⓑ)초에서 (ⓒ)초 이내의 소등으로 이루어져야 한다.

① ⓐ 1, ⓑ 15, ⓒ 60
② ⓐ 1, ⓑ 30, ⓒ 60
③ ⓐ 2, ⓑ 15, ⓒ 60
④ ⓐ 2, ⓑ 30, ⓒ 60

14 [기본]

「감지기의 형식승인 및 제품검사의 기술기준」에 따라 단독경보형감지기를 스위치 조작에 의하여 화재경보를 정지시킬 경우 화재경보 정지 후 몇 분 이내에 화재경보 정지기능이 자동적으로 해제되어 정상상태로 복귀되어야 하는가?

① 3   ② 5
③ 10   ④ 15

15 [기본]

단독경보형 감지기 중 연동식 감지기의 무선 기능에 대한 설명으로 옳은 것은?

① 화재신호를 수신한 단독경보형감지기는 60초 이내에 경보를 발해야 한다.
② 무선통신 점검은 단독경보형감지기가 서로 송수신하는 방식으로 한다.
③ 작동한 단독경보형감지기는 화재경보가 정지하기 전까지 100초 이내 주기마다 화재신호를 발신해야 한다.
④ 무선통신 점검은 168시간 이내에 자동으로 실시하고 이때 통신 이상이 발생하는 경우에는 300초 이내에 통신 이상 상태의 단독경보형 감지기를 확인할 수 있도록 표시 및 경보를 해야 한다.

16 [기본]

비상경보설비를 설치하여야 할 특정소방대상물로 옳은 것은? (단, 지하구, 모래·석재 등 불연재료 창고 및 위험물 저장·처리 시설 중 가스시설은 제외한다.)

① 지하가 중 터널로서 길이가 400m 이상인 것
② 30명 이상의 근로자가 작업하는 옥내작업장
③ 지하층 또는 무창층의 바닥면적이 150m² (공연장의 경우 100m²) 이상인 것
④ 연면적 300m²(지하가 중 터널 또는 사람이 거주하지 않거나 벽이 없는 축사 등 동·식물 관련 시설은 제외) 이상인 것

비상방송설비 유형은 약 10% 정도의 문제가 출제됩니다.
비상방송설비에서는 음향장치 및 전원의 설치기준과 관련된 문제가 자주 출제되므로 해당 기준은 수치를 포함하여 정확하게 암기해야 합니다.

비상방송설비 10%

▲ 출제비율

대표유형 문제

「비상방송설비의 화재안전기술기준」에 따른 용어의 정의에서 소리를 크게 하여 멀리까지 전달될 수 있도록 하는 장치로써 일명 "스피커"를 말하는 것은?　　　　　　　　　　　　　　　20년 2회 기출

① 확성기　　　　　　　　　　　　② 증폭기
③ 사이렌　　　　　　　　　　　　④ 음량조절기

정답　①

해설　확성기는 소리를 크게 하여 멀리까지 전달될 수 있도록 하는 장치(스피커)이다.

핵심이론 CHECK!

「비상방송설비의 화재안전기술기준」상 용어 정의

구분	내용
확성기	소리를 크게 하여 멀리까지 전달될 수 있도록 하는 장치(스피커)
음량조절기	가변저항을 이용하여 전류를 변화시켜 음량을 크게 하거나 작게 조절할 수 있는 장치
증폭기	전압전류의 진폭을 늘려 감도를 좋게 하고 미약한 음성전류를 커다란 음성전류로 변화시켜 소리를 크게 하는 장치
전원회로	전기·통신, 기타 전기를 이용하는 장치 등에 전력을 공급하기 위하여 필요한 기기로 이루어지는 전기회로
절연저항	전류가 도체에서 절연물을 통하여 다른 충전부나 기기로 누설되는 경우 그 누설 경로의 저항
정격전압	전기기계기구, 선로 등의 정상적인 동작을 유지시키기 위해 공급해 주어야 하는 기준 전압
풀박스	장거리 케이블 포설을 용이하게 하기 위해 전선관 중간에 설치하는 상자형 구조물

01 [기본]   20년 4회 기출

「비상방송설비의 화재안전기술기준」에 따른 정의에서 가변저항을 이용하여 전류를 변화시켜 음량을 크게 하거나 작게 조절할 수 있는 장치를 말하는 것은?

① 증폭기   ② 변류기
③ 중계기   ④ 음량조절기

02 [기본]   19년 2회 기출

다음 중 비상경보설비 및 비상방송설비에 사용되는 용어 설명 중 틀린 것은?

① 비상벨설비라 함은 화재발생 상황을 경종으로 경보하는 설비를 말한다.
② 증폭기라 함은 전압전류의 주파수를 늘려 감도를 좋게 하고 소리를 크게 하는 장치를 말한다.
③ 확성기라 함은 소리를 크게 하여 멀리까지 전달될 수 있도록 하는 장치로써 일명 스피커를 말한다.
④ 음량조절기라 함은 가변저항을 이용하여 전류를 변화시켜 음량을 크게 하거나 작게 조절할 수 있는 장치를 말한다.

03 [기본]   21년 1회 기출

다음은 일반적인 비상방송설비의 계통도이다.
(　) 안에 들어갈 내용으로 옳은 것은?

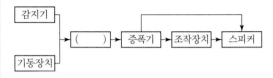

① 변류기   ② 발신기
③ 수신기   ④ 음향장치

04 [기본]   16년 1회 기출

비상방송설비의 특징에 대한 설명으로 틀린 것은?

① 다른 방송설비와 공용하는 경우에는 화재 시 비상경보 외의 방송을 차단 할 수 있는 구조로 하여야 한다.
② 비상방송설비의 축전지는 감시상태를 10분간 지속한 후 유효하게 60분 이상 경보할 수 있어야 한다.
③ 확성기의 음성입력은 실외에 설치한 경우 3W 이상이어야 한다.
④ 음량조정기의 배선은 3선식으로 한다.

05 [기본]   18년 4회 기출

비상방송설비의 음향장치의 설치기준 중 ( ) 안에 들어갈 내용으로 옳은 것은?

> • 음량조정기를 설치하는 경우 음량조정기의 배선은 (㉠)선식으로 할 것
> • 확성기는 각 층마다 설치하되 그 층의 각 부분으로부터 하나의 확성기까지의 수평거리가 (㉡) m 이하가 되도록 하고, 해당 층의 각 부분에 유효하게 경보를 발할 수 있도록 설치할 것

① ㉠ 2, ㉡ 15   ② ㉠ 2, ㉡ 25
③ ㉠ 3, ㉡ 15   ④ ㉠ 3, ㉡ 25

06 [기본]   20년 2회 기출

「비상방송설비의 화재안전기술기준」에 따른 음향장치의 구조 및 성능에 대한 기준이다. 다음 ( ) 안에 들어갈 내용으로 옳은 것은?

> 가. 정격전압의 (㉠)% 전압에서 음향을 발할 수 있는 것으로 할 것
> 나. (㉡)의 작동과 연동하여 작동할 수 있는 것으로 할 것

① ㉠ 65, ㉡ 자동화재탐지설비
② ㉠ 80, ㉡ 자동화재탐지설비
③ ㉠ 65, ㉡ 단독경보형감지기
④ ㉠ 80, ㉡ 단독경보형감지기

07 [심화]   19년 4회 기출

「비상방송설비의 화재안전기술기준」에 따라 비상방송설비 음향장치의 정격전압이 220V인 경우 최소 몇 V 이상에서 음향을 발할 수 있어야 하는가?

① 165   ② 176
③ 187   ④ 198

08 [기본]   21년 4회 기출

「비상방송설비의 화재안전기술기준」에 따른 비상방송설비의 음향장치에 대한 설치기준으로 틀린 것은?

① 다른 전기회로에 따라 유도장애가 생기지 아니하도록 할 것
② 음향장치는 자동화재속보설비의 작동과 연동하여 작동할 수 있는 것으로 할 것
③ 다른 방송설비와 공용하는 것에 있어서는 화재 시 비상경보 외의 방송을 차단할 수 있는 구조로 할 것
④ 증폭기 및 조작부는 수위실 등 상시 사람이 근무하는 장소로서 점검이 편리하고 방화상 유효한 곳에 설치할 것

09 [기본]   19년 2회 기출

비상방송설비 음향장치에 대한 설치기준으로 옳은 것은?

① 다른 전기회로에 따라 유도장애가 생기지 않도록 한다.
② 음량조정기를 설치하는 경우 음량조정기의 배선은 2선식으로 한다.
③ 다른 방송설비와 공용하는 것에 있어서는 화재 시 비상경보 외의 방송을 차단되는 구조가 아니어야 한다.
④ 기동장치에 따른 화재신고를 수신한 후 필요한 음량으로 화재발생 상황 및 피난에 유효한 방송이 자동으로 개시될 때까지의 소요시간은 60초 이하로 한다.

21년 2회 기출

「비상방송설비의 화재안전기술기준」에 따라 비상 방송설비가 기동장치에 따른 화재신고를 수신한 후 필요한 음량으로 화재 발생 상황 및 피난에 유효한 방송이 자동으로 개시될 때까지의 소요시간은 몇 초 이하로 하여야 하는가?

① 5　　　　　　　② 10
③ 20　　　　　　 ④ 30

11 기본

19년 2회 기출

비상방송설비의 배선에 대한 설치기준으로 틀린 것은?

① 배선은 다른 용도의 전선과 동일한 관, 덕트, 몰드 또는 풀박스 등에 설치할 것
② 전원회로의 배선은 옥내소화전설비의 화재안전기술기준에 따른 내화배선으로 설치할 것
③ 화재로 인하여 하나의 층의 확성기 또는 배선이 단락 또는 단선되어도 다른 층의 화재통보에 지장이 없도록 할 것
④ 부속회로의 전로와 대지 사이 및 배선 상호 간의 절연저항은 1경계구역마다 직류 250V의 절연저항측정기를 사용하여 측정한 절연저항이 0.1MΩ 이상이 되도록 할 것

12 기본

21년 2회 기출

「비상방송설비의 화재안전기술기준」에 따라 부속회로의 전로와 대지 사이 및 배선 상호 간의 절연저항은 1경계구역마다 직류 250V의 절연저항측정기를 사용하여 측정한 절연저항이 몇 MΩ 이상이 되도록 하여야 하는가?

① 0.1　　　　　　② 0.2
③ 10　　　　　　 ④ 20

13 기본

21년 4회 기출

「비상방송설비의 화재안전기술기준」에 따라 비상방송설비 음향장치의 설치기준 중 다음 (　) 안에 들어갈 내용으로 옳은 것은?

> 층수가 (㉠)층(공동주택의 경우에는 16층) 이상의 특정소방대상물의 1층에서 발화한 때에는 발화층·그 직상 (㉡)개층 및 지하층에 경보를 발해야 한다.

① ㉠ 15, ㉡ 4　　② ㉠ 10, ㉡ 2
③ ㉠ 11, ㉡ 4　　④ ㉠ 11, ㉡ 2

14 응용   22년 1회 기출

층수가 11층 이상인 특정소방대상물의 2층에서 발화한 때의 경보 기준으로 옳은 것은? (단, 「비상방송설비의 화재안전기술기준」에 따른다.)

① 발화층에만 경보를 발할 것
② 발화층 및 그 직상 4개층에 경보를 발할 것
③ 발화층·그 직상 4개층 및 지하층에 경보를 발할 것
④ 발화층·그 직상층 및 기타의 지하층에 경보를 발할 것

15 기본   22년 1회 기출

「비상방송설비의 화재안전기술기준」에 따라 전원회로의 배선으로 사용할 수 없는 것은?

① 450/750V 비닐절연전선
② 0.6/1kV EP 고무절연 클로로프렌 시스케이블
③ 450/750V 저독성 난연 가교 폴리올레핀 절연전선
④ 내열성 에틸렌-비닐 아세테이트 고무 절연 케이블

16 기본   20년 1회 기출

「비상방송설비의 화재안전기술기준」에 따라 비상벨설비 또는 자동식 사이렌설비의 전원회로 배선 중 내열배선에 사용하는 전선의 종류가 아닌 것은?

① 버스덕트(Bus Duct)
② 600V 1종 비닐절연전선
③ 0.6/1kV EP 고무절연 클로로프렌 시스 케이블
④ 450/750V 저독성 난연 가교 폴리올레핀 절연전선

17 응용   17년 4회 기출

비상방송설비를 설치하여야 하는 특정소방대상물의 기준 중 틀린 것은? (단, 위험물 저장 및 처리시설 중 가스시설, 사람이 거주하지 않거나 벽이 없는 축사 등 동물 및 식물 관련 시설, 지하가 중 터널 및 지하구는 제외한다.)

① 연면적 $3,500m^2$ 이상인 것
② 지하층을 제외한 층수가 11층 이상인 것
③ 지하층의 층수가 3층 이상인 것
④ 50명 이상의 근로자가 작업하는 옥내 작업장

18 기본   16년 1회 기출

상용전원이 서로 다른 소방시설은?

① 옥내소화전설비
② 비상방송설비
③ 비상콘센트설비
④ 스프링클러설비

대 표 유 형 ③ 자동화재탐지설비 및 시각경보장치

출제경향 CHECK!

자동화재탐지설비 및 시각경보장치 유형은 필기에서 가장 높은 출제비율을 가지고, 실기에도 많이 출제되는 유형입니다. 자동화재탐지설비의 설치기준과 각종 감지기의 설치기준에 대한 문제가 자주 출제됩니다.

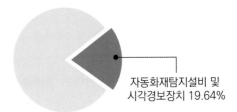

자동화재탐지설비 및 시각경보장치 19.64%

▲ 출제비율

대표유형 문제

「자동화재탐지설비 및 시각경보장치의 화재안전기술기준」에 따라 특정소방대상물 중 화재신호를 발신하고 그 신호를 수신 및 유효하게 제어할 수 있는 구역을 무엇이라 하는가?　21년 1회 기출

① 방호구역　　　　　　　　　② 방수구역
③ 경계구역　　　　　　　　　④ 화재구역

정답 ③

해설 특정소방대상물 중 화재신호를 발신하고 그 신호를 수신 및 유효하게 제어할 수 있는 구역을 경계구역이라고 한다.

핵심이론 CHECK!

「자동화재탐지설비 및 시각경보장치의 화재안전기술기준」상 용어 정의

구분	내용
경계구역	특정소방대상물 중 화재신호를 발신하고 그 신호를 수신 및 유효하게 제어할 수 있는 구역
수신기	감지기나 발신기에서 발하는 화재신호를 직접 수신하거나 중계기를 통하여 수신하여 화재의 발생을 표시 및 경보하여 주는 장치
중계기	감지기·발신기 또는 전기적인 접점 등의 작동에 따른 신호를 받아 이를 수신기에 전송하는 장치
감지기	화재 시 발생하는 열, 연기, 불꽃 또는 연소생성물을 자동적으로 감지하여 수신기에 화재신호 등을 발신하는 장치
발신기	수동누름버튼 등의 작동으로 화재 신호를 수신기에 발신하는 장치
시각경보장치	자동화재탐지설비에서 발하는 화재신호를 시각경보기에 전달하여 청각장애인에게 점멸형태의 시각경보를 하는 것

01 기본   19년 1회 기출

「자동화재탐지설비 및 시각경보장치의 화재안전 기술기준」에서 사용하는 용어가 아닌 것은?

① 중계기
② 경계구역
③ 시각경보장치
④ 단독경보형 감지기

02 기본   19년 4회 기출

「자동화재탐지설비 및 시각경보장치의 화재안전 기술기준」에 따른 경계구역에 관한 기준이다. 다음 ( ) 안에 들어갈 내용으로 옳은 것은?

> 하나의 경계구역의 면적은 (㉠) 이하로 하고 한 변의 길이는 (㉡) 이하로 하여야 한다.

① ㉠ 600m², ㉡ 50m
② ㉠ 600m², ㉡ 100m
③ ㉠ 1,200m², ㉡ 50m
④ ㉠ 1,200m², ㉡ 100m

03 기본   17년 1회 기출

자동화재탐지설비의 경계구역 설정 기준으로 옳은 것은?

① 하나의 경계구역이 3개 이상의 건축물에 미치지 아니하도록 하여야 한다.
② 하나의 경계구역의 면적은 500m² 이하로 하고 한 변의 길이는 60m 이하로 하여야 한다.
③ 500m² 이하의 범위 안에서는 2개의 층을 하나의 경계구역으로 할 수 있다
④ 특정소방대상물의 주된 출입구에서 그 내부 전체가 보이는 것에 있어서는 한 변의 길이가 100m의 범위 내에서 1,500m² 이하로 할 수 있다.

04 기본   20년 2회 기출

「자동화재탐지설비 및 시각경보장치의 화재안전 기술기준」에 따른 중계기에 대한 설치기준으로 틀린 것은?

① 조작 및 점검에 편리하고 화재 및 침수 등의 재해로 인한 피해를 받을 우려가 없는 장소에 설치할 것
② 수신기에서 직접 감지기 회로의 도통시험을 행하지 아니하는 것에 있어서는 수신기와 발신기 사이에 설치할 것
③ 수신기에 따라 감시되지 아니하는 배선을 통하여 전력을 공급받는 것에 있어서는 전원입력 측의 배선에 과전류 차단기를 설치할 것
④ 수신기에 따라 감시되지 아니하는 배선을 통하여 전력을 공급받는 것에 있어서는 해당 전원의 정전이 즉시 수신기에 표시되는 것으로 할 것

05 기본   22년 1회 기출

「자동화재탐지설비 및 시각경보장치의 화재안전기술기준」에 따른 감지기의 설치기준으로 옳은 것은?

① 스포트형 감지기는 15° 이상 경사되지 아니하도록 부착할 것

② 공기관식 차동식분포형 감지기의 검출부는 45° 이상 경사되지 아니하도록 부착할 것

③ 보상식 스포트형 감지기는 정온점이 감지기 주위의 평상 시 최고 온도보다 20℃ 이상 높은 것으로 설치할 것

④ 정온식 감지기는 주방·보일러실 등으로서 다량의 화기를 취급하는 장소에 설치하되, 공칭작동온도가 최고주위온도보다 30℃ 이상 높은 것으로 설치할 것

06 기본   20년 1회 기출

「자동화재탐지설비 및 시각경보장치의 화재안전기술기준」에 따른 공기관식 차동식분포형 감지기의 설치기준으로 틀린 것은?

① 검출부는 3° 이상 경사되지 아니하도록 부착할 것

② 공기관의 노출부분은 감지구역마다 20m 이상이 되도록 할 것

③ 하나의 검출부분에 접속하는 공기관의 길이는 100m 이하로 할 것

④ 공기관과 감지구역의 각 변과의 수평거리는 1.5m 이하가 되도록 할 것

07 기본   19년 1회 기출

정온식감지기의 설치 시 공칭작동온도가 최고주위온도보다 최소 몇 ℃ 이상 높은 것으로 설치하여야 하나?

① 10   ② 20

③ 30   ④ 40

08 기본   19년 4회 기출

차동식분포형감지기의 동작방식이 아닌 것은?

① 공기관식   ② 열전대식

③ 열반도체식   ④ 불꽃 자외선식

09 기본   15년 1회 기출

차동식감지기에 리크구멍을 이용하는 목적으로 가장 적합한 것은?

① 비화재보를 방지하기 위하여

② 완만한 온도 상승을 감지하기 위해서

③ 감지기의 감도를 예민하게 하기 위해서

④ 급격한 전류변화를 방지하기 위해서

10 [기본]

정온식 감지선형 감지기에 관한 설명으로 옳은 것은?

① 일국소의 주위온도 변화에 따라서 차동 및 정온식의 성능을 갖는 것을 말한다.

② 일국소의 주위온도가 일정한 온도 이상이 되었을 때 작동하는 것으로서 외관이 전선으로 되어 있는 것을 말한다.

③ 그 주위온도가 일정한 온도상승률 이상이 되었을 때 작동하는 것을 말한다.

④ 그 주위온도가 일정한 온도상승률 이상이 되었을 때 작동하는 것으로서 광범위한 열효과의 누적에 의하여 동작하는 것을 말한다.

11 [기본]

불꽃감지기의 설치기준으로 틀린 것은?

① 수분이 많이 발생할 우려가 있는 장소에는 방수형으로 설치할 것

② 감지기를 천장에 설치하는 경우에는 감지기는 천장을 향하여 설치할 것

③ 감지기는 화재감지를 유효하게 감지할 수 있는 모서리 또는 벽 등에 설치할 것

④ 감지기는 공칭감시거리와 공칭시야각을 기준으로 감시구역이 모두 포용될 수 있도록 설치할 것

12 [기본]

「자동화재탐지설비 및 시각경보장치의 화재안전기술기준」에서 정하는 불꽃감지기의 설치기준으로 틀린 것은?

① 폭발의 우려가 있는 장소에는 방폭형으로 설치할 것

② 공칭감시거리 및 공칭시야각은 형식승인 내용에 따를 것

③ 감지기를 천장에 설치하는 경우에는 감지기는 바닥을 향하여 설치할 것

④ 감지기는 화재감지를 유효하게 감지할 수 있는 모서리 또는 벽 등에 설치할 것

13 [기본]

열전대식 감지기의 구성요소가 아닌 것은?

① 열전대   ② 미터릴레이
③ 접속전선   ④ 공기관

14 [기본]

「자동화재탐지설비 및 시각경보장치의 화재안전기술기준」에 따른 발신기의 설치기준에 대한 내용이다. 다음 (   ) 안에 들어갈 내용으로 옳은 것은?

> 발신기의 위치를 표시하는 표시등은 함의 상부에 설치하되 그 불빛은 부착면으로부터 (㉠)° 이상의 범위 안에서 부착지점으로부터 (㉡)m 이내의 어느 곳에서도 쉽게 식별할 수 있는 적색등으로 하여야 한다.

① ㉠ 10, ㉡ 10   ② ㉠ 15, ㉡ 10
③ ㉠ 25, ㉡ 15   ④ ㉠ 25, ㉡ 20

15 응용   17년 1회 기출

주요구조부를 내화구조로 한 특정소방대상물의 바닥면적이 370m²인 부분에 설치해야 하는 감지기의 최소 수량은? (단, 감지기의 부착높이는 바닥으로부터 4.5m이고, 보상식 스포트형 1종을 설치한다.)

① 6개   ② 7개
③ 8개   ④ 9개

16 응용   19년 2회 기출

부착높이 3m, 바닥면적 50m²인 주요구조부를 내화구조로 한 소방대상물에 1종 열반도체식 차동식분포형감지기를 설치하고자 할 때 감지부의 최소 설치개수는?

① 1개   ② 2개
③ 3개   ④ 4개

17 응용   17년 2회 기출

주요구조부가 내화구조인 특정소방대상물에 자동화재탐지설비의 감지기를 열전대식 차동식분포형으로 설치하려고 한다. 바닥면적이 256m²일 경우 열전대부와 검출부는 각각 최소 몇 개 이상으로 설치하여야 하는가?

① 열전대부 11개, 검출부 1개
② 열전대부 12개, 검출부 1개
③ 열전대부 11개, 검출부 2개
④ 열전대부 12개, 검출부 2개

18 기본   20년 2회 기출

「자동화재탐지설비 및 시각경보장치의 화재안전기술기준」에 따라 지하층·무창층 등으로서 환기가 잘되지 아니하거나 실내 면적이 40m² 미만인 장소에 설치하여야 하는 적응성이 있는 감지기가 아닌 것은?

① 불꽃감지기
② 광전식분리형감지기
③ 정온식스포트형감지기
④ 아날로그방식의 감지기

19 기본   20년 2회 기출

「자동화재탐지설비 및 시각경보장치의 화재안전기술기준」에 따라 외기에 면하여 상시 개방된 부분이 있는 차고·주차장·창고 등에 있어서는 외기에 면하는 각 부분으로부터 몇 m 미만의 범위 안에 있는 부분은 경계구역의 면적에 산입하지 아니하는가?

① 1   ② 3
③ 5   ④ 10

20 기본   21년 4회 기출

「자동화재탐지설비 및 시각경보장치의 화재안전기술기준」에 따른 감지기의 설치 제외 장소가 아닌 것은?

① 실내의 용적이 20m³ 이하인 장소
② 부식성 가스가 체류하고 있는 장소
③ 목욕실·욕조나 샤워시설이 있는 화장실·기타 이와 유사한 장소
④ 고온도 및 저온도로서 감지기의 기능이 정지되기 쉽거나 감지기의 유지관리가 어려운 장소

21 기본   21년 2회 기출

「자동화재탐지설비 및 시각경보장치의 화재안전기술기준」에 따라 자동화재탐지설비의 감지기 설치에 있어서 부착높이가 20m 이상일 때 적합한 감지기 종류는?

① 불꽃감지기   ② 연기복합형
③ 차동식 분포형   ④ 이온화식 1종

22 기본   20년 4회 기출

「자동화재탐지설비 및 시각경보장치의 화재안전기술기준」에 따라 부착높이 8m 이상 15m 미만에 설치 가능한 감지기가 아닌 것은?

① 불꽃감지기
② 보상식 분포형감지기
③ 차동식 분포형감지기
④ 광전식 분리형 1종 감지기

23 기본   21년 4회 기출

「자동화재탐지설비 및 시각경보장치의 화재안전기술기준」에 따라 부착높이 20m 이상에 설치되는 광전식 중 아날로그방식의 감지기는 공칭감지농도 하한값이 감광율 몇 %/m 미만인 것으로 하는가?

① 3   ② 5
③ 7   ④ 10

24 기본   22년 1회 기출

「자동화재탐지설비 및 시각경보장치의 화재안전기술기준」에 따라 감지기회로의 도통시험을 위한 종단저항의 설치기준으로 틀린 것은?

① 감지기 회로의 끝부분에 설치할 것
② 점검 및 관리가 쉬운 장소에 설치할 것
③ 전용함을 설치하는 경우 그 설치 높이는 바닥으로부터 2.0m 이내로 할 것
④ 종단감지기에 설치할 경우에는 구별이 쉽도록 해당 감지기의 기판 등에 별도의 표시를 할 것

25 기본　20년 1회 기출

「자동화재탐지설비 및 시각경보장치의 화재안전기술기준」에 따라 감지기 회로의 도통시험을 위한 종단저항의 설치기준으로 틀린 것은?

① 동일층 발신기함 외부에 설치할 것
② 점검 및 관리가 쉬운 장소에 설치할 것
③ 전용함을 설치하는 경우 그 설치 높이는 바닥으로부터 1.5m 이내로 할 것
④ 종단감지기에 설치할 경우에는 구별이 쉽도록 해당 감지기의 기판 등에 별도의 표시를 할 것

26 기본　21년 2회 기출

「자동화재탐지설비 및 시각경보장치의 화재안전기술기준」에 따른 배선의 설치기준으로 틀린 것은?

① 감지기 사이의 회로의 배선은 송배선식으로 할 것
② 감지기회로의 도통시험을 위한 종단저항은 감지기 회로의 끝 부분에 설치할 것
③ 피(P)형 수신기의 감지기 회로의 배선에 있어서 하나의 공통선에 접속할 수 있는 경계구역은 5개 이하로 할 것
④ 수신기의 각 회로별 종단에 설치되는 감지기에 접속되는 배선의 전압은 감지기 정격전압의 80% 이상이어야 할 것

27 응용　16년 1회 기출

자동화재탐지설비의 GP형 수신기에 감지기 회로의 배선을 접속하려고 할 때 경계구역이 15개인 경우 필요한 공통선의 최소 개수는?

① 1　　　　② 2
③ 3　　　　④ 4

28 기본　16년 4회 기출

자동화재탐지설비 배선의 설치기준 중 다음 (　) 안에 알맞은 것은?

> 자동화재탐지설비 감지기회로의 전로저항은 (㉠)이(가) 되도록 하여야 하며 수신기 각 회로별 종단저항에 설치되는 감지기에 접속되는 배선의 전압은 감지기 정격전압의 (㉡)% 이상이어야 한다.

① ㉠ 50Ω 이상, ㉡ 70
② ㉠ 50Ω 이하, ㉡ 80
③ ㉠ 40Ω 이상, ㉡ 70
④ ㉠ 40Ω 이하, ㉡ 80

29 기본   21년 4회 기출

아래 그림은 자동화재탐지설비의 배선도이다. 추가로 구획된 공간이 생겨 가, 나, 다, 라 감지기를 증설했을 경우, 「자동화재탐지설비 및 시각경보장치의 화재안전기술기준」에 적합하게 설치한 것은?

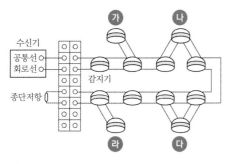

① 가   ② 나
③ 다   ④ 라

30 기본   21년 1회 기출

「자동화재탐지설비 및 시각경보장치의 화재안전기술기준」에 따라 자동화재탐지설비의 주음향장치의 설치 장소로 옳은 것은?

① 발신기의 내부
② 수신기의 내부
③ 누전경보기의 내부
④ 자동화재속보설비의 내부

31 기본   16년 1회 기출

화재안전기술기준에서 정하고 있는 연기감지기를 설치하지 않아도 되는 장소는?

① 에스컬레이터 경사로
② 길이가 15m인 복도
③ 엘리베이터 권상기실
④ 천장의 높이가 15m 이상 20m 미만의 장소

32 기본   16년 2회 기출

3종 연기감지기의 설치기준 중 다음 ( ) 안에 알맞은 것으로 연결된 것은?

> 3종 연기감지기는 복도 및 통로에 있어서는 보행거리 (㉠)m 마다 계단 및 경사로에 있어서는 수직거리 (㉡)m 마다 1개 이상으로 설치해야 한다.

① ㉠ 15, ㉡ 10   ② ㉠ 20, ㉡ 10
③ ㉠ 30, ㉡ 15   ④ ㉠ 30, ㉡ 20

33 기본   16년 4회 기출

연기감지기 설치 시 천장 또는 반자 부근에 배기구가 있는 경우에 감지기의 설치위치로 옳은 것은?

① 배기구가 있는 그 부근
② 배기구로부터 가장 먼 곳
③ 배기구로부터 0.6m 이상 떨어진 곳
④ 배기구로부터 1.5m 이상 떨어진 곳

34 기본   22년 2회 기출

「자동화재탐지설비 및 시각경보장치의 화재안전기술기준」에 따라 부착높이가 4m 미만으로 연기감지기 3종을 설치할 때, 바닥면적 몇 m² 마다 1개 이상 설치하여야 하는가?

① 50   ② 75
③ 100   ④ 150

35 기본   21년 4회 기출

「자동화재탐지설비 및 시각경보장치의 화재안전기술기준」에 따라 제2종 연기감지기를 부착높이가 4m 미만인 장소에 설치 시 기준 바닥면적은?

① 30m²   ② 50m²

③ 75m²   ④ 150m²

36 기본   22년 2회 기출

「자동화재탐지설비 및 시각경보장치의 화재안전기술기준」에 따라 감지기 상호 간 또는 감지기로부터 수신기에 이르는 감지기 회로의 배선 중 전자파 방해를 받지 아니하는 실드선 등을 사용하지 않아도 되는 것은?

① R형 수신기용으로 사용되는 것

② 차동식 감지기

③ 다신호식 감지기

④ 아날로그식 감지기

37 기본   21년 2회 기출

「자동화재탐지설비 및 시각경보장치의 화재안전기술기준」에 따라 환경상태가 현저하게 고온으로 되어 연기감지기를 설치할 수 없는 건조실 또는 살균실 등에 적응성 있는 열감지기가 아닌 것은?

① 정온식 1종

② 정온식 특종

③ 열아날로그식

④ 보상식 스포트형 1종

38 기본   22년 1회 기출

「자동화재탐지설비 및 시각경보장치의 화재안전기술기준」에 따라 전화기기실, 통신기기실 등과 같은 훈소화재의 우려가 있는 장소에 적응성이 없는 감지기는?

① 광전식스포트형

② 광전아날로그식분리형

③ 광전아날로그식스포트형

④ 이온아날로그식스포트형

39 기본   22년 1회 기출

「자동화재탐지설비 및 시각경보장치의 화재안전기술기준」에 따라 광전식분리형감지기의 설치기준에 대한 설명으로 틀린 것은?

① 감지기의 수광면은 햇빛을 직접 받지 않도록 설치할 것

② 감지기의 송광부와 수광부는 설치된 뒷벽으로부터 1m 이내 위치에 설치할 것

③ 광축(송광면과 수광면의 중심을 연결한 선)은 나란한 벽으로부터 0.6m 이상 이격하여 설치할 것

④ 광축의 높이는 천장 등(천장의 실내에 면한 부분 또는 상층의 바닥하부면을 말한다) 높이의 70% 이상일 것

40 기본   18년 4회 기출

청각장애인용 시각경보장치는 천장의 높이가 2m 이하인 경우에는 천장으로부터 몇 m 이내의 장소에 설치하여야 하는가?

① 0.1   ② 0.15

③ 1.0   ④ 1.5

41 기본   22년 2회 기출

「시각경보장치의 성능인증 및 제품검사의 기술기준」에 따라 시각경보장치의 전원부 양단자 또는 양선을 단락시킨 부분과 비충전부를 DC 500V의 절연저항계로 측정하는 경우 절연저항이 몇 MΩ 이상이어야 하는가?

① 0.1   ② 5

③ 10   ④ 20

42 기본   17년 2회 기출

공기관식 차동식분포형 감지기의 구조 및 기능 기준 중 다음 (　) 안에 알맞은 것은?

> • 공기관은 하나의 길이(이음매가 없는 것)가 (㉠) m 이상의 것으로 안지름 및 관의 두께가 일정하고 홈, 갈라짐 및 변형이 없어야 하며 부식되지 않아야 한다.
> • 공기관의 두께는 (㉡)mm 이상, 바깥지름은 (㉢)mm 이상이어야 한다.

① ㉠ 10, ㉡ 0.5, ㉢ 1.5

② ㉠ 20, ㉡ 0.3, ㉢ 1.9

③ ㉠ 10, ㉡ 0.3, ㉢ 1.9

④ ㉠ 20, ㉡ 0.5, ㉢ 1.5

43 기본   20년 1회 기출

수신기를 나타내는 소방시설 도시기호로 옳은 것은?

①   ②

③   ④

44 기본   14년 1회 기출

자동화재탐지설비를 설치하여야 하는 특정소방대상물에 대한 설명 중 옳은 것은?

① 의료시설, 위락시설로서 연면적 500m² 이상인 것

② 근린생활시설 중 목욕장, 문화 및 집회 시설, 운동시설, 방송통신시설로 연면적 600m² 이상인 것

③ 지하구

④ 지하가 중 터널로서 길이가 500m인 것

대표유형 ④ 자동화재속보설비

출제경향 CHECK!

자동화재속보설비 유형은 약 5% 정도의 출제비율을 가지고,
한 회에 1문제 내외의 문제가 출제됩니다.
이 유형에서는 속보기의 기능과 관련된 문제가 자주 출제되므
로 해당 기준은 정확하게 이해한 후 암기해야 합니다.

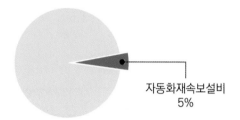

자동화재속보설비
5%

▲ 출제비율

대표유형 문제

「자동화재속보설비의 속보기의 성능인증 및 제품검사의 기술기준」에 따라 자동화재속보설비의 속보기
가 소방관서에 자동적으로 통신망을 통해 통보하는 신호의 내용으로 옳은 것은?   20년 4회 기출

① 해당 소방대상물의 위치 및 규모
② 해당 소방대상물의 위치 및 용도
③ 해당 화재 발생 및 해당 소방대상물의 위치
④ 해당 고장 발생 및 해당 소방대상물의 위치

정답   ③

해설   자동화재속보설비의 속보기란 수동작동 및 자동화재탐지설비 수신기의 화재신호와 연동으
로 작동하여 관계인에게 화재발생을 경보함과 동시에 소방관서에 자동적으로 통신망을 통
한 해당 화재 발생 및 해당 소방대상물의 위치 등을 음성으로 통보하여 주는 것을 말한다.

핵심이론 CHECK!

「자동화재속보설비의 화재안전기술기준」상 자동화재속보설비의 설치기준

① 자동화재탐지설비와 연동으로 작동하여 자동적으로 화재신호를 소방관서에 전달되는 것으로 할 것
② 조작스위치는 바닥으로부터 0.8m 이상 1.5m 이하의 높이에 설치할 것
③ 속보기는 소방관서에 통신망으로 통보하도록 하며, 데이터 또는 코드전송방식을 부가적으로 설치할 수 있다.
④ 문화재에 설치하는 자동화재속보설비는 속보기에 감지기를 직접 연결하는 방식으로 할 수 있다.
⑤ 속보기는 소방청장이 정하여 고시한 「자동화재속보설비의 속보기의 성능인증 및 제품검사의 기술기준」에
  적합한 것으로 설치할 것

01 기본 19년 1회 기출

자동화재속보설비의 설치기준으로 틀린 것은?

① 조작스위치는 바닥으로부터 1m 이상 1.5m 이하의 높이에 설치할 것

② 속보기는 소방관서에 통신망으로 통보하도록 하며, 데이터 또는 코드전송방식을 부가적으로 설치할 수 있다.

③ 자동화재탐지설비와 연동으로 작동하여 자동적으로 화재발생 상황을 소방관서에 전달되는 것으로 할 것

④ 속보기는 소방청장이 정하여 고시한 「자동화재속보설비의 속보기의 성능인증 및 제품검사의 기술기준」에 적합한 것으로 설치하여야 한다.

02 기본 22년 2회 기출

다음은 「자동화재속보설비의 속보기의 성능인증 및 제품검사의 기술기준」에 따른 속보기에 대한 내용이다. ( ) 안에 들어갈 내용으로 옳은 것은?

> 속보기는 연동 또는 수동 작동에 의한 다이얼링 후 소방관서와 전화접속이 이루어지지 않는 경우에는 최초 다이얼링을 포함하여 (ⓐ)회 이상 반복적으로 접속을 위한 다이얼링이 이루어져야 한다. 이 경우 매 회 다이얼링 완료 후 호출은 (ⓑ)초 이상 지속되어야 한다.

① ⓐ 10, ⓑ 30   ② ⓐ 15, ⓑ 30
③ ⓐ 10, ⓑ 60   ④ ⓐ 15, ⓑ 60

03 기본 22년 1회 기출

「자동화재속보설비의 속보기의 성능인증 및 제품검사의 기술기준」에 따른 속보기의 기능에 대한 내용이다. 다음 ( ) 안에 들어갈 내용으로 옳은 것은?

> 작동신호를 수신하거나 수동으로 동작시키는 경우 (ⓐ)초 이내에 소방관서에 자동적으로 신호를 발하여 알리되, (ⓑ)회 이상 속보할 수 있어야 한다.

① ⓐ 10, ⓑ 3   ② ⓐ 10, ⓑ 5
③ ⓐ 20, ⓑ 3   ④ ⓐ 20, ⓑ 5

04 기본 17년 2회 기출

자동화재속보설비 속보기의 기능 기준 중 옳은 것은?

① 작동신호를 수신하거나 수동으로 동작시키는 경우 10초 이내에 소방관서에 자동적으로 신호를 발하여 통보하되, 3회 이상 속보할 수 있어야 한다.

② 예비전원을 병렬로 접속하는 경우에는 역충전 방지 등의 조치를 하여야 한다.

③ 예비전원은 감시상태를 30분간 지속한 후 10분 이상 동작이 지속될 수 있는 용량이어야 한다.

④ 속보기는 연동 또는 수동 작동에 의한 다이얼링 후 소방관서와 전화접속이 이루어지지 않는 경우에는 최초 다이얼링을 포함하여 20회 이상 반복적으로 접속을 위한 다이얼링이 이루어야 한다. 이 경우 매 회 지속되어야 한다.

05 [기본]

「자동화재속보설비의 속보기의 성능인증 및 제품검사의 기술기준」에 따른 속보기의 구조에 대한 설명으로 틀린 것은?

① 수동통화용 송수화장치를 설치하여야 한다.

② 접지전극에 직류전류를 통하는 회로방식을 사용하여야 한다.

③ 작동 시 그 작동시간과 작동회수를 표시할 수 있는 장치를 하여야 한다.

④ 예비전원 회로에는 단락사고 등을 방지하기 위한 퓨즈, 차단기 등과 같은 보호장치를 하여야 한다.

07 [기본]

자동화재속보설비 속보기 예비전원의 주위온도 충방전시험 기준 중 다음 ( ) 안에 알맞은 것은?

> 무보수 밀폐형 연축전지는 방전종지전압 상태에서 0.1C로 48시간 충전한 다음 1시간 방치하여 0.05C으로 방전시킬 때 정격용량의 95% 용량을 지속하는 시간이 ( )분 이상이어야 하며, 외관이 부풀어 오르거나 누액 등이 생기지 않아야 한다.

① 10   ② 25

③ 30   ④ 40

06 [기본]

「자동화재속보설비의 속보기의 성능인증 및 제품검사의 기술기준」에 따라 자동화재속보설비의 속보기의 외함에 합성수지를 사용할 경우 외함의 최소 두께(mm)는?

① 1.2   ② 3

③ 6.4   ④ 7

08 [기본]

「자동화재속보설비의 속보기의 성능인증 및 제품검사의 기술기준」에 따라 교류입력측과 외함 간의 절연저항은 직류 500V의 절연저항계로 측정한 값이 몇 $M\Omega$ 이상이어야 하는가?

① 5   ② 10

③ 20   ④ 50

09 기본   21년 2회 기출

「자동화재속보설비의 속보기의 성능인증 및 제품검사의 기술기준」에서 정하는 데이터 및 코드전송 방식 신고부분 프로토콜 정의서에 대한 내용이다. 다음의 (　) 안에 들어갈 내용으로 옳은 것은?

> 119 서버로부터 처리결과 메시지를 (㉠)초 이내 수신받지 못할 경우에는 (㉡)회 이상 재전송 할 수 있어야 한다.

① ㉠ 10, ㉡ 5   ② ㉠ 10, ㉡ 10
③ ㉠ 20, ㉡ 10   ④ ㉠ 20, ㉡ 20

10 기본   18년 4회 기출

자동화재속보설비를 설치하여야 하는 특정소방대상물의 기준 중 틀린 것은? (단, 사람이 24시간 상시 근무하고 있는 경우는 제외한다.)

① 판매시설 중 전통시장
② 지하가 중 터널로서 길이가 1,000m 이상인 것
③ 수련시설(숙박시설이 있는 건축물만 해당)로서 바닥면적이 500m² 이상인 층이 있는 것
④ 문화재 중 보물 또는 국보로 지정된 목조건축물

누전경보기

출제경향 CHECK!

누전경보기의 출제비율은 약 9% 정도로 한 회차당 2문제 내
외의 문제가 출제됩니다.
누전경보기의 설치기준과 누전경보기를 설치할 수 있는 장소
에 대한 문제가 자주 출제됩니다.

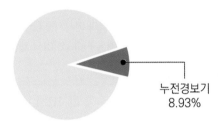

누전경보기
8.93%

▲ 출제비율

대표유형 문제

「누전경보기의 화재안전기술기준」에 따라 경계전로의 누설전류를 자동적으로 검출하여 이를 누전경보
기의 수신부에 송신하는 것은?   22년 1회 기출

① 변류기   ② 변압기
③ 음향장치   ④ 과전류차단기

정답 ①

해설 변류기란 경계전로의 누설전류를 자동적으로 검출하여 이를 누전경보기의 수신부에 송신
하는 것을 말한다.

핵심이론 CHECK!

「누전경보기의 화재안전기술기준」상 용어 정의

구분	내용
수신부	변류기로부터 검출된 신호를 수신하여 누전의 발생을 해당 특정소방대상물의 관계인에게 경보하여 주는 것
변류기	경계전로의 누설전류를 자동적으로 검출하여 이를 누전경보기의 수신부에 송신하는 것
경계전로	누전경보기가 누설전류를 검출하는 대상 전선로
분전반	배전반으로부터 전력을 공급받아 부하에 전력을 공급해 주는 것
인입선	배전선로에서 갈라져서 직접 수용장소의 인입구에 이르는 부분의 전선
정격전류	전기기기의 정격출력 상태에서 흐르는 전류

01 기본   19년 4회 기출

「누전경보기의 화재안전기술기준」의 용어 정의에 따라 변류기로부터 검출된 신호를 수신하여 누전의 발생을 해당 특정소방대상물의 관계인에게 경보하여 주는 것은?

① 축전지   ② 수신부
③ 경보기   ④ 음향장치

03 기본   18년 4회 기출

누전경보기의 설치기준 중 다음 (　) 안에 알맞은 것은?

> 전원은 분전반으로부터 전용회로로 하고, 각 극에 개폐기 및 (㉠)A 이하의 과전류 차단기(배선용 차단기에 있어서는 (㉡)A 이하의 것으로 각 극을 개폐할 수 있는 것)를 설치할 것

① ㉠ 15, ㉡ 30   ② ㉠ 15, ㉡ 20
③ ㉠ 10, ㉡ 30   ④ ㉠ 10, ㉡ 20

04 기본   17년 4회 기출

누전경보기의 구성요소에 해당하지 않는 것은?

① 차단기
② 영상변류기(ZCT)
③ 음향장치
④ 발신기

02 기본   16년 1회 기출

「누전경보기의 화재안전기술기준」에서 규정한 용어, 설치방법, 전원 등에 관한 설명으로 틀린 것은?

① 경계전로의 정격전류가 60A를 초과하는 전로에 있어서는 1급 누전경보기를 설치한다.
② 변류기는 옥외 인입선 제1지점의 전원측에 설치한다.
③ 누전경보기 전원은 분전반으로부터 전용으로 하고, 각 극에 개폐기 및 15A 이하의 과전류차단기를 설치한다.
④ 누전경보기는 변류기와 수신부로 구성되어 있다.

05 기본   21년 1회 기출

「누전경보기의 화재안전기술기준」에 따라 누전경보기의 수신부를 설치할 수 있는 장소는? (단, 해당 누전경보기에 대하여 방폭·방식·방습·방온·방진 및 정전기 차폐 등의 방호조치를 하지 않은 경우이다.)

① 습도가 낮은 장소
② 온도의 변화가 급격한 장소
③ 화약류를 제조하거나 저장 또는 취급하는 장소
④ 부식성의 증기·가스 등이 다량으로 체류하는 장소

06 [응용]

CBT 복원

「누전경보기의 화재안전기술기준」에 따라 누전경보기의 수신부를 설치할 수 있는 장소는?

① 온도의 변화가 급격한 장소
② 옥내의 건조한 장소
③ 부식성의 증기·가스 등이 체류하는 장소
④ 화약류를 제조하거나 저장 또는 취급하는 장소

07 [기본]

16년 4회 기출

누전경보기 음향장치의 설치위치로 옳은 것은?

① 옥내의 점검에 편리한 장소
② 옥외 인입선의 제1지점의 부하측의 점검이 쉬운 위치
③ 수위실 등 상시 사람이 근무하는 장소
④ 옥외인입선의 제2종 접지선측의 점검이 쉬운 위치

08 [기본]

19년 2회 기출

다음 ( ) 안에 들어갈 내용으로 옳은 것은?

> 누전경보기란 ( ) 이하인 경계전로의 누설전류를 검출하여 당해 소방 대상물의 관계자에게 경보를 발하는 설비로서 변류기와 수신부로 구성된 것을 말한다.

① 사용전압 220V　　② 사용전압 380V
③ 사용전압 600V　　④ 사용전압 750V

09 [기본]

21년 2회 기출

「누전경보기의 형식승인 및 제품검사의 기술기준」에 따라 외함은 불연성 또는 난연성 재질로 만들어져야 하며, 누전경보기의 외함의 두께는 몇 mm 이상이어야 하는가? (단, 직접 벽면에 접하여 벽속에 매립되는 외함의 부분은 제외한다.)

① 1　　　　　　② 1.2
③ 2.5　　　　　④ 3

10 [기본]

20년 4회 기출

「누전경보기의 형식승인 및 제품검사의 기술기준」에 따라 누전경보기에 차단기구를 설치하는 경우 차단기구에 대한 설명으로 틀린 것은?

① 개폐부는 정지점이 명확하여야 한다.
② 개폐부는 원활하고 확실하게 작동하여야 한다.
③ 개폐부는 KS C 8321(배선용차단기)에 적합한 것이어야 한다.
④ 개폐부는 수동으로 개폐되어야 하며 자동적으로 복귀하지 아니하여야 한다.

11 [기본]

다음은 「누전경보기의 형식승인 및 제품검사의 기술기준」에 따른 표시등에 대한 내용이다. (   ) 안에 들어갈 내용으로 옳은 것은?

> 주위의 밝기가 (ⓐ)lx인 장소에서 측정하여 앞면으로부터 (ⓑ)m 떨어진 곳에서 켜진 등이 확실히 식별되어야 한다.

① ⓐ 150, ⓑ 3   ② ⓐ 300, ⓑ 3
③ ⓐ 150, ⓑ 5   ④ ⓐ 300, ⓑ 5

12 [응용]

「누전경보기의 형식승인 및 제품검사의 기술기준」에 따라 누전경보기에 사용되는 표시등의 구조 및 기능에 대한 설명으로 틀린 것은?

① 누전등이 설치된 수신부의 지구등은 적색 외의 색으로도 표시할 수 있다.
② 방전등 또는 발광다이오드의 경우 전구는 2개 이상을 병렬로 접속하여야 한다.
③ 소켓은 접촉이 확실하여야 하며 쉽게 전구를 교체할 수 있도록 부착하여야 한다.
④ 누전등 및 지구등과 쉽게 구별할 수 있도록 부착된 기타의 표시등은 적색으로도 표시할 수 있다.

13 [기본]

누전경보기 부품의 구조 및 기능 기준 중 누전경보기에 변압기를 사용하는 경우 변압기의 정격 1차 전압은 몇 V 이하로 하는가?

① 100   ② 200
③ 300   ④ 400

14 [기본]

「누전경보기의 형식승인 및 제품검사의 기술기준」에 따라 누전경보기의 경보기구에 내장하는 음향장치는 사용전압의 몇 %인 전압에서 소리를 내어야 하는가?

① 40   ② 60
③ 80   ④ 100

15 [기본]

「누전경보기의 형식승인 및 제품검사의 기술기준」에서 정하는 누전경보기의 공칭작동전류치(누전경보기를 작동시키기 위하여 필요한 누설전류의 값으로서 제조자에 의하여 표시된 값)는 몇 mA 이하이어야 하는가?

① 50   ② 100
③ 150   ④ 200

16 [기본]

「누전경보기의 형식승인 및 제품검사의 기술기준」에 따라 감도조정장치를 갖는 누전경보기에 있어서 감도조정장치의 조정범위는 최대치가 몇 A이어야 하는가?

① 0.2   ② 1.0
③ 1.5   ④ 2.0

17 기본   21년 4회 기출

「누전경보기의 형식승인 및 제품검사의 기술기준」에 따른 과누전시험에 대한 내용이다. 다음 (   ) 안에 들어갈 내용으로 옳은 것은?

> 변류기는 1개의 전선을 변류기에 부착시킨 회로를 설치하고 출력단자에 부하저항을 접속한 상태로 당해 1개의 전선에 변류기의 정격전압의 (㉠)%에 해당하는 수치의 전류를 (㉡)분간 흘리는 경우 그 구조 또는 기능에 이상이 생기지 아니하여야 한다.

① ㉠ 20, ㉡ 5   ② ㉠ 30, ㉡ 10
③ ㉠ 50, ㉡ 15   ④ ㉠ 80, ㉡ 20

18 기본   21년 4회 기출

「누전경보기의 형식승인 및 제품검사의 기술기준」에 따라 누전경보기의 변류기는 직류 500V의 절연저항계로 절연된 1차권선과 2차권선 간의 절연저항 시험을 할 때 몇 MΩ 이상이어야 하는가?

① 0.1   ② 5
③ 10   ④ 20

19 기본   18년 2회 기출

누전경보기 변류기의 절연저항시험 부위가 아닌 것은?

① 절연된 1차권선과 단자판 사이
② 절연된 1차권선과 외부금속부 사이
③ 절연된 1차권선과 2차권선 사이
④ 절연된 2차권선과 외부금속부 사이

20 기본   20년 2회 기출

「누전경보기의 형식승인 및 제품검사의 기술기준」에 따라 누전경보기의 변류기는 경계전로에 정격전류를 흘리는 경우, 그 경계전로의 전압강하는 몇 V 이하이어야 하는가? (단, 경계전로의 전선을 그 변류기에 관통시키는 것은 제외한다.)

① 0.3   ② 0.5
③ 1.0   ④ 3.0

21 기본   18년 1회 기출

누전경보기 수신부의 구조 기준 중 옳은 것은?

① 감도조정장치와 감도조정부는 외함의 바깥쪽에 노출되지 아니하여야 한다.
② 2급 수신부는 전원을 표시하는 장치를 설치하여야 한다.
③ 전원입력 및 외부 부하에 직접 전원을 송출하도록 구성된 회로에는 퓨즈 또는 브레이커 등을 설치하여야 한다.
④ 2급 수신부에는 전원 입력측의 회로에 단락이 생기는 경우에는 유효하게 보호되는 조치를 강구하여야 한다.

22 기본
20년 2회 기출

「누전경보기의 형식승인 및 제품검사의 기술기준」에 따른 누전경보기 수신부의 기능검사 항목이 아닌 것은?

① 충격시험
② 진공가압시험
③ 과입력전압시험
④ 전원전압변동시험

24 기본
20년 1회 기출

「누전경보기의 형식승인 및 제품검사의 기술기준」에 따라 누전경보기의 수신부는 그 정격전압에서 몇 회의 누전작동시험을 실시하는가?

① 1,000회
② 5,000회
③ 10,000회
④ 20,000회

25 기본
16년 1회 기출

절연저항시험에 관한 기준에서 (   ) 안에 알맞은 것은?

> 누전경보기 수신부의 절연된 충전부와 외함간 및 차단기구의 개폐부의 절연저항은 직류 500V의 절연저항계로 측정하는 경우에 최소 (   )MΩ 이상이어야 한다.

① 0.1
② 3
③ 5
④ 10

23 기본
22년 1회 기출

「누전경보기의 형식승인 및 제품검사의 기술기준」에 따라 비호환성형 수신부는 신호입력회로에 공칭작동전류치의 42%에 대응하는 변류기의 설계 출력전압을 가하는 경우 몇 초 이내에 작동하지 아니하여야 하는가?

① 10초
② 20초
③ 30초
④ 60초

유도등 및 유도표지

유도등 및 유도표지 유형의 출제비율은 약 9%입니다.
유도등에는 객석유도등, 통로유도등, 피난구유도등이 있고, 유도표지는 피난구유도표지, 통로유도표지가 있는데 이러한 종류별로 설치기준을 묻는 문제가 자주 출제됩니다.

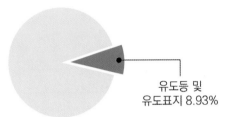

유도등 및
유도표지 8.93%

▲ 출제비율

대표유형 문제

「유도등 및 유도표지의 화재안전기술기준」에 따른 객석유도등의 설치기준이다. 다음 ( ) 안에 들어갈 내용으로 옳은 것은?   21년 2회 기출

> 객석유도등은 객석의 (㉠), (㉡) 또는 (㉢)에 설치하여야 한다.

① ㉠ 통로, ㉡ 바닥, ㉢ 벽
② ㉠ 바닥, ㉡ 천장, ㉢ 벽
③ ㉠ 통로, ㉡ 바닥, ㉢ 천장
④ ㉠ 바닥, ㉡ 통로, ㉢ 출입구

| 정답 | ① |

| 해설 | 객석유도등은 객석의 통로, 바닥 또는 벽에 설치해야 한다. 천장은 객석유도등을 설치하지 않는 장소이다. |

핵심이론 CHECK!

1. 「유도등 및 유도표지의 화재안전기술기준」상 객석유도등 설치기준

① 객석유도등은 객석의 통로, 바닥 또는 벽에 설치해야 한다.

② 설치개수 $= \dfrac{\text{객석 통로의 직선부분 길이(m)}}{4} - 1$

2. 「유도등 및 유도표지의 화재안전기술기준」상 객석유도등 설치제외 장소

① 주간에만 사용하는 장소로서 채광이 충분한 객석

② 거실 등의 각 부분으로부터 하나의 거실출입구에 이르는 보행거리가 20m 이하인 객석의 통로로서 그 통로에 통로유도등이 설치된 객석

01 기본

「유도등 및 유도표지의 화재안전기술기준」에 따라 객석 내 통로의 직선부분 길이가 85m인 경우 객석유도등을 몇 개 설치하여야 하는가?

① 17개   ② 19개
③ 21개   ④ 22개

02 기본

객석유도등을 설치하지 아니하는 경우의 기준 중 다음 (   ) 안에 알맞은 것은?

> 거실 등의 각 부분으로부터 하나의 거실출입구에 이르는 보행거리가 (   )m 이하인 객석의 통로로서 그 통로에 통로유도등이 설치된 객석

① 15   ② 20
③ 30   ④ 50

03 기본

「유도등 및 유도표지의 화재안전기술기준」에 따라 유도표지는 각 층마다 복도 및 통로의 각 부분으로부터 하나의 유도표지까지의 보행거리가 몇 m 이하가 되는 곳과 구부러진 모퉁이의 벽에 설치하여야 하는가? (단, 계단에 설치하는 것은 제외한다.)

① 5   ② 10
③ 15   ④ 25

04 기본

「유도등 및 유도표지의 화재안전기술기준」에 따라 운동시설에 설치하지 아니할 수 있는 유도등은?

① 통로유도등
② 객석유도등
③ 대형피난구유도등
④ 중형피난구유도등

05 기본

객석유도등을 설치하여야 하는 특정소방대상물의 대상으로 옳은 것은?

① 운수시설   ② 운동시설
③ 의료시설   ④ 근린생활시설

06 기본

「유도등 및 유도표지의 화재안전기술기준」에 따른 통로유도등의 설치기준에 대한 설명으로 틀린 것은?

① 복도·거실통로유도등은 구부러진 모퉁이 및 보행거리 20m마다 설치한다.
② 복도·계단통로유도등은 바닥으로부터 높이 1m 이하의 위치에 설치한다.
③ 통로유도등은 녹색바탕에 백색으로 피난방향을 표시한 등으로 한다.
④ 거실통로유도등은 바닥으로부터 높이 1.5m 이상의 위치에 설치한다.

07 응용

통로유도등의 설치기준 중 틀린 것은?

① 거실의 통로가 벽체 등으로 구획된 경우에는 거실통로유도등을 설치한다.

② 거실통로유도등은 거실 통로에 기둥이 설치된 경우에는 기둥 부분의 바닥으로부터 높이 1.5m 이하의 위치에 설치할 수 있다.

③ 복도통로유도등은 구부러진 모퉁이 및 보행거리 20m마다 설치한다.

④ 계단통로유도등은 바닥으로부터 높이 1m 이하의 위치에 설치한다.

08 기본

계단통로유도등은 각 층의 경사로 참 또는 계단참마다 설치하도록 하고 있는데 1개 층에 경사로 참 또는 계단참이 2 이상 있는 경우에는 몇 개의 계단참마다 계단통로유도등을 설치하여야 하는가?

① 2개   ② 3개

③ 4개   ④ 5개

09 기본

「유도등 및 유도표지의 화재안전기술기준」에 따른 피난구유도등의 설치장소로 틀린 것은?

① 직통계단

② 직통계단의 계단실

③ 안전구획된 거실로 통하는 출입구

④ 옥외로부터 직접 지하로 통하는 출입구

10 기본

피난구유도등의 설치제외 기준 중 틀린 것은?

① 거실 각 부분으로부터 하나의 출입구에 이르는 보행거리가 20m 이하이고 비상조명등과 유도표지가 설치된 거실의 출입구

② 바닥면적이 500m² 미만인 층으로서 옥내로부터 직접 지상으로 통하는 출입구(외부의 식별이 용이하지 않은 경우에 한함)

③ 출입구가 3개소 이상 있는 거실로서 그 거실 각 부분으로부터 하나의 출입구에 이르는 보행거리가 30m 이하인 경우에는 주된 출입구 2개소 외의 출입구(유도표지가 부착된 출입구)

④ 대각선 길이가 15m 이내인 구획된 실의 출입구

11 기본

「유도등 및 유도표지의 화재안전기술기준」에 따라 지하층을 제외한 층수가 11층 이상인 특정소방대상물의 유도등의 비상전원을 축전지로 설치한다면 피난층에 이르는 부분의 유도등을 몇 분 이상 유효하게 작동시킬 수 있는 용량으로 하여야 하는가?

① 10   ② 20

③ 50   ④ 60

12 응용 16년 1회 기출

지하층을 제외한 층수가 11층 이상의 층에서 피난층에 이르는 부분의 소방시설에 있어 비상전원을 60분 이상 유효하게 작동시킬 수 있는 용량으로 하여야 하는 설비들로 옳게 나열된 것은?

① 비상조명등설비, 유도등설비
② 비상조명등설비, 비상경보설비
③ 비상방송설비, 유도등설비
④ 비상방송설비, 비상경보설비

13 기본 16년 4회 기출

유도등의 전기회로에 점멸기를 설치할 수 있는 장소에 해당되지 않는 것은? (단, 유도등은 3선식 배선에 따라 상시 충전되는 구조이다.)

① 공연장으로서 어두워야 할 필요가 있는 장소
② 특정소방대상물의 관계인이 주로 사용하는 장소
③ 외부의 빛에 따라 피난구 또는 피난방향을 쉽게 식별할 수 있는 장소
④ 지하층을 제외한 층수가 11층 이상의 장소

14 기본 19년 2회 기출

3선식 배선에 따라 상시 충전되는 유도등의 전기회로에 점멸기를 설치하는 경우 유도등이 점등되어야 할 경우로 관계없는 것은?

① 제연설비가 작동한 때
② 자동소화설비가 작동한 때
③ 비상경보설비의 발신기가 작동한 때
④ 자동화재탐지설비의 감지기가 작동한 때

15 기본 18년 4회 기출

축광방식의 피난유도선 설치기준 중 다음 ( ) 안에 알맞은 것은?

• 바닥으로부터 높이 (㉠)cm 이하의 위치 또는 바닥면에 설치할 것
• 피난유도 표시부는 (㉡)cm 이내의 간격으로 연속되도록 설치할 것

① ㉠ 50, ㉡ 50
② ㉠ 50, ㉡ 100
③ ㉠ 100, ㉡ 50
④ ㉠ 100, ㉡ 100

16 기본 19년 4회 기출

「유도등 및 유도표지의 화재안전기술기준」에 따라 광원점등방식의 피난유도선의 설치기준으로 틀린 것은?

① 구획된 각 실로부터 주출입구 또는 비상구까지 설치할 것
② 피난유도 표시부는 바닥으로부터 높이 1m 이하의 위치 또는 바닥면에 설치할 것
③ 피난유도 제어부는 조작 및 관리가 용이하도록 바닥으로부터 0.8m 이상 1.5m 이하의 높이에 설치할 것
④ 피난유도 표시부는 50cm 이내의 간격으로 연속되도록 설치하되 실내장식물 등으로 설치가 곤란할 경우 2m 이내로 설치할 것

17 기본

「유도등의 우수품질인증 기술기준」에서 정하는 유도등의 일반구조에 적합하지 않은 것은?

① 축전지에 배선 등은 직접 납땜하여야 한다.
② 충전부가 노출되지 아니한 것은 사용전압이 300V를 초과할 수 있다.
③ 외함은 기기 내의 온도 상승에 의하여 변형, 변색 또는 변질되지 아니하여야 한다.
④ 전선의 굵기는 인출선인 경우에는 단면적이 0.75mm² 이상, 인출선 외의 경우에는 면적이 0.5mm² 이상이어야 한다.

18 기본

「유도등의 우수품질인증 기술기준」에 따른 유도등의 일반구조에 대한 내용이다. 다음 ( ) 안에 들어갈 내용으로 옳은 것은?

전선의 굵기는 인출선인 경우에는 단면적이 (ⓐ) mm² 이상, 인출선 외의 경우에는 단면적이 (ⓑ) mm² 이상이어야 한다.

① ⓐ 0.75, ⓑ 0.5
② ⓐ 0.75, ⓑ 0.75
③ ⓐ 1.5, ⓑ 0.75
④ ⓐ 2.5, ⓑ 1.5

19 기본

「유도등의 형식승인 및 제품검사의 기술기준」에 따라 영상표시소자(LED, LCD 및 PDP 등)를 이용하여 피난유도표시 형상을 영상으로 구현하는 방식은?

① 투광식
② 패널식
③ 방폭형
④ 방수형

20 기본

「유도등의 형식승인 및 제품검사의 기술기준」에 따른 용어의 정의에서 "유도등에 있어서 표시면 외 조명에 사용되는 면"을 말하는 것은?

① 조사면
② 피난면
③ 조도면
④ 광속면

21 기본

「유도등의 형식승인 및 제품검사의 기술기준」에 따른 유도등의 일반구조에 대한 설명으로 틀린 것은?

① 축전지에 배선 등을 직접 납땜하지 아니하여야 한다.
② 충전부가 노출되지 아니한 것은 300V를 초과할 수 있다.
③ 예비전원을 직렬로 접속하는 경우는 역충전 방지 등의 조치를 강구하여야 한다.
④ 유도등에는 점멸, 음성 또는 이와 유사한 방식 등에 의한 유도장치를 설치할 수 있다.

22 기본   22년 1회 기출

「유도등의 형식승인 및 제품검사의 기술기준」에 따라 유도등의 교류입력측과 외함 사이, 교류입력측과 충전부 사이 및 절연된 충전부와 외함 사이의 각 절연저항을 DC 500V의 절연저항계로 측정한 값이 몇 MΩ 이상이어야 하는가?

① 0.1　　　　② 5
③ 20　　　　④ 50

23 기본   18년 1회 기출

복도통로유도등의 식별도 기준 중 다음 ( ) 안에 알맞은 것은?

> 복도통로유도등에 있어서 사용전원으로 등을 켜는 경우에는 직선거리 (㉠)m의 위치에서, 비상전원으로 등을 켜는 경우에는 직선거리 (㉡)m의 위치에서 보통시력에 의하여 표시면의 화살표가 쉽게 식별되어야 한다.

① ㉠ 15, ㉡ 20　　② ㉠ 20, ㉡ 15
③ ㉠ 30, ㉡ 20　　④ ㉠ 20, ㉡ 30

24 기본   22년 1회 기출

「유도등의 형식승인 및 제품검사의 기술기준」에 따라 객석유도등은 바닥면 또는 디딤 바닥면에서 높이 0.5m의 위치에 설치하고 그 유도등의 바로 밑에서 0.3m 떨어진 위치에서의 수평조도가 몇 lx 이상이어야 하는가?

① 0.1　　　　② 0.2
③ 0.5　　　　④ 1

25 기본   16년 1회 기출

축광표지의 식별도시험에 관련한 기준에서 ( ) 안에 알맞은 것은?

> 축광유도표지는 200lx 밝기의 광원으로 20분간 조사시킨 상태에서 다시 주위조도를 0lx로 하여 60분간 발광시킨 후 직선거리 ( )m 떨어진 위치에서 유도표지 또는 위치표지가 있다는 것이 식별되어야 한다.

① 20　　　　② 10
③ 5　　　　④ 3

26 기본   15년 2회 기출

축광유도표지의 표시면의 휘도는 주위 조도 0lx에서 몇 분간 발광 후 몇 mcd/m^2 이상이어야 하는가?

① 30분, 20mcd/m^2
② 30분, 7mcd/m^2
③ 60분, 20mcd/m^2
④ 60분, 7mcd/m^2

비상조명등

출제경향 CHECK!

비상조명등의 출제비율은 약 5% 정도로 매회 1문제 내외의
문제가 출제됩니다.
비상조명등 유형에서는 휴대용비상조명등과 비상조명등의 설
치기준에 대한 문제가 자주 출제되므로 대비가 필요합니다.

비상조명등 5.36%

▲ 출제비율

대표유형 문제

휴대용비상조명등의 설치기준 중 틀린 것은?　　　　　　　　18년 2회 기출

① 대규모 점포(지하상가 및 지하역사는 제외)와 영화상영관에는 보행거리 50m 이내마다 3개 이상
　설치할 것
② 사용 시 수동으로 점등되는 구조일 것
③ 건전지 및 충전식 밧데리의 용량은 20분 이상 유효하게 사용할 수 있는 것으로 할 것
④ 지하상가 및 지하역사에서는 보행거리 25m 이내마다 3개 이상 설치할 것

정답 ②

해설 휴대용비상조명등은 사용 시 자동으로 점등되는 구조이어야 한다.

핵심이론 CHECK!

「비상조명등의 화재안전기술기준」상 휴대용비상조명등 설치기준

① 숙박시설 또는 다중이용업소에는 객실 또는 영업장 안의 구획된 실마다 잘 보이는 곳(외부에 설치시 출입
　문 손잡이로부터 1m 이내 부분)에 1개 이상 설치
② 대규모 점포(지하상가 및 지하역사는 제외)와 영화상영관에는 보행거리 50m 이내마다 3개 이상 설치
③ 지하상가 및 지하역사에는 보행거리 25m 이내마다 3개 이상 설치
④ 설치높이는 바닥으로부터 0.8m 이상 1.5m 이하의 높이에 설치할 것
⑤ 사용 시 자동으로 점등되는 구조일 것
⑥ 외함은 난연성능이 있을 것
⑦ 건전지를 사용하는 경우에는 방전방지 조치를 해야 하고, 충전식 배터리의 경우에는 상시 충전되도록 할 것
⑧ 건전지 및 충전식 배터리의 용량은 20분 이상 유효하게 사용할 수 있는 것으로 할 것

01 기본   21년 1회 기출

「유통산업발전법」제2조 제3호에 따른 대규모 점포(지하상가 및 지하역사는 제외)와 영화상영관에는 보행거리 몇 m 이내마다 휴대용비상조명등을 3개 이상 설치하여야 하는가? (단, 「비상조명등의 화재안전기술기준」에 따른다.)

① 50
② 60
③ 70
④ 80

02 기본   20년 4회 기출

「비상조명등의 화재안전기술기준」에 따른 휴대용 비상조명등의 설치기준이다. 다음 (   ) 안에 들어갈 내용으로 옳은 것은?

> 지하상가 및 지하역사에는 보행거리 (ⓐ)m 이내마다 (ⓑ)개 이상 설치할 것

① ⓐ 25, ⓑ 1
② ⓐ 25, ⓑ 3
③ ⓐ 50, ⓑ 1
④ ⓐ 50, ⓑ 3

03 기본   15년 2회 기출

휴대용비상조명등의 적합한 기준이 아닌 것은?

① 설치높이는 바닥으로부터 0.8m 이상 1.5m 이하의 높이에 설치할 것
② 사용 시 자동으로 점등되는 구조일 것
③ 외함은 난연성능이 있을 것
④ 충전식 배터리의 용량은 10분 이상 유효하게 사용할 수 있는 것으로 할 것

04 기본   19년 1회 기출

휴대용비상조명등 설치 높이는?

① 0.8m~1.0m
② 0.8m~1.5m
③ 1.0m~1.5m
④ 1.0m~1.8m

05 기본   20년 1회 기출

「비상조명등의 화재안전기술기준」에 따른 비상조명등의 설치기준에 적합하지 않은 것은?

① 조도는 비상조명등이 설치된 장소의 각 부분의 바닥에서 0.5lx가 되도록 하였다.
② 특정소방대상물의 각 거실과 그로부터 지상에 이르는 복도·계단 및 그 밖의 통로에 설치하였다.
③ 예비전원을 내장하는 비상조명등에 평상시 점등 여부를 확인할 수 있는 점검 스위치를 설치하였다.
④ 예비전원을 내장하는 비상조명등에 해당 조명등을 유효하게 작동시킬 수 있는 용량의 축전지와 예비전원 충전장치를 내장하도록 하였다.

06 기본   18년 4회 기출

비상조명등의 설치 제외 기준 중 다음 ( ) 안에 알맞은 것은?

> 거실의 각 부분으로부터 하나의 출입구에 이르는 보행거리가 (   )m 이내인 부분

① 2   ② 5
③ 15   ④ 25

07 기본   19년 2회 기출

비상전원이 비상조명등을 60분 이상 유효하게 작동시킬 수 있는 용량으로 하지 않아도 되는 특정소방대상물은?

① 지하상가
② 숙박시설
③ 무창층으로서 용도가 소매시장
④ 지하층을 제외한 층수가 11층 이상의 층

08 기본   21년 4회 기출

「비상조명등의 우수품질인증 기술기준」에 따라 인출선인 경우 전선의 굵기는 몇 mm^2 이상이어야 하는가?

① 0.5   ② 0.75
③ 1.5   ④ 2.5

09 기본   18년 1회 기출

비상조명등의 일반구조 기준 중 틀린 것은?

① 상용전원전압의 130% 범위 안에서는 비상조명등 내부의 온도상승이 그 기능에 지장을 주거나 위해를 발생시킬 염려가 없어야 한다.
② 사용전압은 300V 이하이어야 한다. 다만, 충전부가 노출되지 아니한 것은 300V를 초과할 수 있다.
③ 전선의 굵기가 인출선인 경우에는 단면적이 $0.75mm^2$ 이상, 인출선 외의 경우에는 단면적이 $0.5mm^2$ 이상이어야 한다.
④ 인출선의 길이는 전선 인출 부분으로부터 150mm 이상이어야 한다. 다만, 인출선으로 하지 아니할 경우에는 풀어지지 아니하는 방법으로 전선을 쉽고 확실하게 부착할 수 있도록 접속단자를 설치하여야 한다.

10 기본   21년 1회 기출

「비상조명등의 형식승인 및 제품검사의 기술기준」에 따라 비상조명등의 일반구조로 광원과 전원부를 별도로 수납하는 구조에 대한 설명으로 틀린 것은?

① 전원함은 방폭구조로 할 것
② 배선은 충분히 견고한 것을 사용 할 것
③ 광원과 전원부 사이의 배선길이는 1m 이하로 할 것
④ 전원함은 불연재료 또는 난연재료의 재질을 사용할 것

11 기본   22년 2회 기출

다음은 「비상조명등의 우수품질인증 기술기준」에서 정하는 비상조명등의 상태를 자동적으로 점검하는 기능에 대한 내용이다. ( ) 안에 들어갈 내용으로 옳은 것은?

> 자가점검시간은 (ⓐ)초 이상 (ⓑ)분 이하로 (ⓒ)일 마다 최소 한번 이상 자동으로 수행하여야 한다.

① ⓐ 15, ⓑ 15, ⓒ 15
② ⓐ 15, ⓑ 20, ⓒ 30
③ ⓐ 30, ⓑ 30, ⓒ 30
④ ⓐ 30, ⓑ 45, ⓒ 60

12 기본   16년 4회 기출

비상조명등 비상점등 회로의 보호를 위한 기준 중 다음 ( ) 안에 알맞은 것은?

> 비상조명등은 비상점등을 위하여 비상전원으로 전환되는 경우 비상점등 회로로 정격전류의 (㉠)배 이상의 전류가 흐르거나 램프가 없는 경우에는 (㉡)초 이내에 예비전원으로부터의 비상전원 공급을 차단하여야 한다.

① ㉠ 2, ㉡ 1
② ㉠ 1.2, ㉡ 3
③ ㉠ 3, ㉡ 1
④ ㉠ 2.1, ㉡ 5

출제경향 CHECK!

비상콘센트 유형은 약 10% 정도의 출제비율을 가지는 중요한
유형입니다.
비상콘센트 유형에서는 전원회로의 설치기준과 관련된 문제가
자주 출제되므로 해당 기준은 정확하게 암기해야 합니다.

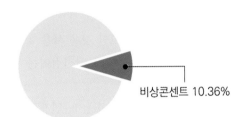

비상콘센트 10.36%

▲ 출제비율

대표유형 문제

「비상콘센트설비의 화재안전기술기준」에 따른 비상콘센트설비의 전원회로(비상콘센트에 전력을 공급
하는 회로)의 설치기준으로 틀린 것은?   22년 1회 기출

① 전원회로는 주배전반에서 전용회로로 할 것
② 전원회로는 각 층에 1 이상이 되도록 설치할 것
③ 콘센트마다 배선용 차단기(KS C 8321)를 설치하여야 하며, 충전부가 노출되지 아니하도록 할 것
④ 비상콘센트설비의 전원회로는 단상교류 220V인 것으로서, 그 공급용량은 1.5kVA 이상인 것으
   로 할 것

정답 ②

해설 전원회로는 각 층에 2 이상이 되도록 설치해야 한다.

핵심이론 CHECK!

「비상콘센트설비의 화재안전기술기준」상 전원회로 설치기준

① 전원회로는 단상교류 220V인 것으로서, 그 공급용량은 1.5kVA 이상인 것으로 한다.
② 전원회로는 각 층에 2 이상이 되도록 설치한다.
③ 전원으로부터 각 층의 비상콘센트에 분기되는 경우에는 분기배선용 차단기를 보호함 안에 설치할 것
④ 콘센트마다 배선용 차단기(KS C 8321)를 설치해야 하며, 충전부가 노출되지 않도록 할 것
⑤ 비상콘센트용의 풀박스 등은 방청도장을 한 것으로서, 두께 1.6mm 이상의 철판으로 할 것
⑥ 하나의 전용회로에 설치하는 비상콘센트는 10개 이하로 할 것. 이 경우 전선의 용량은 각 비상콘센트(비상
   콘센트가 3개 이상인 경우에는 3개)의 공급용량을 합한 용량 이상의 것으로 해야 한다.

01 기본   22년 2회 기출

「비상콘센트설비의 화재안전기술기준」에 따라 비상콘센트용의 풀박스 등은 방청도장을 한 것으로서, 두께 몇 mm 이상의 철판으로 하여야 하는가?

① 1.0   ② 1.2
③ 1.5   ④ 1.6

02 기본   17년 1회 기출

비상콘센트설비의 전원회로의 설치기준 중 틀린 것은?

① 비상콘센트용 풀박스 등은 방청도장을 한 것으로서, 두께 1.6mm 이상의 철판으로 할 것
② 하나의 전용회로에 설치하는 비상콘센트는 10개 이하로 할 것
③ 콘센트마다 배선용 차단기(KS C 8321)를 설치하여야 하며, 충전부가 노출되지 아니하도록 할 것
④ 전원회로는 단상교류 220V인 것으로서, 그 공급용량은 3kVA 이상인 것으로 할 것

03 기본   21년 4회 기출

「비상콘센트설비의 화재안전기술기준」에 따라 하나의 전용회로에 설치하는 비상콘센트는 몇 개 이하로 하여야 하는가?

① 2   ② 3
③ 10   ④ 20

04 기본   20년 4회 기출

「비상콘센트설비의 화재안전기술기준」에 따른 비상콘센트설비의 전원회로(비상콘센트에 전력을 공급하는 회로)의 시설기준으로 옳은 것은?

① 하나의 전용회로에 설치하는 비상콘센트는 12개 이하로 할 것
② 전원회로는 단상교류 220V인 것으로서, 그 공급용량은 1.0kVA 이상인 것으로 할 것
③ 비상콘센트용의 풀박스 등은 방청도장을 한 것으로서, 두께 1.2mm 이상의 철판으로 할 것
④ 전원으로부터 각 층의 비상콘센트에 분기되는 경우에는 분기배선용 차단기를 보호함 안에 설치할 것

05 응용   22년 1회 기출

「비상콘센트설비의 화재안전기술기준」에 따라 하나의 전용회로에 단상교류 비상콘센트 6개를 연결하는 경우, 전선의 용량은 몇 kVA 이상이어야 하는가?

① 1.5   ② 3
③ 4.5   ④ 9

06 기본   19년 2회 기출

비상콘센트설비의 설치기준으로 틀린 것은?

① 개폐기에는 "비상콘센트"라고 표시한 표지를 할 것
② 하나의 전용회로에 설치하는 비상콘센트는 10개 이하로 할 것
③ 비상전원을 실내에 설치하는 때에는 그 실내에 비상조명등을 설치할 것
④ 비상전원은 비상콘센트설비를 유효하게 10분 이상 작동시킬 수 있는 용량으로 할 것

07 기본   19년 1회 기출

「비상콘센트설비의 화재안전기술기준」에서 정하고 있는 저압의 정의는?

① 직류는 1.5kV 이하, 교류는 1kV 이하인 것
② 직류는 750V 이하, 교류는 380V 이하인 것
③ 직류는 750V를, 교류는 600V를 넘고 7,000V 이하인 것
④ 직류는 750V를, 교류는 380V를 넘고 7,000V 이하인 것

08 기본   21년 4회 기출

비상콘센트의 배치와 설치에 대한 현장 사항이 「비상콘센트설비의 화재안전기술기준」에 적합하지 않은 것은?

① 전원회로의 배선은 내화배선으로 되어 있다.
② 보호함에는 쉽게 개폐할 수 있는 문을 설치하였다.
③ 보호함 표면에 "비상콘센트"라고 표시한 표지를 붙였다.
④ 3상 교류 200볼트 전원회로에 대해 비접지형 3극 플러그 접속기를 사용하였다.

09 기본   19년 2회 기출

비상콘센트설비 상용전원회로의 배선이 고압수전 또는 특고압수전인 경우의 설치기준은?

① 인입개폐기의 직전에서 분기하여 전용배선으로 할 것
② 인입개폐기의 직후에서 분기하여 전용배선으로 할 것
③ 전력용변압기 1차측의 주차단기 2차측에서 분기하여 전용배선으로 할 것
④ 전력용변압기 2차측의 주차단기 1차측 또는 2차측에서 분기하여 전용배선으로 할 것

10 기본   19년 2회 기출

비상콘센트를 보호하기 위한 비상콘센트 보호함의 설치기준으로 틀린 것은?

① 비상콘센트 보호함에는 쉽게 개폐할 수 있는 문을 설치하여야 한다.

② 비상콘센트 보호함 상부에 적색의 표시등을 설치하여야 한다.

③ 비상콘센트 보호함에는 그 내부에 "비상콘센트"라고 표시한 표식을 하여야 한다.

④ 비상콘센트 보호함을 옥내소화전함 등과 접속하여 설치하는 경우에는 옥내소화전함 등의 표시등과 겸용할 수 있다.

12 심화   20년 1회 기출

「비상콘센트설비의 화재안전기술기준」에 따른 비상콘센트의 설치기준에 적합하지 않은 것은?

① 바닥으로부터 높이 1.45m에 움직이지 않게 고정시켜 설치된 경우

② 바닥면적이 800m²인 층의 계단의 출입구로부터 4m에 설치된 경우

③ 바닥면적의 합계가 12,000m²인 지하상가의 수평거리 30m마다 추가 설치된 경우

④ 바닥면적의 합계가 2,500m²인 지하층의 수평거리 40m마다 추가로 설치한 경우

11 기본   20년 4회 기출

「비상콘센트설비의 화재안전기술기준」에 따라 아파트 또는 바닥면적이 1,000m² 미만인 층은 비상콘센트를 계단의 출입구로부터 몇 m 이내에 설치해야 하는가? (단, 계단의 부속실을 포함하며 계단이 2 이상 있는 경우에는 그 중 1개의 계단을 말한다.)

① 10   ② 8

③ 5   ④ 3

13 기본   21년 2회 기출

「비상콘센트설비의 화재안전기술기준」에 따라 비상콘센트설비의 전원부와 외함 사이의 절연저항은 전원부와 외함 사이를 500V 절연저항계로 측정할 때 몇 MΩ 이상이어야 하는가?

① 10   ② 20

③ 30   ④ 50

14 기본   19년 1회 기출

자가발전설비, 비상전원수전설비 또는 전기저장장치(외부 전기에너지를 저장해 두었다가 필요한 때 전기를 공급하는 장치)를 비상콘센트설비의 비상전원으로 설치하여야 하는 특정소방대상물로 옳은 것은?

① 지하층을 제외한 층수가 4층 이상으로서 연면적 600m² 이상인 특정소방대상물
② 지하층을 제외한 층수가 5층 이상으로서 연면적 1,000m² 이상인 특정소방대상물
③ 지하층을 제외한 층수가 6층 이상으로서 연면적 1,500m² 이상인 특정소방대상물
④ 지하층을 제외한 층수가 7층 이상으로서 연면적 2,000m² 이상인 특정소방대상물

15 기본   22년 1회 기출

「비상콘센트설비의 성능인증 및 제품검사의 기술기준」에 따른 표시등의 구조 및 기능에 대한 내용이다. 다음 (　) 안에 들어갈 내용으로 옳은 것은?

> 적색으로 표시되어야 하며 주위의 밝기가 (ⓐ)lx 이상인 장소에서 측정하여 앞면으로부터 (ⓑ)m 떨어진 곳에서 켜진 등이 확실히 식별되어야 한다.

① ⓐ 100, ⓑ 1
② ⓐ 300, ⓑ 3
③ ⓐ 500, ⓑ 5
④ ⓐ 1,000, ⓑ 10

16 기본   22년 2회 기출

「비상콘센트설비의 성능인증 및 제품검사의 기술기준」에 따라 절연저항 시험부위의 절연내력은 정격전압 150V 이하의 경우 60Hz의 정현파에 가까운 실효전압 1,000V 교류전압을 가하는 시험에서 몇 분간 견디는 것이어야 하는가?

① 1　　　　　② 10
③ 30　　　　 ④ 60

17 기본   21년 2회 기출

「비상콘센트설비의 성능인증 및 제품검사의 기술기준」에 따른 비상콘센트설비 표시등의 구조 및 기능에 대한 설명으로 틀린 것은?

① 발광다이오드에는 적당한 보호카바를 설치하여야 한다.
② 소켓은 접속이 확실하여야 하며 쉽게 전구를 교체할 수 있도록 부착하여야 한다.
③ 적색으로 표시되어야 하며 주위의 밝기가 300lx 이상인 장소에서 측정하여 앞면으로부터 3m 떨어진 곳에서 켜진 등이 확실히 식별되어야 한다.
④ 전구는 사용전압의 130%인 교류전압을 20시간 연속하여 가하는 경우 단선, 현저한 광속변화, 흑화, 전류의 저하 등이 발생하지 아니하여야 한다.

18 기본   20년 2회 기출

「비상콘센트설비의 성능인증 및 제품검사의 기술 기준」에 따라 비상콘센트설비에 사용되는 부품에 대한 설명으로 틀린 것은?

① 진공차단기는 KS C 8321(진공차단기)에 적합하여야 한다.

② 접속기는 KS C 8305(배선용 꽂음 접속기) 에 적합하여야 한다.

③ 표시등의 소켓은 접속이 확실하여야 하며 쉽게 전구를 교체할 수 있도록 부착하여야 한다.

④ 단자는 충분한 전류용량을 갖는 것으로 하여야 하며 단자의 접속이 정확하고 확실하여야 한다.

19 기본   17년 5회 기출

비상콘센트설비를 설치하여야 하는 특정소방대상물의 기준으로 옳은 것은? (단, 위험물 저장 및 처리시설 중 가스시설 또는 지하구는 제외한다.)

① 지하가(터널은 제외)로서 연면적 $1,000m^2$ 이상인 것

② 층수가 11층 이상인 특정소방대상물의 경우에는 11층 이상의 층

③ 지하층의 층수가 3층 이상이고 지하층의 바닥면적의 합계가 $1,500m^2$ 이상인 것은 지하층의 모든 층

④ 창고시설 중 물류터미널로서 해당 용도로 사용되는 부분의 바닥면적의 합계가 $1,000m^2$ 이상인 것

20 응용   CBT 복원

지하층의 바닥면적의 합계가 $1,200m^2$이며 지하 3층, 지상 11층의 특정소방대상물에 있어서 비상콘센트설비를 설치해야 하는 층으로 옳은 것은?

① 모든 지하층, 모든 지상층

② 모든 지상층

③ 지하 3층, 모든 지상층

④ 모든 지하층, 지상 11층

대 표 유 형

❾ 무선통신보조설비

출제경향 CHECK!

무선통신보조설비는 약 10% 정도의 출제비율을 가지는 중요한 유형입니다.

무선통신보조설비 유형에서는 기본적인 용어 정의, 누설동축케이블의 설치기준과 관련된 문제가 자주 출제됩니다.

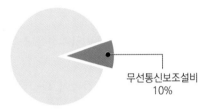

무선통신보조설비
10%

▲ 출제비율

대표유형 문제

「무선통신보조설비의 화재안전기술기준」에 따른 용어의 정의로 옳은 것은?   21년 2회 기출

① 혼합기는 신호의 전송로가 분기되는 장소에 설치하는 장치이다.
② 분배기는 서로 다른 주파수의 합성된 신호를 분리하기 위해서 사용하는 장치이다.
③ 증폭기는 두 개 이상의 입력신호를 원하는 비율로 조합한 출력이 발생되도록 하는 장치이다.
④ 누설동축케이블은 동축케이블의 외부 도체에 가느다란 홈을 만들어서 전파가 외부로 새어나갈 수 있도록 한 케이블이다.

| 정답 | ④ |

| 해설 | ①은 분배기, ②은 분파기, ③은 혼합기의 설명이다. |

핵심이론 CHECK!

「무선통신보조설비의 화재안전기술기준」상 용어 정의

용어	정의
누설동축 케이블	동축케이블의 외부 도체에 가느다란 홈을 만들어서 전파가 외부로 새어나 갈 수 있도록 한 케이블
분배기	신호의 전송로가 분기되는 장소에 설치하는 것으로 임피던스 매칭(Matching)과 신호 균등분배를 위해 사용하는 장치
분파기	서로 다른 주파수의 합성된 신호를 분리하기 위해서 사용하는 장치
혼합기	2 이상의 입력신호를 원하는 비율로 조합한 출력이 발생하도록 하는 장치
증폭기	전압·전류의 진폭을 늘려 감도 등을 개선하는 장치
무선 중계기	안테나를 통하여 수신된 무전기 신호를 증폭한 후 음영지역에 재방사하여 무전기 상호 간 송수신이 가능하도록 하는 장치
옥외 안테나	감시제어반 등에 설치된 무선중계기의 입력과 출력포트에 연결되어 송수신 신호를 원활하게 방사·수신하기 위해 옥외에 설치하는 장치
임피던스	교류 회로에 전압이 가해졌을 때 전류의 흐름을 방해하는 값으로서 교류 회로에서의 전류에 대한 전압의 비

01 기본   21년 4회 기출

「무선통신보조설비의 화재안전기술기준」에 따른 용어의 정의 중 감시제어반 등에 설치된 무선중계기의 입력과 출력포트에 연결되어 송수신 신호를 원활하게 방사·수신하기 위해 옥외에 설치하는 장치를 말하는 것은?

① 혼합기   ② 분파기
③ 증폭기   ④ 옥외안테나

02 기본   22년 1회 기출

「무선통신보조설비의 화재안전기술기준」에 따른 무선통신보조설비의 주요 구성요소가 아닌 것은?

① 증폭기
② 분배기
③ 음향장치
④ 누설동축케이블

03 기본   20년 1회 기출

「무선통신보조설비의 화재안전기술기준」에 따라 무선통신보조설비의 주회로 전원이 정상인지 여부를 확인하기 위해 증폭기의 전면에 설치하는 것은?

① 상순계
② 전류계
③ 전압계 및 전류계
④ 표시등 및 전압계

04 기본   19년 2회 기출

무선통신보조설비의 증폭기에는 비상전원이 부착된 것으로 하고 비상전원의 용량은 무선통신보조설비를 유효하게 몇 분 이상 작동시킬 수 있는 것이어야 하는가?

① 10분   ② 20분
③ 30분   ④ 40분

05 기본   17년 1회 기출

각 설비와 비상전원의 최소용량 연결이 틀린 것은?

① 비상콘센트 설비 – 20분 이상
② 제연설비 – 20분 이상
③ 비상경보설비 – 20분 이상
④ 무선통신보조설비의 증폭기 – 30분 이상

06 응용   21년 2회 기출

화재안전기술기준에 따른 비상전원 및 건전지의 유효 사용시간에 대한 최소 기준이 가장 긴 것은?

① 휴대용비상조명등의 건전지 용량
② 무선통신보조설비 증폭기의 비상전원
③ 지하층을 제외한 층수가 11층 미만의 층인 특정소방대상물에 설치되는 유도등의 비상전원
④ 지하층을 제외한 층수가 11층 미만의 층인 특정소방대상물에 설치되는 비상조명등의 비상전원

07 기본   21년 4회 기출

「무선통신보조설비의 화재안전기술기준」에 따라 무선통신보조설비의 누설동축케이블 또는 동축케이블의 임피던스는 몇 Ω으로 하여야 하는가?

① 5   ② 10
③ 50   ④ 100

08 기본   22년 2회 기출

「무선통신보조설비의 화재안전기술기준」에 따라 무선통신보조설비의 누설동축케이블 및 동축케이블은 화재에 따라 해당 케이블의 피복이 소실된 경우에 케이블 본체가 떨어지지 아니하도록 몇 m 이내마다 금속제 또는 자기제 등의 지지금구로 벽·천장·기둥 등에 견고하게 고정시켜야 하는가? (단, 불연재료로 구획된 반자 안에 설치하지 않은 경우이다.)

① 1   ② 1.5
③ 2.5   ④ 4

09 기본   21년 1회 기출

다음의 무선통신보조설비 그림에서 ⓐ에 해당하는 것은?

① 혼합기   ② 옥외안테나
③ 무선중계기   ④ 무반사종단저항

10 기본   19년 1회 기출

무선통신보조설비의 누설동축케이블의 설치기준으로 틀린 것은?

① 끝부분에는 반사 종단저항을 견고하게 설치할 것
② 고압의 전로로부터 1.5m 이상 떨어진 위치에 설치할 것
③ 금속판 등에 따라 전파의 복사 또는 특성이 현저하게 저하되지 아니하는 위치에 설치할 것
④ 불연 또는 난연성의 것으로서 습기에 따라 전기의 특성이 변질되지 아니하는 것으로 설치할 것

11 응용   21년 2회 기출

「무선통신보조설비의 화재안전기술기준」에 따라 무선통신보조설비의 누설동축케이블 및 안테나는 고압의 전로로부터 1.5m 이상 떨어진 위치에 설치해야 하나 그렇게 하지 않아도 되는 경우는?

① 끝부분에 무반사종단저항을 설치한 경우
② 불연재료로 구획된 반자 안에 설치한 경우
③ 해당 전로에 정전기 차폐장치를 유효하게 설치한 경우
④ 금속제 등의 지지금구로 일정한 간격으로 고정한 경우

12 기본   22년 2회 기출

「무선통신보조설비의 화재안전기술기준」에서 정하는 분배기·분파기 및 혼합기 등의 임피던스는 몇 Ω의 것으로 하여야 하는가?

① 10   ② 30

③ 50   ④ 100

14 기본   20년 4회 기출

「무선통신보조설비의 화재안전기술기준」에 따른 설치제외에 대한 내용이다. 다음 (   ) 안에 들어갈 내용으로 옳은 것은?

(ⓐ)으로서 특정소방대상물의 바닥 부분 2면 이상이 지표면과 동일하거나 지표면으로부터의 깊이가 (ⓑ)m 이하인 경우에는 해당 층에 한하여 무선통신보조설비를 설치하지 아니할 수 있다.

① ⓐ 지하층, ⓑ 1
② ⓐ 지하층, ⓑ 2
③ ⓐ 무창층, ⓑ 1
④ ⓐ 무창층, ⓑ 2

13 기본   18년 4회 기출

무선통신보조설비의 분배기·분파기 및 혼합기의 설치기준 중 틀린 것은?

① 먼지·습기 및 부식 등에 따라 기능에 이상을 가져오지 아니하도록 할 것
② 임피던스는 50Ω의 것으로 할 것
③ 전원은 전기가 정상적으로 공급되는 축전지, 전기저장장치 또는 교류전압 옥내간선으로 하고, 전원까지의 배선은 전용으로 할 것
④ 점검에 편리하고 화재 등의 재해로 인한 피해의 우려가 없는 장소에 설치할 것

15 기본   18년 2회 기출

무선통신보조설비를 설치하여야 할 특정소방대상물의 기준 중 다음 (   ) 안에 알맞은 것은?

층수가 30층 이상인 것으로서 (   )층 이상 부분의 모든 층

① 11   ② 15

③ 16   ④ 20

출제경향 CHECK!

기타 소방전기시설은 약 12% 정도의 출제비율을 가지고, 소방시설용 비상전원수전설비와 관련된 문제가 가장 많이 출제됩니다.

이 유형에서는 나온 기준을 모두 암기하는 데는 시간이 오래 걸리기 때문에 출제된 내용 위주로 공부하는 것이 좋습니다.

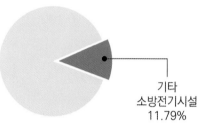

기타
소방전기시설
11.79%

▲ 출제비율

대표유형 문제

「소방시설용 비상전원수전설비의 화재안전기술기준」에 따른 용어의 정의에서 소방부하에 전원을 공급하는 전기회로를 말하는 것은?   21년 4회 기출

① 수전설비   ② 일반회로

③ 소방회로   ④ 변전설비

정답   ③

해설   소방회로란 소방부하에 전원을 공급하는 전기회로를 말한다.

핵심이론 CHECK!

「소방시설용 비상전원수전설비의 화재안전기술기준」상 용어 정의

용어	정의
변전설비	전력용변압기 및 그 부속장치
수전설비	전력수급용 계기용변성기·주차단장치 및 그 부속기기
비상전원 수전설비	화재 시 상용전원이 공급되는 시점까지만 비상전원으로 적용이 가능한 설비로서 상용전원의 안전성과 내화성능을 향상시킨 설비
소방회로	소방부하에 전원을 공급하는 전기회로
일반회로	소방회로 이외의 전기회로
인입선	수용장소의 조영물(토지에 정착한 시설물 중 지붕 및 기둥 또는 벽이 있는 시설물)의 옆면 등에 시설하는 전선으로서 그 수용장소의 인입구에 이르는 부분의 전선
인입구배선	인입선의 연결점으로부터 특정소방대상물 내에 시설하는 인입개폐기에 이르는 배선

01 [기본] 18년 2회 기출

소방시설용 비상전원수전설비에서 전력수급용 계기용 변성기·주차단장치 및 그 부속기기로 정의되는 것은?

① 큐비클설비 ② 배전반설비
③ 수전설비 ④ 변전설비

02 [기본] 22년 1회 기출

「소방시설용 비상전원수전설비의 화재안전기술기준」 용어의 정의에 따라 수용장소의 조영물(토지에 정착한 시설물 중 지붕 및 기둥 또는 벽이 있는 시설물)의 옆면 등에 시설하는 전선으로서 그 수용장소의 인입구에 이르는 부분의 전선은 무엇인가?

① 인입선 ② 내화배선
③ 열화배선 ④ 인입구배선

03 [기본] 22년 2회 기출

「소방시설용 비상전원수전설비의 화재안전기술기준」에 따라 저압으로 수전하는 제1종 배전반 및 분전반의 외함 두께와 전면판(또는 문) 두께에 대한 설치기준으로 옳은 것은?

① 외함: 1.0mm 이상, 전면판(또는 문): 1.2mm 이상
② 외함: 1.2mm 이상, 전면판(또는 문): 1.5mm 이상
③ 외함: 1.5mm 이상, 전면판(또는 문): 2.0mm 이상
④ 외함: 1.6mm 이상, 전면판(또는 문): 2.3mm 이상

04 [기본] 20년 2회 기출

「소방시설용 비상전원수전설비의 화재안전기술기준」에 따른 제1종 배전반 및 제1종 분전반의 설치기준으로 틀린 것은?

① 전선의 인입구 및 입출구는 외함에 노출하여 설치하면 아니 된다.
② 외함의 문은 2.3mm 이상의 강판과 이와 동등 이상의 강도와 내화성능이 있는 것으로 제작하여야 한다.
③ 공용배전판 및 공용분전판의 경우 소방회로와 일반회로에 사용하는 배선 및 배선용 기기는 불연재료로 구획되어야 한다.
④ 외함은 금속관 또는 금속제 가요전선관을 쉽게 접속할 수 있도록 하고, 당해 접속부분에는 단열조치를 하여야 한다.

05 [기본] 21년 4회 기출

「소방시설용 비상전원수전설비의 화재안전기술기준」에 따라 소방시설용 비상전원 수전설비의 인입구 배선은 「옥내소화전설비의 화재안전기술기준」 별표 1에 따른 어떤 배선으로 하여야 하는가?

① 나전선 ② 내열배선
③ 내화배선 ④ 차폐배선

06 기본

「소방시설용 비상전원수전설비의 화재안전기술기준」에 따라 소방회로배선은 일반회로배선과 불연성 벽으로 구획하여야 하나, 소방회로배선과 일반회로배선을 몇 cm 이상 떨어져 설치한 경우에는 그러하지 아니하는가?

① 5   ② 10
③ 15   ④ 20

07 기본

「소방시설용 비상전원수전설비의 화재안전기술기준」에 따라 일반전기사업자로부터 특별고압 또는 고압으로 수전하는 비상전원수전설비의 종류에 해당하지 않는 것은?

① 큐비클형   ② 축전지형
③ 방화구획형   ④ 옥외개방형

08 기본

「소방시설용 비상전원수전설비의 화재안전기술기준」에 따라 소방시설용 비상전원 수전설비에서 소방회로 및 일반회로 겸용의 것으로서 수전설비, 변전설비 그 밖의 기기 및 배선을 금속제 외함에 수납한 것은?

① 공용 분전반   ② 전용 배전반
③ 공용 큐비클식   ④ 전용 큐비클식

09 기본

「소방시설용 비상전원수전설비의 화재안전기술기준」에 따라 일반전기사업자로부터 특별고압 또는 고압으로 수전하는 비상전원 수전설비로 큐비클형을 사용하는 경우의 시설기준으로 틀린 것은? (단, 옥내에 설치하는 경우이다.)

① 외함은 내화성능이 있는 것으로 제작할 것
② 전용 큐비클 또는 공용 큐비클식으로 설치할 것
③ 개구부에는 60분+ 방화문, 60분 방화문 또는 10분 방화문을 설치할 것
④ 외함은 두께 2.3mm 이상의 강판과 이와 동등 이상의 강도를 가질 것

10 응용

「소방시설용 비상전원수전설비의 화재안전기술기준」에 따라 큐비클형의 시설기준으로 틀린 것은?

① 전용 큐비클 또는 공용 큐비클식으로 설치할 것
② 외함은 건축물의 바닥 등에 견고하게 고정할 것
③ 자연환기구에 따라 충분히 환기할 수 없는 경우에는 환기설비를 설치할 것
④ 공용 큐비클식의 소방회로와 일반회로에 사용되는 배선 및 배선용 기기는 난연재료로 구획할 것

11 [기본] 22년 2회 기출

「경종의 우수품질인증 기술기준」에 따라 경종에 정격전압을 인가한 경우 경종의 소비전류는 몇 mA 이하이어야 하는가?

① 10
② 30
③ 50
④ 100

12 [기본] 22년 1회 기출

「경종의 우수품질인증 기술기준」에 따른 기능시험에 대한 내용이다. 다음 (   ) 안에 들어갈 내용으로 옳은 것은?

> 경종은 정격전압을 인가하여 경종의 중심으로부터 1m 떨어진 위치에서 (ⓐ)dB 이상이어야 하며, 최소청취거리에서 (ⓑ)dB를 초과하지 아니하여야 한다.

① ⓐ 90, ⓑ 110
② ⓐ 90, ⓑ 130
③ ⓐ 110, ⓑ 90
④ ⓐ 110, ⓑ 130

13 [기본] 21년 1회 기출

「경종의 형식승인 및 제품검사의 기술기준」에 따라 경종은 전원전압이 정격전압의 ± 몇 % 범위에서 변동하는 경우 기능에 이상이 생기지 아니하여야 하는가?

① 5
② 10
③ 20
④ 30

14 [기본] 21년 1회 기출

공기관식 차동식 분포형감지기의 기능시험을 하였더니 검출기의 접점 수고치가 규정 이상으로 되어 있었다. 이때 발생되는 장애로 볼 수 있는 것은?

① 작동이 늦어진다.
② 장애는 발생되지 않는다.
③ 동작이 전혀 되지 않는다.
④ 화재도 아닌데 작동하는 일이 있다.

15 [기본] 21년 1회 기출

「발신기의 형식승인 및 제품검사의 기술기준」에 따라 발신기의 작동기능에 대한 내용이다. (   ) 안에 들어갈 내용으로 옳은 것은?

> 발신기의 조작부는 작동스위치의 동작방향으로 가하는 힘이 (ⓐ) kg을 초과하고 (ⓑ)kg 이하인 범위에서 확실하게 동작되어야 하며, (ⓐ)kg의 힘을 가하는 경우 동작되지 아니하여야 한다. 이 경우 누름판이 있는 구조로서 손끝으로 눌러 작동하는 방식의 작동스위치는 누름판을 포함한다.

① ⓐ 2, ⓑ 8
② ⓐ 3, ⓑ 7
③ ⓐ 2, ⓑ 7
④ ⓐ 3, ⓑ 8

16 [기본] 19년 1회 기출

축전지의 자기방전을 보충함과 동시에 상용 부하에 대한 전력공급은 충전기가 부담하도록 하되 충전기가 부담하기 어려운 일시적인 대전류 부하는 축전지로 하여금 부담하게 하는 충전방식은?

① 과충전방식
② 균등충전방식
③ 부동충전방식
④ 세류충전방식

17 기본   20년 4회 기출

「예비전원의 성능인증 및 제품검사의 기술기준」에서 정의하는 "예비전원"에 해당하지 않는 것은?

① 리튬계 2차 축전지
② 알카리계 2차 축전지
③ 용융염 전해질 연료전지
④ 무보수 밀폐형 연축전지

18 기본   20년 2회 기출

「예비전원의 성능인증 및 제품검사의 기술기준」에 따른 예비전원의 구조 및 성능에 대한 설명으로 틀린 것은?

① 예비전원을 병렬로 접속하는 경우에는 역충전방지 등의 조치를 강구하여야 한다.
② 배선은 충분한 전류 용량을 갖는 것으로서 배선의 접속이 적합하여야 한다.
③ 예비전원에 연결되는 배선의 경우 양극은 청색, 음극은 적색으로 오접속방지 조치를 하여야 한다.
④ 축전지를 직렬 또는 병렬로 사용하는 경우에는 용량(전압, 전류)이 균일한 축전지를 사용하여야 한다.

19 기본   19년 4회 기출

「예비전원의 성능인증 및 제품검사의 기술기준」에 따라 다음의 (   ) 안에 들어갈 내용으로 옳은 것은?

> 예비전원은 1/5C 이상 1C 이하의 전류로 역충전하는 경우 (   )시간 이내에 안전 장치가 작동하여야 하며, 외관이 부풀어 오르거나 누액이 없어야 한다.

① 1   ② 3
③ 5   ④ 10

20 기본   20년 4회 기출

「감지기의 형식승인 및 제품검사의 기술기준」에 따른 연기감지기의 종류로 옳은 것은?

① 연복합형
② 공기흡입형
③ 차동식스포트형
④ 보상식스포트형

21 응용   CBT 복원

「감지기의 형식승인 및 제품검사의 기술기준」상 1개의 감지기 내에 서로 다른 종별 또는 감도 등의 기능을 갖춘 것으로서 일정시간 간격을 두고 각각 다른 2개 이상의 화재신호를 발하는 감지기는?

① 방수형 감지기
② 다신호식 감지기
③ 축적형 감지기
④ 아날로그식 감지기

22 [응용]
CBT 복원

「감지기의 형식승인 및 제품검사의 기술기준」에 따라 단독경보형감지기가 작동할 때 화재를 경보하며 유·무선으로 주위의 다른 감지기에 신호를 발신하고 신호를 수신한 감지기도 화재를 경보하며 다른 감지기에 신호를 발신하는 감지기는?

① 축적형 감지기
② 무선식 감지기
③ 아날로그식 감지기
④ 연동식 감지기

23 [기본]
18년 2회 기출

불꽃감지기 중 도로형의 최대시야각 기준으로 옳은 것은?

① 30° 이상 ② 45° 이상
③ 90° 이상 ④ 180° 이상

24 [기본]
17년 4회 기출

자동화재탐지설비 수신기의 구조기준 중 정격전압이 몇 V를 넘는 기구의 금속제 외함에는 접지단자를 설치하여야 하는가?

① 30 ② 60
③ 100 ④ 300

25 [기본]
CBT 복원

「도로터널의 화재안전기술기준」에 따라 비상조명등의 비상전원 용량은 얼마 이상인가?

① 20분 ② 40분
③ 60분 ④ 90분

26 [기본]
22년 2회 기출

「축광표지의 성능인증 및 제품검사의 기술기준」에 따라 피난방향 또는 소방용품 등의 위치를 추가적으로 알려주는 보조역할을 하는 축광보조표지의 설치 위치로 틀린 것은?

① 바닥 ② 천장
③ 계단 ④ 벽면

소방설비기사 필수기출 400제

정답 및 해설

엔지니어랩 연구소에서 제시하는 합격전략

소방설비기사 필기 전기 분야 필수기출 400제의 정답 및 해설은 단순히 문제의 정답이 왜 답이 되는지만을 설명하는 형식이 아니라 핵심이론을 이해하고 문제를 해석하여 실전에 적용할 수 있도록 다음의 단계로 구성하였습니다.
유형별 기출문제에 나온 문제를 단순히 답만 체크하는 것이 아니라 문제를 이해하며 공부함으로써 쉽고 빠르게 합격할 수 있습니다.

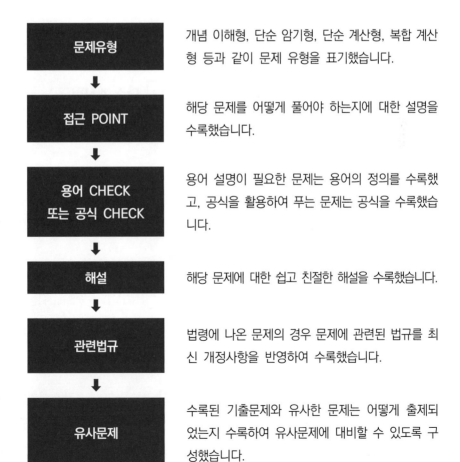

문제유형 → 개념 이해형, 단순 암기형, 단순 계산형, 복합 계산형 등과 같이 문제 유형을 표기했습니다.

접근 POINT → 해당 문제를 어떻게 풀어야 하는지에 대한 설명을 수록했습니다.

용어 CHECK 또는 공식 CHECK → 용어 설명이 필요한 문제는 용어의 정의를 수록했고, 공식을 활용하여 푸는 문제는 공식을 수록했습니다.

해설 → 해당 문제에 대한 쉽고 친절한 해설을 수록했습니다.

관련법규 → 법령에 나온 문제의 경우 문제에 관련된 법규를 최신 개정사항을 반영하여 수록했습니다.

유사문제 → 수록된 기출문제와 유사한 문제는 어떻게 출제되었는지 수록하여 유사문제에 대비할 수 있도록 구성했습니다.

SUBJECT 01 소방전기일반

대표유형 ❶

전기회로　　　　10쪽

01	02	03	04	05	06	07	08	09	10
②	③	③	③	①	②	③	①	②	②
11	12	13	14	15	16	17	18	19	20
②	①	①	①	④	②	②	③	②	③
21	22	23	24	25	26	27	28	29	30
④	①	③	①	①	④	②	②	④	②
31	32	33	34	35	36	37	38	39	40
①	①	①	④	②	②	④	②	④	①
41	42	43	44	45	46	47	48	49	50
③	①	④	④	②	①	②	④	①	③
51	52	53	54	55	56	57	58	59	60
①	②	②	②	①	④	①	②	②	①
61	62	63	64	65	66	67	68	69	70
④	③	④	④	④	②	①	①	③	②
71	72	73	74	75	76	77	78	79	80
②	①	②	③	③	③	①	③	①	④
81	82	83	84	85	86	87	88	89	90
②	①	②	③	③	③	①	①	②	②
91	92								
①	④								

01 개념 이해형　　　　난이도 下

정답　②

접근 POINT

옴의 법칙이 어떻게 표현되는지를 생각한다.

공식 CHECK

옴의 법칙 $I = \dfrac{V}{R}[\text{A}]$, $V = IR[\text{V}]$, $R = \dfrac{V}{I}[\Omega]$

$V = $ 전압[V], $I = $ 전류[A], $R = $ 저항[Ω]

해설

옴의 법칙은 전류는 전압에 비례하고, 저항에 반비례함을 의미하며, $I = \dfrac{V}{R}$ 의 관계식으로 표현할 수 있다.

02 단순 계산형　　　　난이도 下

정답　③

접근 POINT

옴의 법칙을 이용한다.

공식 CHECK

옴의 법칙 $I = \dfrac{V}{R}[\text{A}]$, $V = IR[\text{V}]$, $R = \dfrac{V}{I}[\Omega]$

$V = $ 전압[V], $I = $ 전류[A], $R = $ 저항[Ω]

해설

(1) 처음상태의 저항 $R_1 = \dfrac{V}{I}$

(2) 전류를 20[%] 감소시키기 위한 저항

$R_2 = \dfrac{V}{0.8I} = 1.25\dfrac{V}{I}$

따라서, 전류의 값을 20[%]감소시키기 위한 저항은 처음 값의 1.25배가 된다.

03 단순 암기형
난이도 下

정답 ③

접근 POINT

저항의 기본 개념을 숙지해야 한다.

공식 CHECK

옴의 법칙 $I = \dfrac{V}{R}[\text{A}]$, $V = IR[\text{V}]$, $R = \dfrac{V}{I}[\Omega]$

$V =$ 전압$[\text{V}]$, $I =$ 전류$[\text{A}]$, $R =$ 저항$[\Omega]$

해설

R의 역수는 컨덕턴스(G)이며, 그 단위는 [℧]이다.

04 단순 계산형
난이도 下

정답 ③

접근 POINT

길이, 체적으로 나타낼 수 있는 저항식과 체적이 일정할 때의 길이와 체적관계를 활용한다.

공식 CHECK

(1) 저항 $R = \rho \dfrac{l}{S}[\Omega]$

(2) 체적 $v = S \times l\,[\text{m}^3]$

$\rho =$ 고유저항$[\Omega \cdot \text{m}]$, $S =$ 단면적$[\text{m}^2]$,
$l =$ 길이$[\text{m}]$

해설

체적은 변함이 없고, 길이를 10배 늘리면 도체의 단면적은 10배 감소하게 된다.

그러므로, 길이가 $10l$이 되면, 단면적은 $\dfrac{1}{10}S$가 된다.

따라서, 길이를 10배 늘릴 때의 저항(R')은 다음과 같다.

$$R' = \rho\frac{10l}{\frac{1}{10}S} = 100\rho\frac{l}{S} = 100R$$

즉, 길이를 10배 늘릴 때의 저항은 기존의 100배가 된다.

05 단순 계산형
난이도 下

정답 ①

접근 POINT

옴의 법칙을 이용한다.

공식 CHECK

옴의 법칙 $I = \dfrac{V}{R}[\text{A}]$, $V = IR[\text{V}]$, $R = \dfrac{V}{I}[\Omega]$

$V =$ 전압$[\text{V}]$, $I =$ 전류$[\text{A}]$, $R =$ 저항$[\Omega]$

해설

옴의 법칙 $I = \dfrac{V}{R}[\text{A}]$에서, 주어진 조건을 대입하면 누설전류는 다음과 같다.

$$I = \frac{500}{1 \times 10^6} = 5 \times 10^{-4}[\text{A}] = 0.5[\text{mA}]$$

06 단순 계산형 난이도 中

┃ 정답 ②

┃ 접근 POINT

저항 관계식과 옴의 법칙을 이용한다.

┃ 공식 CHECK

옴의 법칙 $I = \dfrac{V}{R}[\mathrm{A}]$, $V = IR[\mathrm{V}]$, $R = \dfrac{V}{I}[\Omega]$

V = 전압[V], I = 전류[A], R = 저항[Ω]

저항 $R = \rho \dfrac{l}{S}[\Omega]$

ρ = 고유저항[Ω · m], S = 단면적[m^2],
l = 길이[m]

┃ 해설

(1) 선로의 저항

$$R = \rho\frac{l}{S} = 1.69 \times 10^{-8} \times \frac{500}{2.5 \times 10^{-6}}$$
$$= 3.38[\Omega]$$

(2) 회로의 전체 저항

$$R_t = 3.38 + 8,000 = 8,003.38[\Omega]$$

(3) 전류

$$I = \frac{V}{R_t} = \frac{24}{8,003.38} \fallingdotseq 3 \times 10^{-3}[\mathrm{A}]$$
$$= 3[\mathrm{mA}]$$

07 단순 암기형 난이도 下

┃ 정답 ③

┃ 접근 POINT

전압에 대한 법칙으로 무엇이 있는지 생각해 본다.

┃ 해설

(1) 키르히호프의 전류법칙: 임의의 한점을 기준으로 유입되는 총 전류의 합은 유출되는 총 전류의 합은 같다.
(2) 키르히호프의 전압법칙: 임의의 폐회로에서 그 폐회로를 따라 한 방향으로 일주하면서 생기는 전압강하의 합은 기전력의 합과 같다.

08 단순 계산형 난이도 下

┃ 정답 ①

┃ 접근 POINT

저항의 직렬합성과 병렬합성의 개념을 적용한다.

┃ 해설

$$R = \frac{2 \times 2}{2 + 2} + \frac{3 \times 3}{3 + 3} = 2.5[\Omega]$$

09 복합 계산형

난이도 上

▌정답 ②

▌접근 POINT

저항의 직렬합성과 병렬합성의 개념을 적용한다.

▌해설

가운데의 6[Ω]의 저항을 분리하여 생각해보면 다음과 같다.

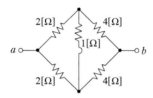

휘스톤 브리지 평형조건에 의거하여 가운데 세로로 접속된 1[Ω]의 저항에는 전류가 흐르지 않는다. 즉, 회로적으로 작용하지 않는다.
그러므로, 지문에서 주어진 회로는 다음과 같이 해석이 가능하다.

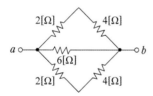

위 회로를 다시 나타내면 다음과 같다.

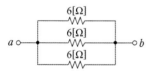

따라서, 주어진 회로는 6[Ω]의 동일한 저항이 3개 병렬로 접속된 것이므로 a, b 사이의 합성저항은 다음과 같다.

$$R_{ab} = \frac{6}{3} = 2[\Omega]$$

10 단순 계산형

난이도 中

▌정답 ②

▌접근 POINT

옴의 법칙을 회로의 각 부분에 적용한다.

▌공식 CHECK

옴의 법칙 $I = \dfrac{V}{R}[A]$, $V = IR[V]$, $R = \dfrac{V}{I}[\Omega]$

$V = $ 전압[V], $I = $ 전류[A], $R = $ 저항[Ω]

▌해설

(1) 전압계의 지시값이 10[V]이므로, 전압계가 접속되어 있는 5[Ω]의 저항에 흐르는 전류는 $I_{5[\Omega]} = \dfrac{10}{5} = 2[A]$가 된다.

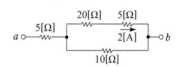

(2) 위 결과로 20[Ω]과 5[Ω]의 직렬회로에 걸리는 전압은 다음과 같다.

$$V_{25[\Omega]} = 2 \times (20 + 5) = 50[V]$$

(3) 20[Ω]과 5[Ω]의 직렬회로에 병렬로 접속된 10[Ω]의 저항에도 50[V]의 전압이 걸리므로, 10[Ω]의 저항에 흐르는 전류는 다음과 같다.

$$I_{10[\Omega]} = \frac{50}{10} = 5[A]$$

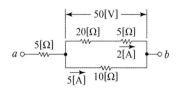

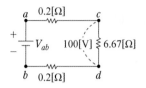

(4) 위 결과로, 주어진 회로에 흐르는 전체 전류는 7[A]가 되며, 회로의 가장 좌측에 접속된 5[Ω]의 저항에 걸리는 전압은 다음과 같다.

$$V_{5[\Omega]} = 7 \times 5 = 35 \, [\mathrm{V}]$$

(5) 단자 $a-b$간에 걸리는 전압은 85[V]가 된다.

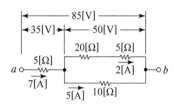

(1) $c-d$ 부분에 흐르는 전류

$$I_{cd} = \frac{100}{6.67} \fallingdotseq 15 \, [\mathrm{A}]$$

주어진 회로는 직렬회로이므로, 회로의 전체 전류 또한 15[A]가 된다.

(2) $a-b$ 부분의 합성저항

$$R_{ab} = 0.2 + 6.67 + 0.2 = 7.07 \, [\Omega]$$

(3) $a-b$간에 인가한 전압

$$V_{ab} = 15 \times 7.07 = 106.05 \, [\mathrm{V}]$$

11 단순 계산형
난이도 中

정답 ②

접근 POINT

옴의 법칙과 저항의 합성에 대한 개념으로 접근해본다.

공식 CHECK

옴의 법칙 $I = \dfrac{V}{R}[\mathrm{A}]$, $V = IR[\mathrm{V}]$, $R = \dfrac{V}{I}[\Omega]$

V = 전압[V], I = 전류[A], R = 저항[Ω]

해설

$c-d$ 부분의 저항을 합성하여 다시 나타내면 다음과 같다.

12 단순 계산형
난이도 下

정답 ①

접근 POINT

옴의 법칙과 저항의 합성에 대한 개념으로 접근해본다.

해설

(1) R_1, R_2, R_3 병렬회로의 합성저항

$$R' = \frac{1}{\dfrac{1}{2} + \dfrac{1}{3} + \dfrac{1}{6}} = 1 \, [\Omega]$$

(2) R_1, R_2, R_3 병렬회로에 걸리는 전압(V')

전압분배법칙을 이용하면

$$V' = \frac{1}{2+1} \times 12 = 4 \, [\mathrm{V}]$$

(3) 각 부분의 전류

병렬회로 간에는 전압이 일정하므로 각 부분의 전류는 다음과 같이 계산할 수 있다.

① $I_1 = \dfrac{V'}{R_1} = \dfrac{4}{2} = 2[\text{A}]$

② $I_2 = \dfrac{V'}{R_2} = \dfrac{4}{3}[\text{A}]$

③ $I_3 = \dfrac{V'}{R_3} = \dfrac{4}{6} = \dfrac{2}{3}[\text{A}]$

13 단순 계산형   난이도 下

정답 ①

접근 POINT

각 회로에 따른 합성저항 관계를 이용한다.

공식 CHECK

각 저항을 R_1, R_2라고 할 때,

(1) 직렬 접속의 경우의 합성저항

$$R_{\text{직렬}} = R_1 + R_2 = \dfrac{V}{I} = \dfrac{30}{6} = 5[\Omega]$$

(2) 병렬 접속의 경우의 합성저항

$$R_{\text{병렬}} = \dfrac{R_1 R_2}{R_1 + R_2} = \dfrac{V}{I} = \dfrac{30}{25} = \dfrac{6}{5}$$

위 결과로 $R_1 + R_2 = 5$, $R_1 R_2 = 6$의 관계가 성립하므로, 이를 만족하는 보기를 고르면 ①번이 답이 된다.

14 단순 계산형   난이도 下

정답 ①

접근 POINT

소비전력 관계식에 주어진 조건을 대입하여 계산한다.

공식 CHECK

소비전력 $P = VI = I^2 R = \dfrac{V^2}{R}[\text{W}]$

V = 전압[V], 전류[A], R = 저항[Ω]

해설

지문에 전압, 전력, 저항의 언급이 있으므로 전력 관계식 중에서 $P = \dfrac{V^2}{R}[\text{W}]$로 해석이 가능하다.

(1) 회로의 저항 $R = \dfrac{V^2}{P} = \dfrac{200^2}{1 \times 10^3} = 40[\Omega]$

(2) $100[\text{V}]$의 전원에 접속하였을 때의 소비전력(P')

$$P' = \dfrac{100^2}{40} = 250[\text{W}]$$

15 단순 계산형   난이도 下

정답 ②

접근 POINT

소비전력 관계식에 주어진 조건을 대입하여 계산한다.

공식 CHECK

소비전력 $P = VI = I^2 R = \dfrac{V^2}{R}[\text{W}]$

V = 전압[V], 전류[A], R = 저항[Ω]

해설

(1) 각 층의 지구경종의 소비전력

$$P_1 = VI = 24 \times 60 \times 10^{-3} = 1.44[\text{W}]$$

(2) 모든 지구경종의 소비전력

지하 1층, 지상 2층의 기숙사이므로, 지구경종은 모두 3개가 존재한다.

따라서, 모든 지구경종의 소비전력은 다음과 같다.

$P = 3 \times 1.44 = 4.32 [\text{W}]$

16 단순 계산형   난이도 下

| 정답 ②

| 접근 POINT

소비전력 관계식에 주어진 조건을 대입하여 계산한다.

| 공식 CHECK

소비전력 $P = VI = I^2 R = \dfrac{V^2}{R} [\text{W}]$

$V =$ 전압[V], 전류[A], $R =$ 저항[Ω]

| 해설

(1) 객석유도등의 전체 소비전력

$P = 25 \times 10 = 250 [\text{W}]$

(2) 회로에 흐르는 전류

$I = \dfrac{P}{V} = \dfrac{250}{220} ≒ 1.14 [\text{A}]$

17 단순 계산형   난이도 下

| 정답 ②

| 접근 POINT

소비전력 관계식과 합성저항 관계식을 이용한다.

| 공식 CHECK

소비전력 $P = VI = I^2 R = \dfrac{V^2}{R} [\text{W}]$

$V =$ 전압[V], 전류[A], $R =$ 저항[Ω]

| 해설

(1) 전열선 1개의 저항

$R_1 = \dfrac{V^2}{P} = \dfrac{100^2}{500} = 20 [\text{Ω}]$

(2) 직렬로 접속시의 소비전력

① 합성저항 $R_{직렬} = R_1 + R_1 = 40 [\text{Ω}]$

② 소비전력

$P_{직렬} = \dfrac{V^2}{R_{직렬}} = \dfrac{100^2}{40} = 250 [\text{W}]$

(3) 병렬로 접속시의 소비전력

① 합성저항

$R_{병렬} = \dfrac{R_1 \times R_1}{R_1 + R_1} = \dfrac{20 \times 20}{20 + 20} = 10 [\text{Ω}]$

② 소비전력

$P_{직렬} = \dfrac{V^2}{R_{병렬}} = \dfrac{100^2}{10} = 1,000 [\text{W}]$

18 단순 계산형   난이도 下

| 정답 ①

| 접근 POINT

전하량으로 표현하는 전류 관계식을 떠올리고, 여기에 전력 관계식을 활용한다.

| 공식 CHECK

(1) 전류 $I = \dfrac{Q}{t} [\text{A}]$

$Q =$ 전하량[C], $t =$ 시간[s]

(2) 소비전력 $P = VI = I^2R = \dfrac{V^2}{R}[\text{W}]$

$V =$ 전압[V], 전류[A], $R =$ 저항[Ω]

▌해설

(1) 전류 $I = \dfrac{Q}{t} = \dfrac{30}{3} = 10[\text{A}]$

(2) 전력

$P = VI = 50 \times 10 = 500[\text{W}] = 0.5[\text{kW}]$

---

19 단순 계산형   난이도 下

▌정답 ④

▌접근 POINT

온도 변화 시의 저항값 관계식을 활용한다.

▌공식 CHECK

온도 변화 시의 저항값 관계식

$R_t = R_0(1 + \alpha_0 \Delta t)$

$R_0 =$ 초기 저항값, $\alpha_0 =$ 초기 저항 온도계수,

$\Delta t =$ 온도 변화값

▌해설

30[°C]에서의 전선 저항

$R_t = R_0(1 + \alpha_0 \Delta t) = 10 \times (1 + 0.0043 \times 30)$

$= 11.29[\Omega]$

---

20 단순 암기형   난이도 下

▌정답 ③

▌접근 POINT

합성 온도계수의 관계식을 숙지한다.

▌해설

저항이 각각 R_1, R_2이고, 이에 대한 온도계수가 각각 α_1, α_2일 때, 직렬로 접속 할 때의 합성 온도계수(α)는 다음과 같다.

$$\overset{\alpha_1}{\underset{\mathbf{R_1}}{\text{—WW—}}}\overset{\alpha_2}{\underset{\mathbf{R_2}}{\text{—WW—}}}$$

$$\alpha = \frac{\alpha_1 R_1 + \alpha_2 R_2}{R_1 + R_2}$$

---

21 단순 암기형   난이도 下

▌정답 ④

▌접근 POINT

전류계의 측정범위를 확대시킬 수 있는 분류기에 대한 개념을 적용한다.

▌공식 CHECK

분류기의 저항값 $R_s = \dfrac{R_a}{m-1}$

$R_a =$ 전류계의 내부저항

▌해설

(1) 분류기: 전류계의 측정범위를 확대하기 위해 설치하는 저항으로 전류계에 병렬로 접속한다.

(2) $120[\text{mA}]$의 전류계를 이용하여 $6[\text{A}]$까지 측정하기 위해서는 분류기를 전류계에 병렬로 접속해야 하며, 이 때 필요한 분류기의 저항은 다음과 같다.

① 배율 $m = \dfrac{6}{120 \times 10^{-3}} = 50$

② 분류기 저항

$R_s = \dfrac{R_a}{m-1} = \dfrac{200}{50-1} = 4.08[\Omega]$

따라서, $4.08[\Omega]$의 저항을 전류계와 병렬로 접속해야 한다.

22 단순 암기형 난이도 下

정답 ①

접근 POINT

분류기의 저항값 공식에 조건을 대입한다.

공식 CHECK

분류기의 저항값

$R_s = \dfrac{R_a}{m-1}$

R_a = 전류계의 내부저항

해설

지문에 주어진 조건을 이용하면 분류기의 저항은 다음과 같다.

$R_s = \dfrac{R_a}{m-1} = \dfrac{R_a}{9-1} = \dfrac{1}{8}R_a$

23 단순 암기형 난이도 下

정답 ③

접근 POINT

열량에 관한 법칙이 무엇이 있는지 생각해 본다.

공식 CHECK

저항이 있는 도체에 전류를 흘리면 열이 발생되는 법칙을 '줄의 법칙'이라고 한다.

24 단순 암기형 난이도 下

정답 ①

접근 POINT

금속의 종류가 몇 가지인지, 접속점에서 어떠한 현상이 생기는지에 초점을 맞추어 생각해 본다.

해설

열전현상

(1) 제벡 효과: 두 종류의 금속을 접합하여 폐회로를 형성하고, 두 접합점 사이에 온도차가 발생하면 열기전력이 생겨 전류가 흐르는 현상

(2) 펠티에 효과: 두 종류의 금속을 접합하여 폐회로를 형성하고, 두 접합점 사이에 전류를 흘리면 각 접합점에서 열의 흡수와 발생이 일어나는 현상

(3) 톰슨 효과: 동일한 두 금속을 접합하여 폐회로를 형성하고, 두 접합점 사이에 전류를 흘리면 각 접합점에서 열의 흡수와 발생이 일어나는 현상

25 단순 계산형   난이도 下

| 정답 ①

| 접근 POINT

옴의 법칙과 회로의 직렬, 병렬의 개념을 접목한다.

| 공식 CHECK

옴의 법칙 $I = \dfrac{V}{R}[\text{A}]$, $V = IR[\text{V}]$, $R = \dfrac{V}{I}[\Omega]$

V = 전압$[\text{V}]$, I = 전류$[\text{A}]$, R = 저항$[\Omega]$

| 해설

(1) 건전지 4개의 합성 기전력
$$E_t = 1.5 \times 4 = 6[\text{V}]$$

(2) 건전지 4개의 합성 저항
$$R_t = 10 \times 4 = 40[\Omega]$$

그러므로, 지문에 주어진 회로는 다음과 같이 등가적으로 나타낼 수 있다.

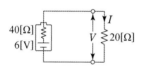

따라서, 저항 R에 흐르는 전류 I와 단자전압 V는 다음과 같다.

① 전류 $I = \dfrac{6}{40 + 20} = 0.1[\text{A}]$

② 단자전압 $V = IR = 0.1 \times 20 = 2[\text{V}]$

26 단순 계산형   난이도 下

| 정답 ④

| 접근 POINT

직렬회로에서 전압과 전류가 어떻게 되는지 생각해본다.

| 해설

(1) 합성기전력: $E_t = 3.6 \times 5 = 18[\text{V}]$

(2) 합성용량

　① 축전지의 용량은 '전류×시간'으로, 직렬 접속에서는 전류가 일정하므로, 축전지의 용량 또한 일정하다.

　② 따라서, 축전지의 합성용량은 $600[\text{mAh}]$가 된다.

27 단순 암기형   난이도 下

| 정답 ②

| 접근 POINT

축전지의 충전방식에 따른 내용을 숙지해야 한다.

| 해설

축전지의 자기 방전을 보충함과 동시에 일반 부하로 공급하는 전력은 충전기가 부담하고, 충전기가 부담하기 어려운 일시적인 대전류는 축전지가 부담하는 충전방식을 부동충전방식이라고 한다.

▍관련개념

(1) 급속충전: 단시간에 보통전류의 2~3배의 전류로 충전하는 방식이다.

(2) 균등충전: 각 전해조의 용량을 균일화 하기 위한 충전방식으로 1~3개월 마다 1회 정전압으로 10~12시간 충전한다.

(3) 세류충전: 자기 방전량만 충전하는 부동 충전방식의 일종으로 8시간율 방전전류의 0.5~2[%] 정도의 일정한 전류로 충전을 계속하는 방식이다.

---

28 단순 계산형   난이도 下

▍정답 ②

▍접근 POINT

쿨롱의 힘 관계를 이용하여 주어진 조건에 대하여 계산한다.

▍공식 CHECK

$$F = 9 \times 10^9 \times \frac{Q_1 Q_2}{r^2} [\text{N}]$$

Q_1과 Q_2=각 전하량[C], r=간격[m]

▍해설

$$F = 9 \times 10^9 \times \frac{Q_1 Q_2}{r^2}$$

$$= 9 \times 10^9 \times \frac{10 \times 10^{-6} \times 20 \times 10^{-6}}{1^2}$$

$$= 1.8 [\text{N}]$$

---

29 단순 계산형   난이도 下

▍정답 ④

▍접근 POINT

전계의 세기 관계식을 이용하여 주어진 조건에 대하여 계산한다.

▍공식 CHECK

$$E = 9 \times 10^9 \times \frac{Q}{r^2} [\text{V/m}]$$

Q=전하량[C], r=거리[m]

▍해설

$$E = 9 \times 10^9 \times \frac{Q}{r^2} = 9 \times 10^9 \times \frac{1 \times 10^{-7}}{(15 \times 10^{-2})^2}$$

$$= 40,000 = 4 \times 10^4 [\text{V/m}]$$

---

30 단순 암기형   난이도 下

▍정답 ②

▍접근 POINT

주어진 도체에 따른 전계의 세기에 대한 관계식을 떠올린다.

▍공식 CHECK

도체 형태에 따른 전계의 세기

(1) 도체 표면 $E = \dfrac{\sigma}{\varepsilon_0} [\text{V/m}]$

(2) 무한 평면도체 $E = \dfrac{\sigma}{2\varepsilon_0} [\text{V/m}]$

(3) 2개의 무한 평면도체 사이 $E = \dfrac{\sigma}{\varepsilon_0} [\text{V/m}]$

(4) 구도체 외부 $E = \dfrac{Q}{4\pi\varepsilon_0 r^2}[\mathrm{V/m}]$

(5) 선도체 외부 $E = \dfrac{\lambda}{2\pi\varepsilon_0 r}[\mathrm{V/m}]$

| 해설

무한 평면도체에 면전하 밀도 $\sigma[\mathrm{C/m^2}]$가 균일
하게 분포되어 있는 경우의 전계의 세기는
$\dfrac{\sigma}{2\varepsilon_0}[\mathrm{V/m}]$이다.

---

31 단순 계산형　　　　　　난이도 下

| 정답 ①

| 접근 POINT

콘덴서의 직렬, 병렬접속에 대한 정전용량 관계
식을 활용한다.

| 해설

정전용량의 합성

각각의 정전용량을 C_1, C_2라 할 때,

(1) 직렬합성 $C = \dfrac{C_1 C_2}{C_1 + C_2}$

(2) 병렬합성 $C = C_1 + C_2$

합성 정전용량 $C = \dfrac{50 \times 50}{50 + 50} = 25[\mathrm{F}]$

---

32 단순 계산형　　　　　　난이도 下

| 정답 ①

| 접근 POINT

평행판 콘덴서의 정전용량 관계식을 활용한다.

| 공식 CHECK

$C = \dfrac{\varepsilon_0 S}{d}[\mathrm{F}]$

$\varepsilon_0 =$ 공기중의 유전율$[\mathrm{F/m}]$, $S =$ 단면적$[\mathrm{m^2}]$,
$d =$ 극판 간격$[\mathrm{m}]$

| 해설

$C = \dfrac{\varepsilon_0 S}{d} = \dfrac{8.855 \times 10^{-12} \times 0.01}{1.5 \times 10^{-3}}$

$= 59 \times 10^{-12}[\mathrm{F}]$

$= 59[\mathrm{pF}]$

---

33 단순 계산형　　　　　　난이도 下

| 정답 ①

| 접근 POINT

정전용량은 전하를 충전하는 소자로, 가장 먼저
파괴되는 것은 충전할 수 있는 전하량이 어떠해
야 하는지 생각해 본다.

| 해설

여러 개의 콘덴서를 직렬로 접속하고 전압을 상
승시킬 때 가장 먼저 절연이 파괴되는 커패시터
는 충전하는 전하량이 작은 커패시터가 된다.
지문에서 내압은 모두 동일하므로, 정전용량이
작은 커패시터가 충전하는 전하량이 작은 것이

므로, 정전용량이 가장 작은 $1[\mu\text{F}]$의 커패시터가 가장 먼저 절연이 파괴된다.

34 단순 암기형 난이도 下

▮ 정답 ④

▮ 접근 POINT

전하량 분배법칙을 생각한다.

▮ 해설

전하량 분배법칙을 적용하면 다음과 같다.

(1) 콘덴서 C_1에 충전된 전하량

$$Q_1 = \frac{C_1}{C_1 + C_2} Q$$

(2) 콘덴서 C_2에 충전된 전하량

$$Q_2 = \frac{C_2}{C_1 + C_2} Q$$

따라서, 답은 ④번이 된다.

35 단순 계산형 난이도 下

▮ 정답 ②

▮ 접근 POINT

합성 정전용량의 개념과 축적되는 전하량의 공식을 이용한다.

▮ 공식 CHECK

(1) 정전용량의 합성

각각의 정전용량을 C_1, C_2라 할 때,

① 직렬합성 $C = \dfrac{C_1 C_2}{C_1 + C_2}$

② 병렬합성 $C = C_1 + C_2$

(2) 축적되는 전하량 $Q = CV$

▮ 해설

(1) 합성 정전용량

$$C = 0.02 + 0.02 + 0.01 = 0.05[\mu\text{F}]$$

(2) $0.01[\mu\text{F}]$의 커패시터에 축적되는 전하량

$$Q = CV = 0.01 \times 10^{-6} \times 24$$
$$= 0.24 \times 10^{-6}[\text{C}]$$

36 단순 계산형 난이도 下

▮ 정답 ②

▮ 접근 POINT

자계의 쿨롱의 힘에 대한 공식을 이용한다.

▮ 공식 CHECK

$$F = 6.33 \times 10^4 \times \frac{m_1 m_2}{r^2}[\text{N}]$$

m_1과 $m_2 = $ 각각의 자극(자하)$[wb]$,

$r = $ 자하 간의 간격$[\text{m}]$

▮ 해설

쿨롱의 힘 $F = 6.33 \times 10^4 \times \dfrac{m_1 m_2}{r^2}[\text{N}]$에서,

거리는 다음과 같다.

$$r = \sqrt{6.33 \times 10^4 \times \frac{m_1 m_2}{F}}$$
$$= \sqrt{6.33 \times 10^4 \times \frac{3 \times 10^{-4} \times 5 \times 10^{-3}}{13}}$$

$$= 0.085[\text{m}] = 8.5[\text{cm}]$$

37 단순 암기형 난이도 下

┃ 정답 ②

┃ 접근 POINT

각 자성체에 대한 종류를 체크한다.

┃ 해설

자성체의 종류

(1) 강자성체: 철, 니켈, 코발트, 망간

(2) 상자성체: 백금, 알루미늄, 텅스텐

(3) 반자성체: 금, 은, 동, 안티몬, 아연, 비스무트

38 단순 계산형 난이도 下

┃ 정답 ②

┃ 접근 POINT

한 변의 길이가 $l[\text{m}]$인 정n각형 중심자계의 공식에 주어진 조건을 대입하여 계산한다.

┃ 공식 CHECK

한 변의 길이가 $l[\text{m}]$인 정n각형 중심자계

$$H = \frac{nI}{\pi l}\sin\frac{\pi}{n}\tan\frac{\pi}{n}[\text{AT/m}]$$

┃ 해설

지문의 조건에 대한 자계의 세기는 다음과 같다.

$$H = \frac{nI}{\pi l}\sin\frac{\pi}{n}\tan\frac{\pi}{n}$$

$$= \frac{4 \times 1}{\pi \times 150 \times 10^{-3}} \times \sin\frac{\pi}{4} \times \tan\frac{\pi}{4}$$

$$= \frac{4 \times 1}{\pi \times 150 \times 10^{-3}} \times \frac{\sqrt{2}}{2} \times 1 = 6[\text{AT/m}]$$

39 단순 계산형 난이도 下

┃ 정답 ④

┃ 접근 POINT

도체 형태에 따른 자계의 세기에 대한 공식을 주어진 도체에 맞게 적용한다.

┃ 공식 CHECK

도체 형태에 따른 자계의 세기

(1) 무한장 직선도체

$$H = \frac{NI}{l} = \frac{NI}{2\pi r}[\text{AT/m}]$$

(2) 원형코일 중심 $H = \dfrac{NI}{2r}[\text{AT/m}]$

(3) 무한장 솔레노이드 $H = \dfrac{NI}{l}[\text{AT/m}]$

(4) 환상 솔레노이드

$$H = \frac{NI}{l} = \frac{NI}{2\pi r}[\text{AT/m}]$$

$N =$ 권수, $l =$ 자로의 길이[m],

$r =$ 평균 반지름[m]

┃ 해설

$$H = \frac{NI}{2r} = \frac{50 \times 2}{2 \times 20 \times 10^{-2}} = 250[\text{AT/m}]$$

40 단순 암기형   난이도 下

▌정답 ①

▌접근 POINT

도체 형태에 따른 자계의 세기에 대한 공식을 주어진 도체에 맞게 적용한다.

▌해설

솔레노이드의 자계의 세기는

$H = \dfrac{NI}{l}[\mathrm{AT/m}]$로 나타낼 수 있으므로,

자계는 코일의 권수와 전류에 비례하는 관계를 갖는다.

따라서, ①번이 답이 된다.

41 단순 암기형   난이도 下

▌정답 ③

▌접근 POINT

솔레노이드에 작용하는 자속의 관계식을 이용한다.

▌공식 CHECK

솔레노이드의 자속은

$\varnothing = \dfrac{\mu S N_t I}{l} = \dfrac{\mu_s \mu_0 S N_t I}{l}[wb]$

$\mu =$ 투자율$[\mathrm{H/m}]$, $\mu_s =$ 비투자율,

$\mu_0 =$ 공기 중의 투자율$[\mathrm{H/m}]$, $S =$ 단면적$[\mathrm{m}^2]$,

$I =$ 전류$[\mathrm{A}]$, $l =$ 자로의 길이$[\mathrm{m}]$,

$N_t =$ 전체 권수

▌해설

공심 솔레노이드의 자속 관계식

$\varnothing = \dfrac{\mu_0 S N_t I}{l}[wb]$에서 N_t는 전체 권수가

된다.

지문에서는 $1[\mathrm{m}]$당 권선수를 N으로 주었으므로, $N_t = Nl$로 표현할 수 있으므로, 자속은 다음과 같이 나타낼 수 있다.

$\varnothing = \dfrac{\mu_0 S N_t I}{l} = \dfrac{\mu_0 S N l I}{l} = \mu_0 S N I[wb]$

42 단순 계산형   난이도 下

▌정답 ①

▌접근 POINT

솔레노이드에 작용하는 자속의 관계식을 이용한다.

▌공식 CHECK

솔레노이드의 자속은

$\varnothing = \dfrac{\mu S N_t I}{l} = \dfrac{\mu_s \mu_0 S N_t I}{l}[wb]$

$\mu =$ 투자율$[\mathrm{H/m}]$, $\mu_s =$ 비투자율,

$\mu_0 =$ 공기 중의 투자율$[\mathrm{H/m}]$, $S =$ 단면적$[\mathrm{m}^2]$,

$I =$ 전류$[\mathrm{A}]$, $l =$ 자로의 길이$[\mathrm{m}]$,

$N_t =$ 전체 권수

▌해설

주어진 조건에 대하여 계산하면 다음과 같다.

$\varnothing = \dfrac{\mu_0 S N_t I}{l}$

$$= \frac{4\pi \times 10^{-7} \times 20 \times 10^{-4} \times 1{,}250 \times 1}{50 \times 10^{-2}}$$

$$= 2\pi \times 10^{-6}[wb]$$

계가 된다.

자계의 방향과 암페어 적분 경로가 서로 수직인 경우, 자계의 세기는 0이 된다.

43 개념 이해형 난이도 下

▌정답 ④

▌접근 POINT

무한장 솔레노이드에 대한 자계의 세기 관계식을 생각해 본다.

▌공식 CHECK

도체 형태에 따른 자계의 세기

(1) 무한장 직선도체

$$H = \frac{NI}{l} = \frac{NI}{2\pi r}[\text{AT/m}]$$

(2) 원형코일 중심 $H = \frac{NI}{2r}[\text{AT/m}]$

(3) 무한장 솔레노이드 $H = \frac{NI}{l}[\text{AT/m}]$

(4) 환상 솔레노이드

$$H = \frac{NI}{l} = \frac{NI}{2\pi r}[\text{AT/m}]$$

$N=$권수, $l=$자로의 길이$[\text{m}]$,
$r=$평균 반지름$[\text{m}]$

▌해설

솔레노이드의 내부의 자계의 세기는 다음과 같이 나타낼 수 있다.

$$H = \frac{NI}{l}[\text{AT/m}]$$

자계는 코일의 권수와 전류에 비례하는 관계를 갖는다. 또한, 솔레노이드 내부 자속은 평등 자

44 단순 계산형 난이도 下

▌정답 ④

▌접근 POINT

코일에 축적되는 에너지 관계식과 인덕턴스 관계식을 이용하여 계산할 수 있다.

▌공식 CHECK

(1) 인덕턴스 $L = \frac{\mu S N^2}{l} = \frac{\mu_s \mu_0 S N^2}{l}[\text{H}]$

(2) 축적되는 에너지 $W = \frac{1}{2}LI^2[\text{J}]$

$\mu=$투자율$[\text{H/m}]$, $\mu_s =$비투자율,

$\mu_0 =$진공 중의 투자율$[\text{H/m}]$, $S=$단면적$[\text{m}^2]$,

$N=$권수, $l=$자로의 길이$[\text{m}]$, $I=$전류$[\text{A}]$

▌해설

(1) 인덕턴스

$$L = \frac{\mu S N^2}{l} = \frac{\mu_s \mu_0 S N^2}{l}$$

$$= \frac{4\pi \times 10^{-7} \times 1{,}000 \times 5 \times 10^{-4} \times 200^2}{50 \times 10^{-2}}$$

$$= 0.016\pi\,[\text{H}]$$

(2) 축적되는 에너지

$$W = \frac{1}{2}LI^2 = \frac{1}{2} \times 0.016\pi \times 1^2$$
$$= 8\pi \times 10^{-3}[\text{J}]$$

45 단순 계산형 난이도 下

정답 ②

접근 POINT

도체 형태에 따른 자계의 세기에 대한 공식을 주어진 도체에 맞게 적용한다.

공식 CHECK

도체 형태에 따른 자계의 세기

(1) 무한장 직선도체

$$H = \frac{NI}{l} = \frac{NI}{2\pi r}[\text{AT/m}]$$

(2) 원형코일 중심 $H = \dfrac{NI}{2r}[\text{AT/m}]$

(3) 무한장 솔레노이드 $H = \dfrac{NI}{l}[\text{AT/m}]$

(4) 환상 솔레노이드

$$H = \frac{NI}{l} = \frac{NI}{2\pi r}[\text{AT/m}]$$

N=권수, l=자로의 길이[m],
r=평균 반지름[m]

해설

솔레노이드의 내부의 자계의 세기는

$H = \dfrac{NI}{l}[\text{AT/m}]$로 나타낼 수 있으므로, 주어진 조건에 대한 자계의 세기는 다음과 같다.

$$H = \frac{NI}{l} = \frac{50 \times 500 \times 10^{-3}}{1 \times 10^{-2}} = 2{,}500[\text{AT/m}]$$

46 단순 암기형 난이도 下

정답 ①

접근 POINT

각 법칙에 대해 구분하여 숙지할 필요가 있다.

풀이

유기 기전력의 크기를 결정하는 법칙은 페러데이 법칙이며, 유기 기전력의 방향을 결정하는 법칙은 렌츠의 법칙이다.

47 단순 암기형 난이도 下

정답 ②

접근 POINT

각 법칙에 대해 구분하여 숙지할 필요가 있다.

해설

'운동하는 도체'에 유도된 기전력의 방향을 나타내는 법칙을 플레밍의 오른손 법칙이라 한다.

48 단순 계산형 난이도 下

정답 ④

접근 POINT

유도되는 기전력에 대한 법칙인 전자유도 법칙을 생각해 본다.

▌공식 CHECK

전자유도 법칙 $e = -N\dfrac{d\varnothing}{dt} = -L\dfrac{di}{dt}\,[\mathrm{V}]$

▌해설

전자유도 법칙 $e = -N\dfrac{d\varnothing}{dt} = -L\dfrac{di}{dt}\,[\mathrm{V}]$ 관계를 고려하면 $e \propto L$의 관계가 성립한다.

여기서, $L = \dfrac{\mu S N^2}{l}$으로, $L \propto N^2$의 관계가 되므로, $e \propto N^2$이 된다.

따라서, 코일의 권수를 100에서 200으로 2배 늘리게 되면 유도 기전력의 크기는 4배가 된다.

▌응용

해당 문항은 단순히 권수 기준으로 보면 $e = -N\dfrac{d\varnothing}{dt}$ 관계를 기준으로 하여 $e \propto N$로 해석할 수 있겠지만, 보다 정확하게는 권수가 인덕턴스에 영향을 주므로, 최종적으로는 $e \propto N^2$의 관계로 해석할 수 있다.

49 단순 계산형　　　　난이도 下

▌정답　①

▌접근 POINT

결합계수와 관련있는 상호 인덕턴스 공식을 생각해 본다.

▌공식 CHECK

상호 인덕턴스 $M = k\sqrt{L_1 L_2}$

k = 결합계수, L_1과 L_2 = 각 인덕턴스

▌풀이

상호 인덕턴스

$M = k\sqrt{L_1 L_2} = 1 \times \sqrt{4 \times 9} = 6\,[\mathrm{mH}]$

50 단순 계산형　　　　난이도 下

▌정답　③

▌접근 POINT

직렬회로, 병렬회로에 따른 합성 인덕턴스 관계를 적용한다.

▌해설

합성 인덕턴스 $L = \dfrac{10 \times 10}{10 + 10} + 5 = 10\,[\mathrm{H}]$

51 단순 계산형　　　　난이도 下

▌정답　①

▌접근 POINT

평행 도선에 작용하는 힘의 관계식을 적용한다.

▌공식 CHECK

평행 도선에 작용하는 힘

$F = \dfrac{2 I_1 I_2}{r} \times 10^{-7}\,[\mathrm{N/m}]$

(1) 전류의 방향이 같을 때: 흡입력
(2) 전류의 방향이 다를 때: 반발력

　　I_1과 I_2 = 각 도선의 전류[A],

　　r = 전선 간격[m]

해설

평행 도선에 작용하는 힘은

$F = \dfrac{2I_1I_2}{r} \times 10^{-7}[\mathrm{N/m}]$이므로, 두 도선 사이

의 거리를 2.5배로 늘리면, 두 도선간에 작용하

는 힘은 기존의 $\dfrac{1}{2.5}$배가 된다.

따라서, 기존의 $\dfrac{1}{2.5}$배로 표현되는 ①번이 답이

된다.

---

52 단순 계산형

난이도 下

정답 ②

접근 POINT

평행 도선에 작용하는 힘의 관계식을 적용한다.

공식 CHECK

평행 도선에 작용하는 힘

$F = \dfrac{2I_1I_2}{r} \times 10^{-7}[\mathrm{N/m}]$

(1) 전류의 방향이 같을 때: 흡입력
(2) 전류의 방향이 다를 때: 반발력

$\quad I_1$과 I_2 =각 도선의 전류$[\mathrm{A}]$,

$\quad r$ =전선 간격$[\mathrm{m}]$

해설

평행 도선에 작용하는 힘은

$F = \dfrac{2I_1I_2}{r} \times 10^{-7}[\mathrm{N/m}]$이며, 전류의 방향이

동일한 평행 도선에서는 흡입력이, 전류의 방향

이 서로 반대인 평행 왕복도선에서는 반발력이

작용한다.

지문에서 평행 왕복전선으로 주어졌으므로, 두

전선 간에 반발력이 작용하며, 이 때의 단위 길

이당 힘은 다음과 같다.

$F = \dfrac{2I_1I_2}{r} \times 10^{-7} = \dfrac{2 \times 25 \times 25}{1 \times 10^{-2}} \times 10^{-7}$

$\quad = 0.0125[\mathrm{N/m}]$

$\quad = 1.25 \times 10^{-2}[\mathrm{N/m}]$

---

53 단순 계산형

난이도 下

정답 ②

접근 POINT

전력이 안테나에서 사방으로 균일하게 방사될

때는 포인팅 벡터 관계식을 이용하여 해석할 수

있다.

공식 CHECK

포인팅 벡터

$\dot{P} = \dfrac{P}{S} = \dot{E} \times \dot{H} = 377H^2 = \dfrac{E^2}{377}$

$\dot{P}$ =포인팅 벡터$[\mathrm{W/m^2}]$

P =전력$[\mathrm{W}]$, S =방사시의 단면적$[\mathrm{m^2}]$

E =전계$[\mathrm{V/m}]$, H =자계$[\mathrm{AT/m}]$

해설

포인팅 벡터 관계식 중 $\dfrac{P}{S} = \dfrac{E^2}{377}$의 관계를 이

용하여 주어진 조건에 대한 전계의 실횻값을 계

산할 수 있다.

포인팅 벡터 관계식중 $\dfrac{P}{S} = \dfrac{E^2}{377}$의 관계를 이

용하면 전계의 실횻값은 다음과 같다.

$$E = \sqrt{377\frac{P}{S}} = \sqrt{377\frac{P}{4\pi r^2}}$$

$$= \sqrt{377 \times \frac{50 \times 10^3}{4\pi \times (10^3)^2}}$$

$$= 1.22[\text{V/m}]$$

54 단순 계산형   난이도 下

| 정답 ②

| 접근 POINT

주어진 순시값에서 최댓값과 실횻값의 관계를 생각해 본다.

| 해설

실횻값을 I라 할 때, 최댓값은 $I_m = \sqrt{2}\,I$이므로, 전류의 순시값은 $i = \sqrt{2}\,I\sin wt\,[\text{A}]$로 표현된다.

여기서, 순시값과 실횻값이 같으면,

$1 = \sqrt{2} \times \sin wt$로,

$\sin wt = \dfrac{1}{\sqrt{2}}$의 관계가 성립한다.

이 관계를 만족하기 위한 위상은 $\theta = wt = 45°$가 된다.

55 단순 계산형   난이도 下

| 정답 ①

| 접근 POINT

주어진 순시값의 형태에 주어진 조건을 대입하여 필요한 값을 계산한다.

| 해설

$wt = \dfrac{\pi}{6}[\text{rad}]$일 때, 전압은

$v = \sqrt{2}\,V \times \sin\dfrac{\pi}{6} = \dfrac{\sqrt{2}}{2}\,V = 70.7[\text{V}]$가 된다.

전압의 실횻값은 $V = 70.7 \times \dfrac{2}{\sqrt{2}} \fallingdotseq 100[\text{V}]$가 된다.

56 단순 암기형   난이도 下

| 정답 ④

| 접근 POINT

각 파형에 따른 실횻값과 평균값의 수식관계를 생각해 본다.

| 공식 CHECK

각 파형에 따른 실횻값, 평균값

구분	정현파 정현전파	정현반파	구형파	구형반파	삼각파 톱니파
실횻값 I	$\dfrac{I_m}{\sqrt{2}}$	$\dfrac{I_m}{2}$	I_m	$\dfrac{I_m}{\sqrt{2}}$	$\dfrac{I_m}{\sqrt{3}}$
평균값 I_{av}	$\dfrac{2I_m}{\pi}$	$\dfrac{I_m}{\pi}$	I_m	$\dfrac{I_m}{2}$	$\dfrac{I_m}{2}$

I_m = 전류의 최댓값[A]

| 해설

(1) 반파 정류파(정현반파)의 실횻값

$$I = \frac{I_m}{2} = \frac{1}{2}$$

(2) 반파 정류파(정현반파)의 평균값

$$I_{av} = \frac{I_m}{\pi} = \frac{1}{\pi}$$

57 단순 계산형　　　　난이도 下

┃ 정답 ①

┃ 접근 POINT

두 파형의 합성 또는 위상 비교시에는 각 순시값의 형태가 동일해야 한다.

┃ 해설

e_2를 sin함수로 표현하면 다음과 같다.

$$e_2 = 20\sqrt{2}\cos\left(wt - \frac{\pi}{6}\right)$$

$$= 20\sqrt{2}\sin\left(wt - \frac{\pi}{6} + \frac{\pi}{2}\right)$$

$$= 20\sqrt{2}\sin\left(wt + \frac{\pi}{3}\right)$$

따라서, 합성전압은 다음과 같다.

$$e = e_1 + e_2$$

$$= 10\sqrt{2}\sin\left(wt + \frac{\pi}{3}\right) + 20\sqrt{2}\sin\left(wt + \frac{\pi}{3}\right)$$

$$= 30\sqrt{2}\sin\left(wt + \frac{\pi}{3}\right)$$

58 단순 계산형　　　　난이도 下

┃ 정답 ②

┃ 접근 POINT

코일의 리액턴스는 유도성 리액턴스로, 이에 대한 관계식을 생각해 본다.

┃ 공식 CHECK

유도성 리액턴스는 $X_L = 2\pi f L\,[\Omega]$

f =주파수[Hz], L =인덕턴스[H]

┃ 해설

코일의 유도성 리액턴스 관계식에 의거하여 주파수는 다음과 같다.

$$f = \frac{X_L}{2\pi L} = \frac{753.6}{2\pi \times 0.5} = 239.88\,[\text{Hz}]$$

$$\fallingdotseq 240\,[\text{Hz}]$$

59 단순 계산형　　　　난이도 下

┃ 정답 ②

┃ 접근 POINT

유도성 리액턴스 관계식에 주어진 조건을 대입하여 계산한다.

┃ 공식 CHECK

유도성 리액턴스는 $X_L = 2\pi f L\,[\Omega]$

f =주파수[Hz], L =인덕턴스[H]

┃ 해설

$$X_L = 2\pi f L = 2\pi \times 60 \times 50 \times 10^{-3}$$

$$= 18.85\,[\Omega]$$

60 단순 계산형   난이도 下

정답 ①

접근 POINT

계산기를 활용하여 옴에 법칙에 의거하여 복소수를 계산하면 답을 보다 간단히 도출할 수 있다.

해설

임피던스를 계산하면 다음과 같다.

$$\dot{Z} = \frac{\dot{V}}{\dot{I}} = \frac{10 - j}{5 + j} = 1.88 - j0.58\,[\Omega]$$

따라서, 회로의 저항은 1.88[Ω]이다.

61 단순 계산형   난이도 下

정답 ④

접근 POINT

임피던스 관계를 이용하여 역률을 계산할 수 있다.

공식 CHECK

역률 $\cos\theta = \dfrac{R}{Z} = \dfrac{R}{\sqrt{R^2 + X^2}}$

해설

(1) 회로의 합성 임피던스

$$\dot{Z} = \frac{5 \times (4 - j2)}{5 + (4 - j2)} = 2.35 + j0.59\,[\Omega]$$

(2) 회로의 역률

$$\cos\theta = \frac{R}{Z} = \frac{2.35}{\sqrt{2.35^2 + 0.59^2}} = 0.97$$

62 단순 계산형   난이도 下

정답 ③

접근 POINT

브리지 회로의 평형조건을 활용한다.

해설

브리지 회로의 경우, 대각 성분의 저항의 곱이 같으면 평형조건을 만족한다.

$$(2 + j4) \times (2 - j3) = Z \times (3 + j2)$$

따라서, 평형이 되기 위한 Z는 다음과 같다.

$$Z = \frac{(2 + j4) \times (2 - j3)}{3 + j2} = 4 - j2\,[\Omega]$$

63 복합 계산형   난이도 中

정답 ④

접근 POINT

브리지 회로의 평형조건을 활용한다.

해설

브리지 회로의 경우, 대각 성분의 저항의 곱이 같으면 평형조건을 만족한다.

$$(R_1 + jwL) \times (-j\frac{1}{wC_1}) = (R_3 - j\frac{1}{wC_2}) \times R_2$$

$$\frac{L}{C_1} - j\frac{R_1}{wC_1} = R_2 R_3 - j\frac{R_2}{wC_2}$$

그러므로, $\dfrac{L}{C_1} = R_2 R_3$, $\dfrac{R_1}{wC_1} = \dfrac{R_2}{wC_2}$ 의 관계가 성립하면 주어진 회로는 평형조건을 만족한다. 따라서, 평형조건은 다음과 같이 나타낼 수 있다.

(1) $\dfrac{L}{C_1} = R_2 R_3$에서, $L = R_2 R_3 C_1$

(2) $\dfrac{R_1}{wC_1} = \dfrac{R_2}{wC_2}$ 에서 $\dfrac{R_1}{C_1} = \dfrac{R_2}{C_2}$ 가 되어

$R_1 C_2 = R_2 C_1$

64 단순 계산형

난이도 下

▌정답 ④

▌접근 POINT
공진 주파수 관계식에 주어진 조건을 대입하여 계산한다.

▌공식 CHECK
공진 주파수 $f_0 = \dfrac{1}{2\pi\sqrt{LC}}$ [Hz]

L = 인덕턴스[H], C = 정전용량[F]

▌해설
직렬 공진회로의 주파수

$f_0 = \dfrac{1}{2\pi\sqrt{LC}} = \dfrac{1}{2\pi\sqrt{1 \times 0.2 \times 10^{-6}}}$

$= 355.89$[Hz]

$\fallingdotseq 356$[Hz]

65 복합 계산형

난이도 中

▌정답 ④

▌접근 POINT
L과 C가 있는 회로에서 전류가 전압과 동위상이 된다는 것은 공진회로임을 의미하며, 이 회로는 허수부가 0이 됨을 이용한다.

▌해설
전류 I가 인가전압 E와 동위상이 되었다는 것은, 주어진 회로가 순저항 회로와 같은 상태라는 의미가 된다.

즉, 공진상태의 회로가 되며, 이 때 L의 값은 공진회로의 조건(허수=0)을 이용하여 도출 할 수 있다.

(1) 회로의 합성 임피던스

$\dot{Z} = jwL + \dfrac{R \times (-j\dfrac{1}{wC})}{R + (-j\dfrac{1}{wC})}$

$= jwL - \dfrac{j\dfrac{R}{wC}}{R - j\dfrac{1}{wC}}$

$= jwL - \dfrac{jR}{wRC - j}$

$= jwL - \dfrac{jR}{wRC - j} \times \dfrac{wRC + j}{wRC + j}$

$= jwL - \dfrac{jwCR^2 - R}{(wRC)^2 + 1}$

$= \dfrac{R}{(wRC)^2 + 1} + jw(L - \dfrac{CR^2}{(wRC)^2 + 1})$

(2) 공진회로가 되기 위한 L
공진회로는 허수값이 0이다.

$L - \dfrac{CR^2}{(wRC)^2 + 1} = 0$의 관계를 이용하면

L은 다음과 같다.

$L = \dfrac{CR^2}{(wRC)^2 + 1}$

66 단순 암기형 난이도 下

┃정답 ②

┃접근 POINT

전류계 A_1과 A_2의 값이 같다는 것은 공진회로임을 의미한다.

┃해설

공진상태의 조건은 $wL = \dfrac{1}{wC}$ 이므로,

(1) 공진 각주파수 $w_0 = \dfrac{1}{\sqrt{LC}}$ [rad/s]

(2) 공진 주파수 $f_0 = \dfrac{1}{2\pi\sqrt{LC}}$ [Hz]

따라서, ②번이 답이 된다.

67 복합 계산형 난이도 上

┃정답 ①

┃접근 POINT

공진회로의 허수부가 0이 됨을 이용한다.

┃해설

(1) 회로의 합성 어드미턴스

$$\dot{Y} = \frac{1}{R+jwL} + jwC$$

$$= \frac{1}{(R+jwL)} \times \frac{R-jwL}{R-jwL} + jwC$$

$$= \frac{R-jwL}{R^2+(wL)^2} + jwC$$

$$= \frac{R}{R^2+(wL)^2} + jw\left(C - \frac{L}{R^2+(wL)^2}\right)$$

(2) 공진상태의 어드미턴스

공진상태에서는 허수부가 0이므로, 이 때의

어드미턴스는 $Y_0 = \dfrac{R}{R^2+(wL)^2}$ [℧]가 된다.

여기서, 허수부는 0이 되어야 한다.

이때 $C - \dfrac{L}{R^2+(wL)^2} = 0$의 관계가 성립

하므로 $C = \dfrac{L}{R^2+(wL)^2}$ 이 된다.

따라서 $\dfrac{1}{R^2+(wL)^2} = \dfrac{C}{L}$ 이 된다.

따라서, 공진상태의 어드미턴스는 다음과

같이 나타낼 수 있다.

$$Y_0 = \frac{R}{R^2+(wL)^2} = \frac{RC}{L}\,[\text{℧}]$$

(3) 공진상태의 임피던스 $Z_0 = \dfrac{1}{Y_0} = \dfrac{L}{RC}$ [Ω]

68 단순 계산형 난이도 下

┃정답 ①

┃접근 POINT

소비전력 관계식을 적용하기 위해 임피던스와
전류를 계산하여 접근한다.

┃해설-1

(1) 회로의 임피던스 $\dot{Z} = 4 + j3$ [Ω]

(2) 회로의 전류 $I = \dfrac{V}{Z} = \dfrac{200}{\sqrt{4^2+3^2}} = 40$ [A]

(3) 소비전력 $P = I^2 R = 40^2 \times 4 = 6,400$ [W]

┃해설-2

(1) 회로의 임피던스 $\dot{Z} = 4 + j3$ [Ω]

(2) 역률 $\cos\theta = \dfrac{R}{Z} = \dfrac{4}{\sqrt{4^2+3^2}} = 0.8$

(3) 회로의 전류 $I = \dfrac{V}{Z} = \dfrac{200}{\sqrt{4^2+3^2}} = 40\,[\mathrm{A}]$

(4) 소비전력

$\quad P = VI\cos\theta = 200 \times 40 \times 0.8 = 6,400\,[\mathrm{W}]$

---

69 단순 계산형 난이도 下

| 정답 ③

| 접근 POINT

주어진 조건으로 전압과 전류의 실횻값과 위상
차를 확인할 수 있으므로, 이를 이용한 소비전
력 관계식을 이용한다.

| 공식 CHECK

$P = VI\cos\theta\,[\mathrm{W}]$

$V = $ 전압[V], $I = $ 전류[A], $\cos\theta = $ 역률

| 해설

$P = VI\cos\theta = \dfrac{150}{\sqrt{2}} \times \dfrac{12}{\sqrt{2}} \times \cos 30°$

$\quad = 779.42\,[\mathrm{W}]$

$\quad \fallingdotseq 780\,[\mathrm{W}]$

---

70 단순 계산형 난이도 下

| 정답 ②

| 접근 POINT

무효전력을 구하기 위해 필요한 조건인 전류,
무효율을 계산하여 접근한다.

| 해설

(1) 합성 임피던스

$\quad \dot{Z} = 4 + j(4-1) = 4 + j3\,[\Omega]$

(2) 회로의 전류 $I = \dfrac{V}{Z} = \dfrac{100}{\sqrt{4^2+3^2}} = 20\,[\mathrm{A}]$

(3) 무효율

$\quad \sin\theta = \dfrac{X}{\sqrt{R^2+X^2}} = \dfrac{3}{\sqrt{4^2+3^2}} = 0.6$

(4) 무효전력

$\quad P_r = VI\sin\theta = 100 \times 20 \times 0.6$

$\quad = 1,200\,[\mathrm{Var}]$

---

71 복합 계산형 난이도 中

| 정답 ②

| 접근 POINT

직류에서는 리액턴스가 단락으로 작용하는 것
을 고려해야 한다.

| 해설

(1) 코일의 저항

직류전압을 인가할 때, 코일의 리액턴스는
단락으로 작용한다. 그러므로, 직류 전압을
인가할 때의 전력을 이용하여 저항의 값을
도출할 수 있다.

$\quad P = \dfrac{V^2}{R}$에서 $R = \dfrac{V^2}{P} = \dfrac{30^2}{300} = 3\,[\Omega]$

(2) 코일의 리액턴스

교류전압을 인가 하였을 때의 전력을 이용
하면 다음과 같다.

① 소비전력 관계식

$$P = VI\cos\theta$$

$$= V \times \frac{V}{\sqrt{R^2 + X^2}} \times \frac{R}{\sqrt{R^2 + X^2}}$$

$$= \frac{V^2 R}{R^2 + X^2}$$

② 코일의 리액턴스

소비전력 관계식으로부터 구한다.

$$X = \sqrt{\frac{V^2 R}{P} - R^2} = \sqrt{\frac{100^2 \times 3}{1,200} - 3^2}$$

$$= 4\,[\Omega]$$

72 단순 암기형   난이도 下

▎**정답** ①

▎**접근 POINT**

일반적으로 교류는 어떤값으로 표현하는지를 생각해본다.

▎**해설**

교류전압계의 지침이 지시하는 전압은 실횻값이다.

73 복합 계산형   난이도 中

▎**정답** ②

▎**접근 POINT**

유효전력에서 역률을 이용하면 무효율을 계산할 수 있고, 이어서 무효전력을 계산할 수 있다.

▎**해설**

(1) 전력계의 지시값은 $W = VI\cos\theta\,[\mathrm{W}]$

(2) 회로의 역률 $\cos\theta = \dfrac{W}{VI} = \dfrac{720}{180 \times 5} = 0.8$

(3) 회로의 무효율

$$\sin\theta = \sqrt{1 - \cos^2\theta} = \sqrt{1 - 0.8^2} = 0.6$$

(4) 무효전력

$$P_r = VI\sin\theta = 180 \times 5 \times 0.6 = 540\,[\mathrm{Var}]$$

74 단순 암기형   난이도 下

▎**정답** ③

▎**접근 POINT**

역률 관계식을 생각하면 역률을 계산하기 위해 어떤 값이 필요하고, 그 값을 측정하기 위해 어떤 계전기가 필요한지 파악할 수 있다.

▎**공식 CHECK**

역률 관계식 $\cos\theta = \dfrac{P}{P_a} = \dfrac{P}{VI}$

▎**해설**

역률 관계식에 의거하여 유효전력(P)를 측정하는 전력계, 전압(V)을 측정하는 전압계, 전류(I)를 측정하는 전류계가 필요하다.

75 복합 계산형   난이도 中

▎**정답** ③

지문에 주어진 내용을 보아 저항에서 소비된 열량은 곧 코일에 축적된 에너지가 된다.

▌해설

지문에 주어진 설명을 회로로 나타내면 다음과 같이 변경되는 회로로 표현할 수 있다.

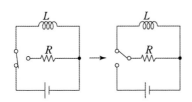

이때 저항에서 소비되는 열량이 주어졌으므로, 이를 위해 코일에 축적된 에너지를 계산할 수 있으며, 이를 통해 코일의 인덕턴스 $L[\mathrm{H}]$을 도출할 수 있다.

(1) 저항에서 소비하는 에너지(W_R)

$1[\mathrm{J}] \fallingdotseq 0.24[\mathrm{cal}]$이므로,

$1[\mathrm{cal}] = \dfrac{1}{0.24}[\mathrm{J}]$이 되어 저항에서 소비하는 에너지는 다음과 같다.

$$W_R = 24 \times \frac{1}{0.24} = 100[\mathrm{J}]$$

(2) 코일의 축적에너지(W_L)

저항에서 소비한 에너지가 곧 코일의 축적에너지가되므로,

$$W_L = W_R = 100 = \frac{1}{2}LI^2[\mathrm{J}]$$

(3) 코일의 인덕턴스(L)

코일의 축적에너지 관계식에 의거하여 다음과 같이 계산할 수 있다.

$$L = \frac{2W_L}{I^2} = \frac{2 \times 100}{10^2} = 2[\mathrm{H}]$$

76 단순 암기형 난이도 下

▌정답 ③

▌접근 POINT

3전압계법에 의한 전력 관계식을 숙지해야 한다.

▌공식 CHECK

(1) 3전압계법에 의한 소비전력

$$P = \frac{V_3^2 - V_2^2 - V_1^2}{2R}[\mathrm{W}]$$

단, V_3는 전압계 지시값 중 가장 큰 값이다.

(2) 3전류계법에 의한 소비전력

$$P = \frac{(I_3^2 - I_2^2 - I_1^2)R}{R}[\mathrm{W}]$$

단, I_3는 전류계 지시값 중 가장 큰 값이다.

▌해설

주어진 회로에서 3전압계법을 사용한 경우의 단상 교류전력은 다음과 같이 나타낼 수 있다.

$$P = \frac{V_3^2 - V_2^2 - V_1^2}{2R}[\mathrm{W}]$$

77 단순 계산형 난이도 下

▌정답 ①

▌접근 POINT

각 상의 임피던스가 주어지면 '상 기준'으로 해석할 수 있다.

해설

(1) Y결선의 상전압

$$V_p = \frac{V_l}{\sqrt{3}} = \frac{100\sqrt{3}}{\sqrt{3}} = 100\,[\mathrm{V}]$$

(2) Y결선의 상전류

$$I_p = \frac{V_p}{Z} = \frac{100}{\sqrt{30^2 + 50^2}} = 2\,[\mathrm{A}]$$

Y결선의 선전류는 상전류와 같으므로, 선
전류는 2[A]가 된다.

관련개념

각 결선의 전압과 전류 관계

(1) Y결선

　① 전압관계 $V_l = \sqrt{3}\,V_p \angle 30°$

　② 전류관계 $I_l = I_p$

(2) △결선

　① 전압관계 $V_l = V_p$

　② 전류관계 $I_l = \sqrt{3}\,I_p \angle -30°$

---

78 단순 계산형　　　난이도 下

정답 ③

접근 POINT

각 상의 임피던스가 주어지면 '상 기준'으로 해
석할 수 있다.

해설

(1) △결선의 상전압: 선간전압과 동일하게
220[V]이다.

(2) △결선의 상전류

$$I_p = \frac{V_p}{Z} = \frac{220}{\sqrt{6^2 + 8^2}} = 22\,[\mathrm{A}]$$

(3) △결선의 선전류

$$I_l = \sqrt{3}\,I_p = 22\sqrt{3} = 38.11\,[\mathrm{A}]$$

---

79 복합 계산형　　　난이도 中

정답 ①

접근 POINT

전력을 소비하는 부분은 3상으로 결선된 저항
이며, 저항을 기준으로 해석하는 경우에는 '상
기준'으로 해석할 수 있다.

해설

각 결선에 인가되는 선간 전압을 $V_l[\mathrm{V}]$라 할 때,

(1) △결선의 3상 소비전력

$$P_\Delta = \frac{3\,V_p^2}{R} = \frac{3\,V_l^2}{R}\,[\mathrm{W}]$$

(2) Y결선의 3상 소비전력

$$P_Y = \frac{3\,V_p^2}{R} = \frac{3\left(\frac{V_l}{\sqrt{3}}\right)^2}{R} = \frac{V_l^2}{R}\,[\mathrm{W}]$$

따라서, △결선된 부하를 Y결선으로 바꾸면 소
비전력은 $\frac{1}{3}$배가 된다.

---

80 단순 계산형　　　난이도 下

정답 ④

접근 POINT

각 상의 임피던스가 주어지면 '상 기준'으로 해
석할 수 있다.

▌해설

(1) 상전류

$$I_p = \frac{V_p}{Z} = \frac{200}{\sqrt{20^2 + 10^2}} = 8.94[\text{A}]$$

(2) 역률

$$\cos\theta = \frac{R}{Z} = \frac{R}{\sqrt{R^2 + X^2}} = \frac{20}{\sqrt{20^2 + 10^2}}$$

$$= 0.89$$

(3) 유효전력

$$P = 3V_p I_p \cos\theta = 3 \times 200 \times 8.94 \times 0.89$$

$$= 4,773.96[\text{W}]$$

$$\fallingdotseq 4.8[\text{kW}]$$

---

81 단순 계산형   난이도 下

▌정답 ②

▌접근 POINT

역률을 이용하여 무효율을 계산할 수 있고, 이를 이용해 무효전력을 계산할 수 있다.

▌해설

(1) 무효율

$$\sin\theta = \sqrt{1 - \cos^2\theta} = \sqrt{1 - 0.8^2} = 0.6$$

(2) 무효전력

$$P_r = \sqrt{3}\, V_l I_l \sin\theta = \sqrt{3} \times 28.87 \times 10 \times 0.6$$

$$= 300[\text{Var}]$$

---

82 복합 계산형   난이도 中

▌정답 ①

▌접근 POINT

Y-△ 등가변환을 이용하면 해석이 용이하다.

▌해설

Y결선의 각 저항값이 R_Y로 동일한 값일 때, △결선으로 등가변환한 경우의 각 변의 저항 $R_\triangle$ 간의 관계는 다음과 같이 나타낼 수 있다.

$$\frac{1}{3}R_\triangle = R_Y \,(\text{또는 } R_\triangle = 3R_Y)$$

그러므로, 주어진 회로는 다음과 같이 등가적으로 나타낼 수 있다.

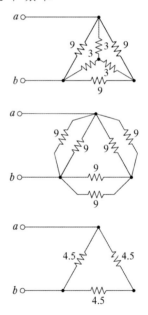

따라서, a, b간의 합성저항은

$$R_{ab} = \frac{4.5 \times 9}{4.5 + 9} = 3[\Omega]\text{이 된다.}$$

83 복합 계산형

난이도 上

정답 ②

접근 POINT

Y-△ 등가변환을 이용하면 해석이 용이하다.

해설

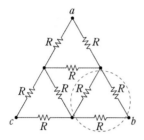

점선 부분의 합성저항은 $\dfrac{R \times 2R}{R + 2R} = \dfrac{2}{3}R$이 되어 다음과 같이 나타낼 수 있다.

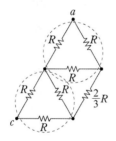

점선의 부분을 Y결선으로 등가변환하면 다음과 같이 나타낼 수 있다.

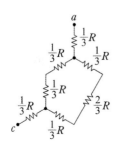

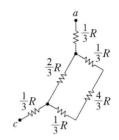

따라서, a와 c 사이의 합성저항(R_{ac})은 다음과 같다.

$$R_{ac} = \frac{1}{3}R + \frac{\dfrac{2}{3}R \times \dfrac{4}{3}R}{\dfrac{2}{3}R + \dfrac{4}{3}R} + \frac{1}{3}R$$

$$= \frac{2}{3}R + \frac{4}{9}R = \frac{10}{9}R\,[\Omega]$$

84 단순 암기형

난이도 下

정답 ③

접근 POINT

대칭 n상의 각 결선에서 전압과 전류의 관계식을 숙지해야 한다.

해설

n상 결선에서의 전압, 전류 관계]

(1) n상 성형(성상)결선

　① 선간전압 $V_l = 2\sin\dfrac{\pi}{n}V_p\angle\dfrac{\pi}{2}\left(1 - \dfrac{2}{n}\right)$

　② 선전류 $I_l = I_p$

(2) n상 환형(환상)결선

　① 선간전압 $V_l = V_p$

　② 선전류 $I_l = 2\sin\dfrac{\pi}{n}I_p\angle -\dfrac{\pi}{2}\left(1 - \dfrac{2}{n}\right)$

85 단순 계산형 난이도 下

┃정답 ③

┃접근 POINT

효율을 고려한 유효전력 관계식을 활용한다.

┃공식 CHECK

유효전력 관계식

$P = \sqrt{3} \, VI\cos\theta\,\eta\,[\text{W}]$

$V = $ 선간전압$[\text{V}]$, $I = $ 선전류$[\text{A}]$,

$\cos\theta = $ 역률, $\eta = $ 효율

┃해설

3상 유도 전동기의 출력 $P = \sqrt{3} \, VI\cos\theta\,\eta\,[\text{W}]$ 관계식에서, 전동기에 흐르는 전류는 다음과 같이 계산할 수 있다.

$$I = \frac{P}{\sqrt{3}\,V\cos\theta\,\eta} = \frac{25 \times 0.746 \times 10^3}{\sqrt{3} \times 220 \times 0.85 \times 0.85}$$

$$= 67.74\,[\text{A}]$$

86 단순 계산형 난이도 下

┃정답 ③

┃접근 POINT

n고조파에서의 리액턴스가 어떻게 작용하는지 생각한다.

┃공식 CHECK

n고조파에서의 리액턴스

(1) 유도성 리액턴스: $nX_L = nwL$

(2) 용량성 리액턴스: $\dfrac{1}{n}X_c = \dfrac{1}{nwC}$

┃해설

제3고조파전류

$$I_3 = \frac{V_3}{Z_3} = \frac{120}{\sqrt{4^2 \times (9 \times \frac{1}{3})^2}} = 24\,[\text{A}]$$

제3고조파 전류를 계산하기 위해서는 제3고조파 전압의 실횻값이 필요하다.

87 단순 암기형 난이도 下

┃정답 ①

┃접근 POINT

기본적인 공진관계와 각 리액턴스가 n고조파에서 어떻게 작용되는지 생각한다.

┃공식 CHECK

n고조파에서의 리액턴스

(1) 유도성 리액턴스: $nX_L = nwL$

(2) 용량성 리액턴스: $\dfrac{1}{n}X_c = \dfrac{1}{nwC}$

┃해설

n고조파의 공진 조건은 $nwL = \dfrac{1}{nwC}$ 이다.

(1) 공신 각주파수 $w_0 = \dfrac{1}{n\sqrt{LC}}\,[\text{rad/s}]$

(2) 공진 주파수 $f_0 = \dfrac{1}{2\pi n\sqrt{LC}}\,[\text{Hz}]$

따라서, ①번이 답이 된다.

88 복합 계산형

난이도 中

┃정답 ①

┃접근 POINT

중첩의 정리를 이용하여 접근한다.

이 경우, 하나를 기준으로 잡아 해석할 때, 다른 전류원은 개방, 다른 전압원은 단락으로 취부하여 해석할 수 있다.

┃해설

중첩의 정리를 적용하면 다음과 같다.

(1) 3[V] 전압원 기준: 2[A]의 전류원은 개방한 상태로 해석해야 한다.

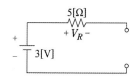

이 경우, 3[V]의 전압은 모두 개방단에 걸리게 되므로 5[Ω]의 저항에는 전압이 걸리지 않는다.

(2) 2[A] 전류원 기준: 3[V]의 전압원은 단락한 상태로 해석해야 한다.

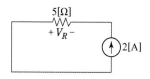

이 경우, 2[A]의 전류는 5[Ω]의 저항에 흘러, 저항에서 $5 \times 2 = 10$[V]의 전압이 걸린다. 단, 회로상에서 5[Ω]의 저항에 주어진 극성을 보아 기준 방향은 우측을 향하는 방향임에 주의한다.

2[A]의 전류원이 형성할 수 있는 전압은 좌측방향으로 10[V]이므로, 5[Ω]의 저항에 걸리는 전압은 -10[V]가 된다.

(3) 5[Ω]의 저항에 걸리는 전체 전압은 $V_R = -10$[V]가 된다.

89 복합 계산형

난이도 中

┃정답 ②

┃접근 POINT

중첩의 정리를 이용하여 접근한다.

이 경우, 하나를 기준으로 잡아 해석할 때, 다른 전류원은 개방, 다른 전압원은 단락으로 취부하여 해석할 수 있다.

┃해설

중첩의 정리를 적용하면 다음과 같다.

(1) 20[V] 전압원 기준: 1[A]의 전류원은 개방한 상태로 해석해야 한다.

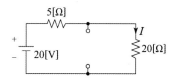

이 경우, 20[V] 전압원이 20[Ω]의 저항에 흘릴 수 있는 전류는 다음과 같다.

$$I' = \frac{20}{20 + 5} = 0.8[A]$$

(2) 1[A] 전류원 기준: 20[V]의 전압원은 단락한 상태로 해석해야 한다.

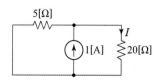

이 경우, 1[A] 전류원이 20[Ω]의 저항에 흘릴 수 있는 전류는 전류분배법칙을 이용하여 계산할 수 있다.

$$I'' = \frac{5}{20+5} = 0.2[\text{A}]$$

(3) 20[Ω]의 저항에 흐르는 전체 전류는 다음과 같다.

$$I_{20[\Omega]} = I' + I'' = 0.8 + 0.2 = 1[\text{A}]$$

---

90 단순 계산형   난이도 下

정답 ②

접근 POINT

테브난 등가전압은 기존회로에서 개방단에 걸리는 전압, 테브난 등가저항은 개방단을 기준으로 한 합성저항임을 기억해야 한다.

해설

(1) 테브난 등가전압

$$V_{th} = \frac{1.2}{1.2+1.2} \times 10 = 5[\text{V}]$$

(2) 테브난 등가저항

$$R_{th} = 2.4 + \frac{1.2 \times 1.2}{1.2+1.2} = 3[\Omega]$$

---

91 단순 계산형   난이도 下

정답 ①

접근 POINT

전압원과 직렬로 접속된 저항의 여러 조가 병렬로 접속되어 있는 경우, 밀만의 정리를 적용할

수 있다.

해설

밀만의 정리를 적용하면 다음과 같다.
(1) 공통전압

$$V = \frac{\Sigma \dfrac{E}{R}}{\Sigma \dfrac{1}{R}} = \frac{\dfrac{2}{1} + \dfrac{4}{2} + \dfrac{6}{3} + \dfrac{0}{3}}{\dfrac{1}{1} + \dfrac{1}{2} + \dfrac{1}{3} + \dfrac{1}{3}} = 2.77[\text{V}]$$

(2) 전류 $I = \dfrac{V}{R} = \dfrac{2.77}{3} = 0.92[\text{A}]$

---

92 단순 암기형   난이도 下

정답 ④

접근 POINT

RL회로, RC회로의 시정수를 구분한다.

공식 CHECK

(1) RL회로의 시정수: $\tau = \dfrac{L}{R}[\text{s}]$

(2) RC회로의 시정수: $\tau = RC[\text{s}]$

해설

주어진 회로의 합성저항은 $R = R_1 + R_2$이므로, 회로의 시정수는 다음과 같다.

$$\tau = \frac{L}{R_1 + R_2}$$

대표유형 ❷
전기기기
28쪽

01	02	03	04	05	06	07	08	09	10
③	②	④	②	④	②	①	①	④	②
11	12	13	14	15	16	17	18	19	20
③	①	②	④	①	④	②	④	③	④
21	22	23	24	25	26	27	28	29	
③	②	④	③	③	③	②	①	②	

01 단순 계산형
난이도 下

┃ 정답 ③

┃ 접근 POINT

직류기의 유도 기전력 관계식에 주어진 조건을 대입하여 계산한다.

┃ 공식 CHECK

(1) 유도 기전력

$$E = pZ\varnothing \frac{N}{60a}[\text{V}]$$

p =극수, Z =전 도체수,

$\varnothing$ =극당 자속$[wb]$, N =회전속도$[\text{rpm}]$,

a =병렬회로수

(2) 병렬회로수

① 단중 파권 $a = 2$

② 단중 중권 $a = p$(극수)

┃ 해설

$$E = pZ\varnothing \frac{N}{60a} = 4 \times 500 \times 0.01 \times \frac{1,800}{60 \times 2}$$

$$= 300[\text{V}]$$

02 단순 암기형
난이도 下

┃ 정답 ②

┃ 접근 POINT

권선은 어떤 재질로 구성되는지 알면 바로 답을 고를 수 있다.

┃ 해설

전기기기에서 생기는 손실 중 권선의 저항에 의하여 생기는 손실은 '동손'이다.

03 단순 암기형
난이도 下

┃ 정답 ④

┃ 접근 POINT

직류를 사용하고 토크가 에너지원이 된다는 것은 특수 직류기를 의미한다.

┃ 해설

지문에서 말하는 전기식 직류 증폭기기에 해당되는 것은 앰플리다인이다.

앰플리다인은 직류 증폭 발전기(특수 직류기)로, 계자 전압에 작은 전압의 변화를 주어 큰 전력변화로 증폭한다.

04 단순 암기형
난이도 下

┃ 정답 ②

┃ 접근 POINT

제동법에 대한 종류를 숙지해야 한다.

해설

직류전동기의 제동법에는 발전제동, 회생제동, 역전(역상)제동이 있다.

---

05 단순 암기형　　　　　난이도 下

정답　④

접근 POINT

동기발전기의 병렬운전 조건을 숙지해야 한다.

해설

동기발전기 병렬운전 조건
(1) 기전력의 주파수가 같을 것
(2) 기전력의 위상이 같을 것
(3) 기전력의 파형이 같을 것
(4) 기전력의 크기가 같을 것
(5) 상회전 방향 및 각 변위가 같을 것

---

06 복합 계산형　　　　　난이도 中

정답　②

접근 POINT

철손은 고정손, 동선은 가변손으로 부하와 어떤 관계가 있는지 구분해야 한다.

해설

부하율을 m, 사용시간을 T라 할 때, 철손은 무부하손으로 철손에 대한 손실량은 부하에 관계없이 시간 T에 대해 발생하며, 동손은 부하손으로 동손에 대한 손실량은 $m^2\,T$에 비례하여 발생한다.

(1) 철손에 대한 손실량
$$P_i = 4 \times 7.5 = 30[\text{Wh}]$$

(2) 동손에 대한 손실량

① 2시간 전부하에 대한 손실량
$$1^2 \times 2 \times 16 = 32[\text{Wh}]$$

② 2시간 $\dfrac{1}{2}$ 부하에 대한 손실량
$$\left(\frac{1}{2}\right)^2 \times 2 \times 16 = 8[\text{Wh}]$$

③ 전체 동손에 대한 손실량
$$P_c = 32 + 8 = 40[\text{Wh}]$$

따라서, 전손실 전력량은 $30 + 40 = 70[\text{Wh}]$가 된다.

---

07 단순 계산형　　　　　난이도 下

정답　①

접근 POINT

권수비를 이용하여 변압기 2차 상전압을 계산하고, 단상 반파 정류회로의 직류 전압 관계식을 적용한다.

공식 CHECK

다이오드 정류회로의 직류전압
(1) 단상 반파 정류회로 $E_d = 0.45E$
(2) 단상 전파 정류회로 $E_d = 0.9E$
(3) 3상 반파 정류회로 $E_d = 1.17E$
(4) 3상 전파 정류회로 $E_d = 1.35E_l$
여기서, E = 변압기 2차 상전압,
E_l = 변압기 2차 선간전압

| 해설

(1) 변압기 2차 교류전압의 실횻값

$$V_2 = \frac{V_1}{a} = \frac{110}{8} = 13.75[\text{V}]$$

(2) 단상 반파정류 회로의 직류 전압

$$E_d = 0.45\,V_2 = 0.45 \times 13.75 = 6.19[\text{V}]$$

08 단순 암기형 난이도 下

| 정답 ①

| 접근 POINT

변압기 내부 보호용으로 사용되는 계전기를 숙지해야 한다.

| 해설

변압기 내부 보호에 사용되는 주요 계전기로 비율 차동 계전기 또는 차동계전기, 브흐홀츠 계전기 등이 있다.

09 단순 계산형 난이도 下

| 정답 ④

| 접근 POINT

단권변압기의 자기용량과 부하용량의 비를 활용한다.

| 공식 CHECK

자기용량과 부하용량의 비

$$\frac{\text{자기용량}}{\text{부하용량}} = \frac{V_h - V_l}{V_h}$$

V_h = 고압, V_l = 저압

| 해설

자기용량과 부하용량의 비 관계식에 의거하여 부하용량을 계산하면 다음과 같다.

(1) 부하용량 = 자기용량 $\times \dfrac{V_h}{V_h - V_l}$

$$= 10 \times \frac{3,300}{3,300 - 3,000} = 110[\text{kVA}]$$

(2) 부하용량[kW] = $110 \times 0.8 = 88[\text{kW}]$

10 단순 암기형 난이도 下

| 정답 ②

| 접근 POINT

변류기와 계기용 변압기의 2차측 조치사항을 구분하여 기억해야 한다.

| 해설

변류기 2차측의 점검 또는 교체시에는 변류기 2차측을 단락시킨 상태에서 진행되어야 한다.

계기용 변압기 2차측의 점검 또는 교체시에는 계기용 변압기의 2차측을 개방시킨 상태에서 진행되어야 한다.

11 단순 암기형 난이도 下

| 정답 ③

| 접근 POINT

각 결선에 대한 특징을 고려한다.

▌해설

Y결선은 지락사고 발생시 제3고조파가 발생하여 통신선에 영향을 주며, △결선은 제3고조파가 결선 내를 순환하므로 통신선에 영향을 주지 않는다. 따라서, 변압기의 1차와 2차측이 모두 Y결선으로 된 Y-Y결선은 제3고조파가 발생하여 통신선에 영향을 준다.

12 단순 계산형　　　　　　난이도 下

▌정답　①

▌접근 POINT

변압기 권수비 관계식에 주어진 조건을 대입하여 계산한다.

▌공식 CHECK

$$a = \frac{N_1}{N_2} = \frac{E_1}{E_2} = \frac{V_1}{V_2} = \frac{I_2}{I_1} = \sqrt{\frac{Z_1}{Z_2}} = \sqrt{\frac{X_1}{X_2}} = \sqrt{\frac{R_1}{R_2}}$$

▌해설

권수비 $a = \sqrt{\frac{R_1}{R_2}} = \sqrt{\frac{288}{8}} = 6$

13 단순 계산형　　　　　　난이도 下

▌정답　②

▌접근 POINT

변압기의 권수비 관계를 이용한다.

▌공식 CHECK

$$a = \frac{N_1}{N_2} = \frac{E_1}{E_2} = \frac{V_1}{V_2} = \frac{I_2}{I_1} = \sqrt{\frac{Z_1}{Z_2}} = \sqrt{\frac{X_1}{X_2}} = \sqrt{\frac{R_1}{R_2}}$$

▌해설

권수비 관계 $a = \frac{N_1}{N_2} = \frac{V_1}{V_2}$ 에서, 1차측 단자 전압은 다음과 같다.

$$V_1 = \frac{N_1}{N_2} \times V_2 = \frac{10}{300} \times 1,500 = 50\,[\text{V}]$$

14 단순 암기형　　　　　　난이도 下

▌정답　④

▌접근 POINT

3상에서 6상을 얻을 수 있는 결선법, 3상에서 2상을 얻을 수 있는 결선법을 구분한다.

▌해설

(1) 3상에서 6상 전압을 얻을 수 있는 결선방법
　　① 2중 Y결선
　　② 2중 △결선
　　③ 대각 결선
　　④ 포크 결선
　　⑤ 환상 결선
(2) 3상에서 2상 전압을 얻을 수 있는 결선방법
　　① 메이어 결선
　　② 우드브릿지 결선
　　③ 스코트 결선

15 단순 암기형 　　　난이도 下

정답 ①

접근 POINT

Y결선은 △결선에 비해 기동전압, 기동전류, 기동토크가 몇 배가 되는지 생각해 본다.

해설

Y결선은 △결선에 비해 기동전압이 $\frac{1}{\sqrt{3}}$ 배, 기동전류와 기동토크는 $\frac{1}{3}$ 배가 된다.

상세해설

3상 유도 전동기에서 토크는 상전압의 제곱에 비례한다.

그러므로, 유도 전동기로 공급되는 선간전압을 V_l이라 할 때, 각 결선에 대한 토크의 관계는 다음과 같다.

(1) Y결선으로 운전할 때의 토크

　① 상전압 $V_p = \frac{1}{\sqrt{3}} V_l$

　② 토크 관계 $T_Y \propto V_p^2 = \frac{1}{3} V_l^2$

(2) △결선으로 운전할 때의 토크

　① 상전압 $V_p = V_l$

　② 토크 관계 $T_\Delta \propto V_p^2 = V_l^2$

따라서, $T_Y = \frac{1}{3} T_\Delta$ 또는 $T_\Delta = 3 T_Y$의 관계가 성립한다.

16 단순 계산형 　　　난이도 下

정답 ④

접근 POINT

회전자 속도의 언급이 있으므로, 유도전동기의 회전속도 관계식을 활용한다.

공식 CHECK

유도전동기 회전속도 관계식

$N = (1 - s) N_s [\mathrm{rpm}]$

$s = $슬립, $N_s = $동기속도$[\mathrm{rpm}]$

해설

유도전동기의 동기속도는 다음과 같다.

$$N_s = \frac{N}{1 - s} = \frac{1,700}{1 - 0.056} = 1,800.85 [\mathrm{rpm}]$$

17 단순 암기형 　　　난이도 下

정답 ②

접근 POINT

Y결선은 △결선에 비해 기동전압, 기동전류, 기동토크가 몇 배가 되는지 생각해 본다.

해설

Y결선은 △결선에 비해 기동전압이 $\frac{1}{\sqrt{3}}$ 배, 기동전류와 기동토크는 $\frac{1}{3}$ 배가 된다.

상세해설

기동전류는 기동시에 전동기로 공급되는 전류로, 선전류에 해당한다.

3상 유도전동기로 공급되는 선간전압을 V_l이라 할 때,

각 결선에 대한 기동전류는 다음과 같다.

(1) Y결선시의 기동전류 I_1

　① 상전류 $I_p = \dfrac{V_p}{Z} = \dfrac{V_l}{\sqrt{3}\,Z}$[A]

　② 기동전류 $I_1 = I_p = \dfrac{V_l}{\sqrt{3}\,Z}$[A]

(2) △결선시의 기동전류 I_2

　① 상전류 $I_p = \dfrac{V_p}{Z} = \dfrac{V_l}{Z}$[A]

　② 기동전류 $I_2 = \sqrt{3}\,I_p = \dfrac{\sqrt{3}\,V_l}{Z}$[A]

그러므로, 각 결선의 기동전류 I_1, I_2의 비를 나타내면 다음과 같다.

$$\dfrac{I_1}{I_2} = \dfrac{\dfrac{V_l}{\sqrt{3}\,Z}}{\dfrac{\sqrt{3}\,V_l}{Z}} = \dfrac{1}{3}$$

따라서, $I_1 = \dfrac{1}{3} I_2$의 관계가 성립한다.

18 단순 암기형   난이도 下

▌정답　④

▌접근 POINT

농형은 비례추이를 적용할 수 없다.

▌해설

농형 유도전동기의 특징

(1) 권선형에 비해 구조가 견고하다.

(2) 권선형에 비해 보수가 용이하다.

(3) 취급이 쉽고 효율이 좋다.

(4) 기동특성이 좋지 않다. (기동전류가 크고, 기동토크가 작다.)

권선형 유도전동기의 특징

(1) 비례추이 특성을 이용한다.

(2) 속도조정이 용이하다.

(3) 기동특성이 좋다. (기동전류가 작고, 기동토크가 크다.)

19 단순 암기형   난이도 下

▌정답　③

▌접근 POINT

2차 저항제어는 슬립이 저항에 비례하는 성질을 활용한 것으로, 이것을 다르게 어떤 말로 표현하는지 생각해 본다.

▌해설

3상 유도전동기의 기동법 중에서 2차 저항제어법은 비례추이를 이용한 방법이다.

20 단순 암기형   난이도 下

▌정답　④

▌접근 POINT

단상 유도전동기에서 기동토크가 큰 순서를 기억해야 한다.

┃해설

단상 유도전동기의 기동토크가 큰 순서

(1) 반발 기동형

(2) 반발 유도형

(3) 콘덴서 기동형

(4) 분상기동형

(5) 셰이딩 코일형

21 단순 암기형   난이도 下

┃정답   ③

┃접근 POINT

농형 유도전동기와 권선형 유도전동기의 기동법을 구분한다.

┃해설

농형 유도전동기의 기동법

① 전전압 기동법(직입 기동법)

② Y-△ 기동법

③ 리액터 기동법

④ 기동 보상기법

권선형 유도전동기의 기동법

① 2차 저항 기동법

② 2차 임피던스 기동법

22 단순 암기형   난이도 下

┃정답   ②

┃접근 POINT

변압기를 사용하는 이유는 권수비를 활용하기 위함임을 생각해 본다.

┃해설

3상 직권 정류자 전동기의 중간 변압기 사용 이유

① 경부하 시 속도의 이상 상승 방지

② 권수비를 변화시켜 전동기의 특성 조정

③ 정류에 알맞은 회전자 전압 선택

23 단순 암기형   난이도 下

┃정답   ④

┃접근 POINT

지문을 보았을 때, 측정값을 직접적으로 측정하는 언급이 없음을 체크해야 한다.

┃해설

피측정량과 일정한 관계가 있는 몇 개의 서로 독립된 값을 측정하고 그 결과로부터 계산에 의하여 피측정량을 구하는 방법을 간접측정법이라 한다.

┃응용

직접측정법은 계측기로 측정하고자 하는 양을 직접 측정기로 측정하는 방법이다.

24 단순 암기형   난이도 下

┃정답   ③

┃접근 POINT

각 계기를 가지고 어떠한 것을 측정할 수 있는지 체크할 필요가 있다.

┃해설

메거는 절연저항을 측정한다.

25 단순 암기형 난이도 下

┃정답 ③

┃접근 POINT

각 계기를 가지고 어떠한 것을 측정할 수 있는지 체크할 필요가 있다.

┃해설

전지의 내부 저항이나 전해액의 도전율 측정에 사용되는 것은 전해액의 저항을 측정하는 콜라우시 브리지법이 있다.

┃관련개념

(1) 캘빈 더블 브리지: 굵은 나전선의 저항 측정
(2) 휘스톤 브리지: 수천 옴의 가는 전선의 저항 측정
(3) 콜라우시 브리지: 전해액의 저항 측정
(4) 메거: 절연저항 측정

26 단순 암기형 난이도 下

┃정답 ③

┃접근 POINT

절연저항은 그 값이 대단히 커야 하며, 일반적인 단위로 [MΩ]을 사용한다는 것을 생각해 보자.

┃해설

절연저항을 측정할 때에는 메거가 사용된다.

27 단순 암기형 난이도 下

┃정답 ②

┃접근 POINT

가동 철편형은 내부의 철편이 움직이는 것을 의미하는데, 이것이 회전을 의미하지는 않는다.

┃해설

가동 철편형 계기는 전류에 의한 자기장에서 고정 철편과 가동 철편 사이에 작용하는 힘을 이용하는 것으로, 흡인형, 반발형, 반발흡인형이 있다.

28 단순 암기형 난이도 下

┃정답 ①

┃접근 POINT

각 지시계기 분류에 대한 명칭을 보면 무엇을 이용하여 동작하는지 체크할 수 있다.

┃해설

열전형 계기는 전류의 열작용에 의한 금속선의 팽창 또는 종류가 다른 금속의 접합점의 온도차에 의한 열기전력으로 가동코일형 계기를 동작하게 하는 계기이다.

29 단순 암기형

난이도 下

▍정답 ②

▍접근 POINT

전류의 누설이 발생하면 누설전류에 의한 자속이 발생한다. 이를 감지해서 동작할 수 있는 장치가 무엇이 있는지 생각해 본다.

▍해설

전기화재의 원인이 되는 누설전류를 검출하기 위해 영상변류기를 사용한다.

대표유형 ❸

제어공학 34쪽

01	02	03	04	05	06	07	08	09	10
②	④	④	④	②	②	③	①	①	④
11	**12**	**13**	**14**	**15**	**16**	**17**	**18**	**19**	**20**
①	③	④	④	③	②	④	①	②	④
21	**22**	**23**	**24**	**25**	**26**	**27**	**28**	**29**	**30**
①	④	④	④	①	①	②	④	④	②
31	**32**	**33**	**34**	**35**	**36**	**37**	**38**	**39**	**40**
③	③	①	④	④	②	①	④	①	②
41	**42**	**43**	**44**	**45**	**46**	**47**	**48**	**49**	**50**
②	①	③	④	②	④	④	①	①	①
51	**52**	**53**	**54**	**55**	**56**	**57**	**58**		
②	②	①	④	③	③	①	④		

---

01 단순 암기형

난이도 下

▍정답 ②

▍접근 POINT

개루프 제어계 및 폐루프 제어계의 간단한 계통도를 숙지해야 접근이 가능하다.

▍해설

개루프 제어계의 신호전달 계통도

02 단순 암기형 난이도 下

정답 ④

접근 POINT

정해진 순서에 따라 순차적으로 진행되는 제어 방식이 핵심 문구가 된다.

해설

미리 정해 놓은 순서에 따라 각 단계가 순차적으로 진행되는 제어방식을 '시퀀스제어'라 한다.

03 단순 암기형 난이도 下

정답 ④

접근 POINT

시퀀스제어는 순차적으로 동작하는 제어이다.

해설

시퀀스제어는 미리 정해진 순서에 따라 각 단계가 순차적으로 진행되므로, 전체 시스템에 연결된 접점들이 일시에 동작할 수 없다.

관련개념

시퀀스제어의 특징

① 기계적 계전기 접점이 사용된다.
② 논리회로가 조합 사용된다.
③ 시간 지연요소가 사용된다.
④ 미리 정해진 순서에 따라 각 단계가 순차적으로 진행된다.

04 단순 암기형 난이도 下

정답 ②

접근 POINT

정확성이 증가한다는 것은 그 결과에 대한 값을 수정할 수 있음을 의미한다.
결과에 대한 값을 수정한다는 것은 그 값을 앞으로 되돌린다는 의미가 될 것이다.

해설

지문에 주어진 설명에 대한 제어는 피드백(폐회로)제어에 해당한다.

관련개념

피드백(폐회로)제어의 특징

① 오차를 교정할 수 있다.
② 정확성과 감대폭(대역폭)이 증가한다.
③ 계의 특성변화에 대한 입력 대 출력비의 감도가 감소한다.
④ 발진을 일으키고 불안정한 상태로 되어가는 경향이 있다.

05 단순 암기형 난이도 下

정답 ④

접근 POINT

폐루프는 개루프와 달리 입력과 출력의 차이를 교정할 수 있다.
차이를 교정하기 위해서 어떤 장치가 필요할지 생각해 본다.

┃ **해설**

개루프 제어와 비교하여 폐루프 제어에서 반드시 필요한 부분은 검출부로, 기준입력신호와 주궤환신호를 비교하는 장치가 된다.

06 단순 암기형　　　　　난이도 下

┃ **정답**　②

┃ **접근 POINT**

피드백제어는 출력값을 수정할 수 있어 입력과 출력의 차를 줄일 수 있다.

┃ **해설**

피드백(폐회로)제어의 특징

① 오차를 교정할 수 있다.
② 정확성과 감대폭(대역폭)이 증가한다.
③ 계의 특성변화에 대한 입력 대 출력비의 감도가 감소한다.
④ 발진을 일으키고 불안정한 상태로 되어가는 경향이있다.

07 단순 암기형　　　　　난이도 下

┃ **정답**　③

┃ **접근 POINT**

제어요소는 입력 신호를 조절하여 제어대상이 원하는 동작을 하도록 조작한다.

┃ **해설**

제어요소는 조절부와 조작부로 구성되며, 동작

신호를 조작량으로 변화시킨다.

┃ **관련개념**

피드백(폐회로)제어계 구성도

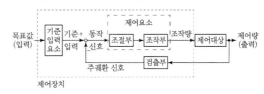

08 단순 암기형　　　　　난이도 下

┃ **정답**　①

┃ **접근 POINT**

제어요소는 입력신호를 조절하여 제어대상이 원하는 동작을 하도록 조작한다.

┃ **해설**

제어요소는 조절부와 조작부로 구성되며, 동작신호를 조작량으로 변화시킨다.

09 단순 암기형　　　　　난이도 下

┃ **정답**　①

┃ **접근 POINT**

제어요소는 입력신호를 조절하여 제어대상이 원하는 동작을 하도록 조작한다.

┃ **해설**

제어요소가 제어대상에 가하는 제어신호로 제어장치의 출력인 동시에 제어대상의 입력이 되는 것은 조작량에 해당한다.

10 단순 암기형 　　　난이도 下

▌정답 ④

▌접근 POINT

제어요소는 입력신호를 조절하여 제어대상이
원하는 동작을 하도록 조작한다.

▌해설

제어요소는 조절부와 조작부로 구성되며, 동작
신호를 조작량으로 변화시킨다.

11 단순 암기형 　　　난이도 下

▌정답 ①

▌접근 POINT

제어량의 어떤 수치값을 일정하게 유지하는 의
미를 갖는 단어를 살펴보자.

▌해설

제어량을 일정한 목표값으로 유지하는 것을 목
적으로 하는 제어를 정치제어라고 한다.

▌관련개념

제어목적에 의한 분류

(1) 정치제어: 제어량을 일정한 값으로 유지하
　　는 것을 목적으로 하는 제어
(2) 프로그램제어: 목표값이 시간에 따라 변화
　　할 때, 미리 짜여진 프로그램에 따라 제어량
　　을 변화시키는 제어
(3) 추종(서보)제어: 목표값이 시간에 따라 변화
　　할 때, 변화가 임의로 나타나는 경우에 제어
　　량을 목표값에 추종시키는 제어

(4) 비율제어: 목표값이 어떤 비율관계에 따라
　　변화하는 경우의 제어

12 단순 암기형 　　　난이도 下

▌정답 ③

▌접근 POINT

주궤환 신호는 피드백 신호를 의미한다. 즉, 출
력값이 입력측으로 되돌아 가는 것을 말하며,
이를 위한 부분이 어디인지 생각해 본다.

▌해설

제어대상에서 제어량을 측정하고 검출하여 주
궤환 신호를 만드는 것을 검출부라고 한다.

▌관련개념

피드백(폐회로)제어계 구성도

13 단순 암기형 　　　난이도 下

▌정답 ④

▌접근 POINT

제어목적에 따라 어떻게 제어계가 분류가 되는
지 체크해야 한다.

▌해설

서보제어는 목표값의 변화가 임의로 나타나는

경우에 제어량을 목표값에 추종시키는 제어로, 제어량을 일정한 목표값으로 유지시키는 정치제어와는 성격이 다르다.

▎관련개념

제어목적에 의한 분류

(1) 정치제어: 제어량을 일정한 값으로 유지하는 것을 목적으로 하는 제어
(2) 프로그램제어: 목표값이 시간에 따라 변화할 때, 미리 짜여진 프로그램에 따라 제어량을 변화시키는 제어
(3) 추종(서보)제어: 목표값이 시간에 따라 변화할 때, 변화가 임의로 나타나는 경우에 제어량을 목표값에 추종시키는 제어
(4) 비율제어: 목표값이 어떤 비율관계에 따라 변화하는 경우의 제어

14 │ 단순 암기형   난이도 下

▎정답   ④

▎접근 POINT

지문에 답이 있는 문제이므로, 다시 한번 주어진 지문을 체크한다.

▎해설

목표값이 어떤 비율관계에 따라 변화하는 경우의 제어를 비율제어라고 한다.

15 │ 단순 암기형   난이도 下

▎정답   ③

▎접근 POINT

지문에 답이 있는 문제이므로, 다시 한번 주어진 지문을 체크한다.

▎해설

제어 목표에 의한 분류 중 미지의 임의 시간적 변화를 하는 목표값에 제어량을 추종시키는 것을 목적으로 하는 제어를 추종제어 또는 서보제어라 한다.

16 │ 단순 암기형   난이도 下

▎정답   ②

▎접근 POINT

서보기구는 기계적 변위를 제어량으로 한다.

▎해설

서보기구는 서보(추종)제어를 하는 기구로, 기계적 변위에 대한 위치, 방위, 자세 등을 제어한다.

▎관련개념

제어량 종류에 따른 제어

(1) 프로세스(공정) 제어
   ① 화학플랜트나 생산공정에 대한 상태량을 제어량으로 하는 제어
   ② 제어량: 온도, 압력, 액위, 습도, 유량, 밀도 등

(2) 자동조정(정치)제어
   ① 전기적, 기계적 양을 일정하게 유지하는 제어
   ② 제어량: 전압, 전류, 주파수, 회전속도 등
(3) 서보(추종)제어
   ① 기계적 변위를 제어량으로 하는 제어
   ② 제어량: 위치, 방위, 자세 등

17 단순 암기형 난이도 下

▮ 정답 ④

▮ 접근 POINT
서보전동기는 필요한 값에 대해 즉각적으로 조정할 수 있도록 동작하는 전동기이다.

▮ 해설
서보전동기는 일반적인 전동기와 달리 빈번하게 변화하는 위치나 속도의 명령값에 대해 신속하고 정확하게 추종할 수 있도록 설계된 전동기이다.
따라서, 서보전동기는 각 명령값에 대해 동작을 조작하므로, 조작부에 해당한다.

18 단순 암기형 난이도 下

▮ 정답 ①

▮ 접근 POINT
잔류편차를 제거할 수 있는 제어동작이 무엇인지 생각해 본다.

▮ 해설
잔류편차가 있는 제어는 '비례 제어'이다.

▮ 관련개념
연속제어의 종류 및 특징
① 비례 제어: 동작속도가 늦고 잔류편차 발생
② 미분 제어: 오차의 변화를 억제, 속응성 향상
③ 적분 제어: 잔류편차 감소
④ 비례 미분 제어: 응답 속응성 개선
⑤ 비례 적분 제어: 잔류편차 제거 및 정상특성 개선
⑥ 비례 적분 미분 제어: 오차억제, 잔류편차 제거, 응답 속응성 개선

19 단순 암기형 난이도 下

▮ 정답 ②

▮ 접근 POINT
진동은 목표하는 값에 대한 오차로, 이를 억제하기 위해서는 어떤 특성의 동작이 필요한지 생각해본다.

▮ 해설
진동은 동작에 있어서 오차에 해당하며, 진동을 억제시키기 위해서는 오차의 변화를 억제하는 미분제어동작이 가장 효과적이다.

20 단순 암기형 　　　　난이도 下

정답　④

접근 POINT

제어동작에 따른 동작명을 보면서 주어진 동작이 옳은 것인지 다시 체크한다.

해설

비례동작은 이름 그대로 제어동작신호에 비례하는 조절신호를 만드는 제어동작이다.

21 단순 암기형 　　　　난이도 下

정답　①

접근 POINT

PI동작과 PD동작에 어떤 보상요소가 대응되는지 구분할 필요가 있다.

해설

(1) PI제어동작에 대응하는 보상요소: 지상보상요소
(2) PD제어동작에 대응하는 보상요소: 진상보상요소
(3) PID제어동작에 대응하는 보상요소: 진상지상보상요소

22 단순 암기형 　　　　난이도 下

정답　④

접근 POINT

각 제어 동작에 대해 어떤 기능을 할 수 있는지 체크할 필요가 있다.

해설

비례 미분 제어 동작은 응답 속응성을 개선하는 특징을 갖는다.

관련개념

연속제어의 종류 및 특징
① 비례 제어: 동작속도가 늦고 잔류편차 발생
② 미분 제어: 오차의 변화를 억제, 속응성 향상
③ 적분 제어: 잔류편차 감소
④ 비례 미분 제어: 응답 속응성 개선
⑤ 비례 적분 제어: 잔류편차 제거 및 정상특성 개선
⑥ 비례 적분 미분 제어: 오차억제, 잔류편차 제거, 응답 속응성 개선

23 단순 계산형 　　　　난이도 下

정답　②

접근 POINT

각 동작에 대해 전달함수가 어떻게 표현되는지 체크할 필요가 있다.

제어요소의 전달함수 $G(s)$

(1) 비례요소: k

(2) 미분요소: $k T_d s$

(3) 적분요소: $\dfrac{k}{T_i s}$

(4) 비례미분요소: $k + k T_d s = k(1 + T_d s)$

(5) 비례적분요소: $k + \dfrac{k}{T_i s} = k(1 + \dfrac{1}{T_i s})$

(6) 비례적분미분요소:

$$k + k T_d s + \frac{k}{T_i s} = k(1 + T_d s + \frac{1}{T_i s})$$

$k =$ 비례감도, $T_d =$ 미분시간, $T_i =$ 적분시간

■ 해설

전달함수

$$G(s) = k(1 + \frac{1}{T_i s}) = 5 \times (1 + \frac{1}{3s})$$

$$= 5 + \frac{5}{3s}$$

$$= \frac{15s + 5}{3s}$$

24 단순 계산형   난이도 中

■ 정답   ④

■ 접근 POINT

전달함수는 입력, 출력의 라플라스 함수를 이용하여 표현한다.

■ 해설

$$\frac{d^2 c(t)}{dt^2} + 3\frac{dc(t)}{dt} + 2c(t) = \frac{dr(t)}{dt} + 3r(t)$$를

라플라스 변환하면 다음과 같다.

$$s^2 C(s) + 3s C(s) + 2C(s) = sR(s) + 3R(s)$$

$$(s^2 + 3s + 2)C(s) = (s + 3)R(s)$$

따라서, 전달함수는 다음과 같이 표현된다.

$$G(s) = \frac{C(s)}{R(s)} = \frac{s + 3}{s^2 + 3s + 2}$$

25 단순 암기형   난이도 下

■ 정답   ①

■ 접근 POINT

각 동작에 대해 전달함수가 어떻게 표현되는지 체크할 필요가 있다.

■ 공식 CHECK

제어요소의 전달함수 $G(s)$

(1) 비례요소: k

(2) 미분요소: $k T_d s$

(3) 적분요소: $\dfrac{k}{T_i s}$

(4) 비례미분요소: $k + k T_d s = k(1 + T_d s)$

(5) 비례적분요소: $k + \dfrac{k}{T_i s} = k(1 + \dfrac{1}{T_i s})$

(6) 비례적분미분요소:

$$k + k T_d s + \frac{k}{T_i s} = k(1 + T_d s + \frac{1}{T_i s})$$

$k =$ 비례감도, $T_d =$ 미분시간, $T_i =$ 적분시간

해설

x_i를 입력, x_o를 출력이라 하면, 비례적분미분 동작의 전달함수는 다음과 같이 나타낼 수 있다.

$$\frac{X_o}{X_i} = k(1 + T_d s + \frac{1}{T_i s})$$

따라서, 출력은

$$X_o = k(X_i + T_d s X_i + \frac{1}{T_i s} X_i)$$가 되며,

라플라스 역변환을 하면 다음과 같다.

$$x_o = k(x_i + T_d \frac{dx_i}{dt} + \frac{1}{T_i} \int x_i dt)$$

---

26 단순 계산형 　　　　난이도 下

정답　①

접근 POINT

개별루프 이득의 부호를 고려하여 전체 전달함수를 도출해야 한다.

해설

(1) 전향경로이득: $G(s)$
(2) 개별루프이득: $-G(s)$
(3) 전달함수

$$\frac{C(s)}{R(s)} = \frac{G(s)}{1 - (-G(s))} = \frac{G(s)}{1 + G(s)}$$

관련개념

블록선도의 전달함수

$$\frac{C(s)}{R(s)} = \frac{전향경로이득}{1 - 개별루프이득}$$

---

27 단순 계산형 　　　　난이도 下

정답　②

접근 POINT

개별루프 이득의 부호를 고려하여 전체 전달함수를 도출해야 한다.

해설

(1) 전향경로이득: $G_1(s)G_2(s)$
(2) 개별루프이득: $-G_1(s)G_2(s)G_3(s)G_4(s)$
(3) 전달함수:

$$\frac{C(s)}{R(s)} = \frac{G_1(s)G_2(s)}{1 - (-G_1(s)G_2(s)G_3(s)G_4(s))}$$
$$= \frac{G_1(s)G_2(s)}{1 + G_1(s)G_2(s)G_3(s)G_4(s)}$$

---

28 단순 계산형 　　　　난이도 下

정답　④

접근 POINT

개별루프 이득의 부호를 고려하여 전체 전달함수를 도출해야 한다.

해설

(1) 전향경로이득: $1 \times 2 \times 3 = 6$
(2) 개별루프이득:

$$-1 \times 2 \times 2 + (-1 \times 2 \times 3) = -10$$

(3) 전달함수: $\dfrac{C(s)}{R(s)} = \dfrac{6}{1 - (-10)} = \dfrac{6}{11}$

29 단순 계산형   난이도 下

정답 ④

접근 POINT

출력은 모든 입력에 대한 결과의 합이 된다.

해설

(1) R에 의한 출력 C_1

  ① 전향경로이득: $G_1 G_2$

  ② 개별루프이득: $-G_1 G_2$

  ③ 전달함수:

$$\frac{C}{R} = \frac{G_1 G_2}{1 - (-G_1 G_2)} = \frac{G_1 G_2}{1 + G_1 G_2}$$

  ③ 출력: $C_1 = \dfrac{G_1 G_2}{1 + G_1 G_2} R$

(2) D에 의한 출력 C_2

  ① 전향경로이득: G_2

  ② 개별루프이득: $-G_1 G_2$

  ③ 전달함수:

$$\frac{C}{D} = \frac{G_2}{1 - (-G_1 G_2)} = \frac{G_2}{1 + G_1 G_2}$$

  ③ 출력: $C_2 = \dfrac{G_2}{1 + G_1 G_2} D$

(3) 전체 출력

$$C = C_1 + C_2 = \frac{G_1 G_2}{1 + G_1 G_2} R + \frac{G_2}{1 + G_1 G_2} D$$

30 단순 계산형   난이도 下

정답 ②

접근 POINT

입력이 $D(s)$로 해석이 되어야 함을 체크하고, 개별루프 이득의 부호를 고려하여 전체 전달함수를 도출해야 한다.

해설

(1) 전향경로이득: 1

(2) 개별루프이득: $-G(s)H(s)$

(3) 전달함수: $\dfrac{C(s)}{D(s)} = \dfrac{1}{1 - (-G(s)H(s))}$

$$= \frac{1}{1 + G(s)H(s)}$$

31 단순 계산형   난이도 下

정답 ③

접근 POINT

두 개의 블록선도는 등가관계이므로 전달함수가 같다.

해설

블록선도 (b)의 전달함수는 '$G(s) + 1$'이 되므로, 다음과 같은 관계가 성립한다.

$$G(s) + 1 = \frac{s + 3}{s + 4}$$

따라서, $G(s)$는 다음과 같다.

$$G(s) = \frac{s + 3}{s + 4} - 1 = \frac{s + 3 - (s + 4)}{s + 4} = \frac{-1}{s + 4}$$

32 단순 계산형 난이도 中

┃ 정답 ③

┃ 접근 POINT

출력은 모든 입력에 대한 결과의 합이 된다.

┃ 해설

(1) $R(s)$에 의한 출력 $C_1(s)$

　① 전향경로이득: $G(s)$

　② 개별루프이득: $-G(s)H(s)$

　③ 전달함수:

$$\frac{C(s)}{R(s)} = \frac{G(s)}{1 - (-G(s)H(s))}$$

$$= \frac{G(s)}{1 + G(s)H(s)}$$

　④ 출력: $C_1(s) = \dfrac{G(s)}{1 + G(s)H(s)} R(s)$

(2) $D(s)$에 의한 출력 $C_2(s)$

　① 전향경로이득: 1

　② 개별루프이득: $-G(s)H(s)$

　③ 전달함수:

$$\frac{C(s)}{D(s)} = \frac{1}{1 - (-G(s)H(s))}$$

$$= \frac{1}{1 + G(s)H(s)}$$

　④ 출력: $C_2(s) = \dfrac{1}{1 + G(s)H(s)} D(s)$

(3) 전체 출력

$$C(s) = C_1(s) + C_2(s)$$

$$= \frac{G(s)}{1 + G(s)H(s)} R(s)$$

$$+ \frac{1}{1 + G(s)H(s)} D(s)$$

33 단순 계산형 난이도 下

┃ 정답 ①

┃ 접근 POINT

병렬은 '+', 직렬은 '·'로 표기된다.

┃ 공식 CHECK

논리 대수 및 드모르간 정리

① 교환 법칙: $A + B = B + A$,

　　$A \cdot B = B \cdot A$

② 결합 법칙: $(A + B) + C = A + (B + C)$,

　　$(A \cdot B) \cdot C = A \cdot (B \cdot C)$

③ 분배 법칙: $A \cdot (B + C) = A \cdot B + A \cdot C$,

　　$A + (B \cdot C) = (A + B) \cdot (A + C)$

④ 동일 법칙: $A + A = A$, $A \cdot A = A$

⑤ 공리 법칙: $A + 0 = A$, $A \cdot 0 = 0$,

　　$A + 1 = 1$, $A \cdot 1 = A$, $A + \overline{A} = 1$,

　　$A \cdot \overline{A} = 0$

⑥ 부정 법칙: $\overline{\overline{A}} = A$, $\overline{\overline{1}} = 1$, $\overline{\overline{0}} = 0$

⑦ 드 모르간 정리: $\overline{A \cdot B} = \overline{A} + \overline{B}$,

　　$\overline{A + B} = \overline{A} \cdot \overline{B}$

┃ 해설

$$(A + B) \cdot (A + C)$$

$$= A \cdot A + A \cdot C + A \cdot B + B \cdot C$$

$$= A + A \cdot C + A \cdot B + B \cdot C$$

$$= A(1 + C + B) + B \cdot C = A + B \cdot C$$

34 단순 암기형 난이도 下

▎정답 ②

▎접근 POINT
주어진 회로는 A, B가 모두 동작해야 출력이 나타날 수 있다.

▎해설
주어진 회로는 A와 B의 입력이 모두 있어야 X가 동작하여 다른 출력을 발할 수 있는 회로로, AND 회로가 된다.

▎관련개념
회로의 종류
① AND 회로: 두 입력 모두 있어야 출력을 발하는 회로
② OR 회로: 두 입력 중 1개 이상이 있어야 출력을 발하는 회로
③ NAND 회로: AND 회로를 부정하는 회로
④ NOR 회로: OR 회로를 부정하는 회로
⑤ EOR 회로: 두 입력의 상태가 다를 경우에만 출력을 발하는 회로
⑥ ENOR 회로: 두 입력이 동시에 0이거나 1일 때만 출력을 발하는 회로

35 단순 암기형 난이도 下

▎정답 ④

▎접근 POINT
병렬은 '+', 직렬은 '·'로 표기된다.

▎해설
병렬요소는 '+'으로, 직렬요소는 '·'로 나타낼 수 있으므로, 주어진 시퀀스 회로의 논리식은 다음과 같다.
$$C = (A + C) \cdot \overline{B}$$

36 단순 암기형 난이도 下

▎정답 ②

▎접근 POINT
회로를 동작하기 위한 PB-on은 손으로 조작하면 눌러졌다가 다시 원래대로 복귀하는 성질을 갖는다. 이를 이용해서 회로를 지속적으로 동작시키려면 어떤 것이 필요할지 생각해 본다.

▎해설
회로의 입력을 그 회로에 있는 계전기의 순시 a 접점이 유지해 주는 것을 자기유지회로라 하며, 입력접점에 병렬로 시설된다.

37 단순 계산형 난이도 下

▎정답 ①

▎접근 POINT
병렬은 '+', 직렬은 '·'로 표기된다.

▎공식 CHECK
논리 대수 및 드모르간 정리
① 교환 법칙: $A + B = B + A$,
  $A \cdot B = B \cdot A$

② 결합 법칙: $(A+B)+C = A+(B+C)$,
$(A \cdot B) \cdot C = A \cdot (B \cdot C)$

③ 분배 법칙: $A \cdot (B+C) = A \cdot B + A \cdot C$,
$A + (B \cdot C) = (A+B) \cdot (A+C)$

④ 동일 법칙: $A+A=A$, $A \cdot A = A$

⑤ 공리 법칙: $A+0=A$, $A \cdot 0 = 0$,
$A+1=1$, $A \cdot 1 = A$, $A + \overline{A} = 1$,
$A \cdot \overline{A} = 0$

⑥ 부정 법칙: $\overline{\overline{A}} = A$, $\overline{\overline{1}} = 1$, $\overline{\overline{0}} = 0$

⑦ 드모르간 정리: $\overline{A \cdot B} = \overline{A} + \overline{B}$,
$\overline{A+B} = \overline{A} \cdot \overline{B}$

┃ 해설

$XY + X\overline{Y} + \overline{X}Y$
$= X(Y+\overline{Y}) + \overline{X}Y$
$= X + \overline{X}Y = (X+\overline{X})(X+Y)$
$= X+Y$

38 단순 계산형　　　난이도 下

┃ 정답　④

┃ 접근 POINT

병렬은 '+', 직렬은 '·'로 표기된다.

┃ 해설

$X+YZ = (X+Y)(X+Z)$

39 단순 암기형　　　난이도 下

┃ 정답　①

┃ 접근 POINT

회로를 동작하기 위한 PB-on은 손으로 조작하면 눌려졌다가 다시 원래대로 복귀하는 성질을 갖는다.
이를 이용해서 회로를 지속적으로 동작시키려면 자기유지가 필요하며, 이 자기유지가 PB-on과 어떻게 접속이 되어야 할지 생각해 본다.

┃ 해설

회로의 입력을 그 회로에 있는 계전기의 순시 a접점이 유지해 주는 것을 자기유지회로라 하며, 입력접점에 병렬로 시설된다.
주어진 시퀀스 제어회로를 보아 입력은 ⓑ(푸시버튼)이며, 이에 병렬로 접속된 순시 a접점인 ⓐ가 자기유지 기능의 접점이 된다.

40 단순 암기형　　　난이도 下

┃ 정답　②

┃ 접근 POINT

입력단자측의 다이오드 방향과 트랜지스터의 유무를 확인한다.

┃ 해설

다이오드로 표현하는 무접점 회로는 다음과 같은 요소를 통해 어떤 회로인지 파악이 가능하다.
(1) 입력부의 다이오드 방향의 의미
　　① 좌측을 향하는 경우: AND

② 우측을 향하는 경우: OR
(2) 트랜지스터의 의미 NOT
　　① 입력부 다이오드 방향 좌측+트랜지스터:
　　　NAND
　　② 입력부 다이오드 방향 우측+트랜지스터:
　　　NOR
지문에 주어진 회로는 입력부의 다이오드 방향
이 우측을 향하고, 트랜지스터는 존재하지 않으
므로 OR 회로가 된다.

OR 회로는 여러 입력 중에 하나 이상의 입력만
있으면 출력을 발하는 회로로, 두 개의 입력이
$+5[V]$이므로, 출력 또한 $+5[V]$가 된다.

---

41 단순 암기형　　　　　　난이도 下

정답　②

접근 POINT

입력 단자측의 다이오드 방향과 트랜지스터의
유무를 확인한다.

해설

다이오드로 표현하는 무접점 회로는 다음과 같
은 요소를 통해 어떤 회로인지 파악이 가능하다.
(1) 입력부의 다이오드 방향의 의미
　　① 좌측을 향하는 경우: AND
　　② 우측을 향하는 경우: OR
(2) 트랜지스터의 의미 NOT
　　① 입력부 다이오드 방향 좌측+트랜지스터:
　　　NAND
　　② 입력부 다이오드 방향 우측+트랜지스터:
　　　NOR
지문에 주어진 회로는 입력부의 다이오드 방향
이 우측을 향하고, 트랜지스터는 존재하지 않으
므로 OR 회로가 된다.

---

42 단순 암기형　　　　　　난이도 下

정답　①

접근 POINT

입력 단자측의 다이오드 방향과 트랜지스터의
유무를 확인한다.

해설

다이오드로 표현하는 무접점 회로는 다음과 같
은 요소를 통해 어떤 회로인지 파악이 가능하다.
(1) 입력부의 다이오드 방향의 의미
　　① 좌측을 향하는 경우: AND
　　② 우측을 향하는 경우: OR
(2) 트랜지스터의 의미 NOT
　　① 입력부 다이오드 방향 좌측+트랜지스터:
　　　NAND
　　② 입력부 다이오드 방향 우측+트랜지스터:
　　　NOR
지문에 주어진 회로는 입력부의 다이오드 방향
이 좌측을 향하고, 트랜지스터는 존재하지 않으
므로 AND 회로가 된다.
AND 회로는 모든 입력이 있어야 출력을 발하
는 회로이며, 지문에 주어진 회로는 A만 $5[V]$
의 입력이 있으므로, 출력이 나타날 수 없다. 즉,
출력은 $0[V]$가 된다.

43 단순 암기형　　　　난이도 下

┃ 정답　③

┃ 접근 POINT

입력 단자측의 다이오드 방향과 트랜지스터의 유무를 확인한다.

┃ 해설

다이오드로 표현하는 무접점 회로는 다음과 같은 요소를 통해 어떤 회로인지 파악이 가능하다.
(1) 입력부의 다이오드 방향의 의미
　　① 좌측을 향하는 경우: AND
　　② 우측을 향하는 경우: OR
(2) 트랜지스터의 의미 NOT
　　① 입력부 다이오드 방향 좌측+트랜지스터: NAND
　　② 입력부 다이오드 방향 우측+트랜지스터: NOR

지문에 주어진 회로는 입력부의 다이오드 방향이 좌측을 향하고, 트랜지스터가 있으므로, NAND 회로가 된다.

44 단순 계산형　　　　난이도 下

┃ 정답　③

┃ 접근 POINT

OR gate는 '+', AND gate는 '·'로 표기된다.

┃ 해설

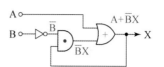

45 복합 계산형　　　　난이도 中

┃ 정답　②

┃ 접근 POINT

OR gate는 '+', AND gate는 '·'로 표기된다. 등가변환을 위해 드모르간 정리를 고려해 본다.

┃ 공식 CHECK

논리 대수 및 드모르간 정리

① 교환 법칙: $A + B = B + A$, $A \cdot B = B \cdot A$

② 결합 법칙: $(A + B) + C = A + (B + C)$, $(A \cdot B) \cdot C = A \cdot (B \cdot C)$

③ 분배 법칙: $A \cdot (B + C) = A \cdot B + A \cdot C$, $A + (B \cdot C) = (A + B) \cdot (A + C)$

④ 동일 법칙: $A + A = A$, $A \cdot A = A$

⑤ 공리 법칙: $A + 0 = A$, $A \cdot 0 = 0$, $A + 1 = 1$, $A \cdot 1 = A$, $A + \overline{A} = 1$, $A \cdot \overline{A} = 0$

⑥ 부정 법칙: $\overline{\overline{A}} = A$, $\overline{1} = 1$, $\overline{0} = 0$

⑦ 드모르간 정리: $\overline{A \cdot B} = \overline{A} + \overline{B}$, $\overline{A + B} = \overline{A} \cdot \overline{B}$

┃ 해설

주어진 논리회로의 논리식은 $Y = \overline{A} + \overline{B}$가 되며, 드모르간 정리를 이용하면 다음과 같이 표현할 수 있다.

$$Y = \overline{\overline{A+B}} = \overline{\overline{A}+\overline{B}} = \overline{A \cdot B}$$

즉, AND($A \cdot B$)를 부정하는 회로가 되어 NAND 회로가 된다.

46 단순 계산형   난이도 下

정답 ④

접근 POINT

OR gate는 '+', AND gate는 '·'로 표기된다.

해설

$$A \quad B \quad C \quad \xrightarrow{AB} \quad \xrightarrow{AB\overline{C}} \quad Y$$
$$\overline{C}$$

47 단순 계산형   난이도 下

정답 ④

접근 POINT

OR gate는 '+', AND gate는 '·'로 표기된다.

공식 CHECK

논리 대수 및 드모르간 정리

① 교환 법칙: $A + B = B + A$,
   $A \cdot B = B \cdot A$

② 결합 법칙: $(A+B)+C = A+(B+C)$,
   $(A \cdot B) \cdot C = A \cdot (B \cdot C)$

③ 분배 법칙: $A \cdot (B+C) = A \cdot B + A \cdot C$,
   $A + (B \cdot C) = (A+B) \cdot (A+C)$

④ 동일 법칙: $A + A = A$, $A \cdot A = A$

⑤ 공리 법칙: $A + 0 = A$, $A \cdot 0 = 0$,
   $A + 1 = 1$, $A \cdot 1 = A$, $A + \overline{A} = 1$,
   $A \cdot \overline{A} = 0$

⑥ 부정 법칙: $\overline{\overline{A}} = A$, $\overline{1} = 1$, $\overline{0} = 0$

⑦ 드모르간 정리: $\overline{A \cdot B} = \overline{A} + \overline{B}$,
   $\overline{A+B} = \overline{A} \cdot \overline{B}$

해설

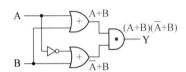

$$Y = (A+B)(\overline{A}+B)$$
$$= A\overline{A} + AB + B\overline{A} + BB$$
$$= AB + B\overline{A} + B = B(A + \overline{A} + 1) = B$$

48 단순 암기형   난이도 下

정답 ①

접근 POINT

각 회로에서 입력이 어떤 상태일 때 출력이 나타나는지 파악해야 한다.

용어 CHECK

회로의 종류

① AND 회로: 두 입력 모두 있어야 출력을 발하는 회로

② OR 회로: 두 입력 중 1개 이상이 있어야 출력을 발하는 회로

③ NAND 회로: AND 회로를 부정하는 회로

④ NOR 회로: OR 회로를 부정하는 회로

⑤ EOR 회로: 두 입력의 상태가 다를 경우에만 출력을 발하는 회로

⑥ ENOR 회로: 두 입력이 동시에 0이거나 1일 때만 출력을 발하는 회로

∥해설

입력신호 A, B가 동시에 "0" 이거나 "1" 일 때만 출력신호 X가 발하여 "1"이 되는 회로를 EXCLUSIVE NOR(ENOR)회로라 한다.

49 단순 계산형

난이도 下

∥정답 ①

∥접근 POINT

괄호가 있다면 각 요소를 분배를 해서 해석을 해 본다.

∥공식 CHECK

논리 대수 및 드모르간 정리

① 교환 법칙: $A + B = B + A$, $A \cdot B = B \cdot A$

② 결합 법칙: $(A + B) + C = A + (B + C)$, $(A \cdot B) \cdot C = A \cdot (B \cdot C)$

③ 분배 법칙: $A \cdot (B + C) = A \cdot B + A \cdot C$, $A + (B \cdot C) = (A + B) \cdot (A + C)$

④ 동일 법칙: $A + A = A$, $A \cdot A = A$

⑤ 공리 법칙: $A + 0 = A$, $A \cdot 0 = 0$, $A + 1 = 1$, $A \cdot 1 = A$, $A + \overline{A} = 1$, $A \cdot \overline{A} = 0$

⑥ 부정 법칙: $\overline{\overline{A}} = A$, $\overline{1} = 1$, $\overline{0} = 0$

⑦ 드모르간 정리: $\overline{A \cdot B} = \overline{A} + \overline{B}$,

$\overline{A + B} = \overline{A} \cdot \overline{B}$

∥해설

$A(A + B) = AA + AB = A + AB$
$= A(1 + B) = A$

50 복합 계산형

난이도 中

∥정답 ①

∥접근 POINT

전체적으로 'bar'가 씌워져 있다면 드모르간 법칙을 적용한다.

∥해설

$Y = \overline{(\overline{A} + B) \cdot \overline{B}}$
$= (\overline{\overline{\overline{A} + B}}) \cdot \overline{\overline{\overline{B}}}$
$= A \cdot \overline{B} + B$
$= (A + B) \cdot (\overline{B} + B) = A + B$

51 단순 계산형

난이도 下

∥정답 ②

∥접근 POINT

중복되는 요소는 묶어보고, 괄호가 있다면 각 요소를 분배하여 해석해 본다.

∥해설

(1) 선지① 정리

$AB + A\overline{B} = A(B + \overline{B}) = A$

(2) 선지② 정리

$$A(\overline{A}+B) = A\overline{A}+AB = AB$$

(3) 선지③ 정리

$$A(A+B) = AA+AB = A+AB$$
$$= A(1+B) = A$$

(4) 선지④ 정리

$$(A+B)(A+\overline{B})$$
$$= AA + A\overline{B} + BA + B\overline{B}$$
$$= A + A\overline{B} + BA = A(1+\overline{B}+B) = A$$

따라서, 간략화한 결과 값이 다른 것은 ②번이다.

52 단순 계산형

난이도 下

정답 ②

접근 POINT

동일법칙를 적용하면 더욱더 간단히 묶어낼 수 있다.

해설

$$Y = \overline{A}\overline{B}C + A\overline{B}\overline{C} + A\overline{B}C$$
$$= \overline{A}\overline{B}C + A\overline{B}\overline{C} + A\overline{B}C + A\overline{B}C$$
$$= \overline{B}C(\overline{A}+A) + A\overline{B}(\overline{C}+C) = \overline{B}C + A\overline{B}$$
$$= \overline{B}(C+A)$$

53 단순 계산형

난이도 下

정답 ①

접근 POINT

합(+)과 곱(·)이 괄호의 구분 없이 같이 있는 경우, 합(+)도 분배법칙을 적용할 수 있다.

해설

$$\overline{X} + XY = (\overline{X}+X)(\overline{X}+Y) = \overline{X}+Y$$

54 복합 계산형

난이도 中

정답 ④

접근 POINT

괄호가 있는 것은 분배법칙을 적용하고, 전체 'bar'가 씌워진 것은 드모르간 정리를 적용해본다.

해설

(1) 선지① 해석

$$(\overline{A}+B)(A+B)$$
$$= \overline{A}A + \overline{A}B + BA + BB$$
$$= \overline{A}B + BA + B = (\overline{A}+A+1)B = B$$

(2) 선지② 해석

$$(\overline{A}+B)\overline{B} = \overline{A}\overline{B} + B\overline{B} = \overline{A}\overline{B}$$

(3) 선지③ 해석

$$\overline{AB+AC}+\overline{A} = \overline{(A\cdot B)} + \overline{(A\cdot C)} + \overline{A}$$
$$= (\overline{A}+\overline{B})\cdot(\overline{A}+\overline{C}) + \overline{A}$$
$$= \overline{A}\overline{A} + \overline{A}\overline{C} + \overline{B}\overline{A} + \overline{B}\overline{C} + \overline{A}$$
$$= \overline{A} + \overline{A}\overline{C} + \overline{B}\overline{A} + \overline{B}\overline{C}$$
$$= \overline{A}(1+\overline{C}+\overline{B}) + \overline{B}\overline{C} = \overline{A} + \overline{B}\overline{C}$$

(4) 선지④ 해석

$$\overline{(A+B)+CD} = \overline{(\overline{A}+B)} \cdot \overline{\overline{C} \cdot \overline{D}}$$
$$= A \cdot \overline{B} \cdot \overline{C} + \overline{D}$$

따라서, 주어진 논리식 중 틀린 것은 ④번이다.

---

55 단순 계산형   난이도 下

▌정답 ③

▌접근 POINT

분배법칙을 이용하여 각 요소를 분배해 본다.

▌해설

$$(X+Y)(X+\overline{Y}) = XX + X\overline{Y} + YX + Y\overline{Y}$$
$$= X + X\overline{Y} + YX = X(1+\overline{Y}+Y) = X$$

---

56 단순 암기형   난이도 下

▌정답 ③

▌접근 POINT

전기식과 기계식을 구분하여 체크할 필요가 있다.

▌해설

주어진 선지에서, 서보 전동기, 전동 밸브, 전자 밸브는 전기식 조작기기로, 다이어프램 밸브는 기계식 조작기기로 분류된다.

---

57 단순 암기형   난이도 下

▌정답 ①

▌접근 POINT

무한진동이 일어나는 것은 감쇠(제동)의 성분이 없음을 의미한다.

▌해설

무한진동이 일어나는 감쇠율(제동비)은 $\delta = 0$ 이다.

▌관련개념

감쇠율(제동비)에 따른 과도응답

제동비 δ	과도응답 상태
$\delta < 0$	발산진동
$\delta = 0$	무한진동(무제동)
$0 < \delta < 1$	감쇠진동(부족제동)
$\delta = 1$	임계진동(임계제동)
$\delta > 1$	비진동(과제동)

---

58 단순 암기형   난이도 下

▌정답 ④

▌접근 POINT

안정도를 판별하는 일반적인 방법을 숙지할 필요가 있다.

▌해설

안정도를 판별하는 방법에는 루드, 홀비쯔, 나이퀴스트 안정 판별법이 있다.

대표유형 ❹

전자회로

47쪽

01	02	03	04	05	06	07	08	09	10
②	①	②	④	③	②	②	②	①	③
11	12	13	14	15	16	17	18	19	20
③	③	④	①	②	②	④	②	④	③
21	22	23	24	25	26	27	28	29	30
③	③	③	②	④	②	②	③	③	③
31	32	33	34	35	36	37			
②	②	④	④	③	③	④			

01 단순 암기형

난이도 下

정답 ②

접근 POINT

P형 반도체와 N형 반도체를 구분하여 그 특징을 체크할 필요가 있다.

해설

4개의 가전자를 갖는 실리콘, 게르마늄 등에 가전자가 3인 알루미늄, 불소, 인듐을 첨가하면 정공을 갖는 P형 반도체가 형성된다.
이처럼 P형 반도체를 만들기 위해 첨가하는 불순물을 '억셉터'라 한다.

02 단순 암기형

난이도 下

정답 ①

접근 POINT

과전압을 방지하려면 전압을 분배시키면 된다.

해설

(1) 다이오드를 사용한 정류회로의 과전압 방지책
  • 다이오드를 직렬로 추가한다.
  • 이 경우, 인가되는 전압이 분배되어 과전류가 방지된다.
(2) 다이오드를 사용한 정류회로의 과전류 방지책
  • 다이오드를 병렬로 추가한다.
  • 이 경우, 흐르는 전류가 분배되어 과전류가 방지된다.

03 단순 암기형

난이도 下

정답 ②

접근 POINT

과전류를 방지하려면 흐르는 전류를 분배시키면 된다.

해설

(1) 다이오드를 사용한 정류회로의 과전압 방지책
  • 다이오드를 직렬로 추가한다.
  • 이 경우, 인가되는 전압이 분배되어 과전류가 방지된다.
(2) 다이오드를 사용한 정류회로의 과전류 방지책
  • 다이오드를 병렬로 추가한다.
  • 이 경우, 흐르는 전류가 분배되어 과전류가 방지된다.

04 단순 암기형   난이도 下

┃ 정답 ④

┃ 접근 POINT

다이오드는 순방향일 경우 도통, 역방향일 경우 저지상태가 된다.

┃ 해설

다이오드는 역방향일 때 개방상태(저지상태)와 같이 작용한다.

따라서, 전원전압 24[V]는 개방상태로 작용하는 다이오드에 모두 걸리게 된다.

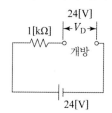

05 단순 암기형   난이도 下

┃ 정답 ③

┃ 접근 POINT

SCR의 특징을 숙지해야 한다.

┃ 해설

SCR은 단방향 사이리스터이다.

┃ 관련개념

SCR의 특징

① PNPN 구조의 단방향 3단자 소자

② 정류기능을 지님

③ 게이트(+)신호로 도통이 가능한 스위칭 반도체 소자

④ 교류 전력제어용으로 사용

⑤ 교류의 위상제어용으로 사용

⑥ 자기소호 불가

⑦ 과열, 과전압에 약함

06 단순 암기형   난이도 下

┃ 정답 ②

┃ 접근 POINT

게이트 신호를 이용하여 스위칭 소자로 사용할 수 있다.

┃ 해설

전력용 스위칭 소자로서 교류의 위상 제어용으로 사용되는 정류소자는 SCR이다.

07 단순 암기형   난이도 下

┃ 정답 ②

┃ 접근 POINT

게이트는 전류가 흐를 수 있도록 지나가는 통로의 문을 열어주는 역할만 한다.

┃ 해설

SCR은 게이트(+) 신호로 도통이 되나, 완전 도통상태가 되면 게이트 전류에 관계없이 양극 전류는 변하지 않는다.

애노드 전류가 주어졌다는 것은 도통상태이므

로, 이 경우에 게이트 전류를 변화시켜도 애노
드 전류는 변하지 않는다. 따라서, 기존과 같은
5[A]가 흐른다.

08 단순 암기형   난이도 下

정답 ②

접근 POINT
게이트는 전류가 흐를 수 있도록 지나가는 통로
의 문을 열어주는 역할만 한다.

해설
SCR은 게이트(+) 신호로 도통이 되나, 완전 도
통상태가 되면 게이트 전류에 관계없이 양극 전
류는 변하지 않는다.
애노드 전류가 주어졌다는 것은 도통상태이므
로, 이 경우에 게이트 전류를 변화시켜도 양극
전류는 변하지 않는다. 따라서, 기존과 같은 10
[A]가 흐른다.

09 단순 암기형   난이도 下

정답 ①

접근 POINT
ON 상태의 유지를 위해 필요한 최소의 애노드
전류를 지칭하는 용어를 숙지할 필요가 있다.

해설
SCR를 턴온시킨 후 게이트 전류를 0으로 하여
도 온(ON) 상태를 유지하기 위한 최소의 애노
드 전류를 래칭전류라 한다.

10 단순 암기형   난이도 下

정답 ③

접근 POINT
Diode는 아주 간단하게 구성되어 있다.

해설
Diode는 PN 구조로 된 소자이다.

11 단순 암기형   난이도 下

정답 ③

접근 POINT
주어진 보기를 보았을 때, 양방향(교류)를 의미
하는 단어를 포함한 것이 어떤게 있는지 체크해
야 한다.

해설
TRIAC은 쌍방향성(양방향성) 3단자 소자이다.

12 단순 암기형   난이도 下

정답 ③

접근 POINT
정전압용 다이오드를 다르게 무엇이라 부르는
지 생각해 본다.

해설

전원 전압을 일정하게 유지하기 위해 사용하는 다이오드는 정전압 특성을 갖는 제너다이오드 이다.

13 단순 암기형 난이도 下

정답 ④

접근 POINT

주어진 소자가 각각 어떤 역할을 하는지 체크해 본다.

해설

온도 보상용으로 많이 사용되는 소자는 서미스 터이다.
서미스터는 온도에 따라 물질의 저항이 변화하 는 성질을 이용한 장치로, 온도 감지 및 온도 보 상용으로 사용된다.

14 단순 암기형 난이도 下

정답 ①

접근 POINT

주어진 소자가 각각 어떤 역할을 하는지 체크해 본다.

해설

서미스터는 온도에 따라 물질의 저항이 변화하 는 성질을 이용한 장치로, 온도 감지 및 온도 보 상용으로 사용된다.

관련개념

(1) 바리스터: 전압에 따라 저항값에 변하는 소 자로 높은 전압이 걸리면 저항이 급격하게 감소하여 높은 전압으로 부터 보호한다.
(2) 제너다이오드: 정전압 다이오드로, 전압을 일 정하게 유지하기 위한 정전압 회로에 사용된다.
(3) 발광다이오드: 전류를 가하면 빛을 발하는 반도체 소자

15 단순 암기형 난이도 下

정답 ②

접근 POINT

NTC형 서미스터가 일반적으로 말하는 서미스 터이다.

해설

NTC 서미스터는 저항값이 온도와 반비례하는 성질을 갖는다.

관련개념

서미스터의 특성
(1) 서미스터는 온도에 따라 물질의 저항이 변 화하는 성질을 이용한 장치로, 온도감지 및 온도보상용으로 사용된다.
(2) 서미스터 종류
① PTC 서미스터: 저항이 온도와 비례하는 성질을 가지며 주로 발열체, 스위칭 용도 로 사용된다.
② NTC 서미스터: 저항이 온도와 반비례하 는 성질을 가지며 주로 온도 감지기에 사 용된다.

16 단순 암기형   난이도 下

┃ 정답 ②

┃ 접근 POINT
각 소자가 어떤 용도로 사용되는지 체크해 볼 필요가 있다.

┃ 해설
전기신호를 빛으로 변환하는 것은 발광다이오드이다.

17 단순 암기형   난이도 下

┃ 정답 ④

┃ 접근 POINT
바리스터는 가변저항을 의미한다.
무엇에 의해 저항이 가변되는지 생각해 본다.

┃ 해설
바리스터는 전압에 따라 저항값에 변하는 소자로 높은 전압이 걸리면 저항이 급격하게 감소하여 높은 전압으로부터 보호한다.

18 단순 암기형   난이도 下

┃ 정답 ②

┃ 접근 POINT
지문에 주어진 '빛'을 의미하는 단어를 어떤 선지가 갖는지 체크해 본다.

┃ 해설
반도체에 빛을 쬐이면 전자가 방출되는 현상을 광전효과라 한다.

19 단순 암기형   난이도 下

┃ 정답 ④

┃ 접근 POINT
빛을 나타내는 용어를 찾아본다.

┃ 해설
빛이 닿으면 전류가 흐르는 다이오드로서 들어온 빛에 대해 직선적으로 전류가 증가하는 다이오드를 포토다이오드라고 한다.

┃ 관련개념
다이오드의 종류
(1) 제너다이오드: 정전압 다이오드로, 전압을 일정하게 유지하기 위한 정전압 회로에 사용된다.
(2) 터널다이오드: 도핑 농도를 아주 높게 하여 공핍층을 얇게 형성시켜 낮은 역바이어스를 인가하여도 항복되는 것을 이용한 다이오드로, 낮은 역바이어스 인가시에 전류가 흐른다.
(3) 발광다이오드: 전류를 가하면 빛을 발하는 반도체 소자이다.

20 단순 암기형   난이도 下

┃정답 ③

┃접근 POINT

정전압 다이오드를 다른 말로 무엇이라 하는지
생각해 본다.

┃해설

전원 전압을 일정하게 유지하는 정전압 회로용
으로 사용하는 다이오드는 제너다이오드이다.

┃관련개념

다이오드의 종류

(1) 터널다이오드: 도핑 농도를 아주 높게 하여
공핍층을 얇게 형성시켜 낮은 역바이어스를
인가하여도 항복되는 것을 이용한 다이오드
로, 낮은 역바이어스 인가시에 전류가 흐른다.

(2) 포토다이오드: 빛이 닿으면 전류가 흐르는
다이오드이다.

(3) 제너다이오드: 정전압 다이오드로, 전압을
일정하게 유지하기 위한 정전압 회로에 사
용된다.

21 단순 계산형   난이도 下

┃정답 ③

┃접근 POINT

단상 반파 정류회로의 직류전압 관계식을 이용
할 때, 필요한 전압은 교류의 실횻값이다.

┃공식 CHECK

다이오드 정류회로의 직류전압

(1) 단상 반파 정류회로 $E_d = 0.45E$

(2) 단상 전파 정류회로 $E_d = 0.9E$

(3) 3상 반파 정류회로 $E_d = 1.17E$

(4) 3상 전파 정류회로 $E_d = 1.35E_l$

E＝교류 상전압, E_l＝교류 선간전압

┃해설

(1) 저항 R에 걸리는 직류 전압의 평균값

$E_d = 0.45E = 0.45 \times 220 = 99[V]$

(2) 저항 R에 흐르는 직류 전류의 평균값

$I_d = \dfrac{E_d}{R} = \dfrac{99}{16\sqrt{2}} = 4.38[A]$

22 단순 계산형   난이도 下

┃정답 ③

┃접근 POINT

맥동 주파수는 기본 주파수에 그 회로에 필요한
다이오드의 기본 개수를 곱한 것과 같다.

┃공식 CHECK

정류회로에 따른 맥동 주파수

정류회로	맥동 주파수[Hz]
단상 반파 정류회로	$1f$
단상 전파 정류회로	$2f$
3상 반파 정류회로	$3f$
3상 전파 정류회로	$6f$

f＝인가 주파수[Hz]

| 해설

맥동 주파수 $f' = 3f = 3 \times 60 = 180 [\text{Hz}]$

---

23 **단순 계산형** 난이도 下

| 정답 ④

| 접근 POINT

단상 반파 정류회로의 직류전압 관계식에 주어진 조건을 대입하여 계산한다.

| 공식 CHECK

다이오드 정류회로의 직류전압

(1) 단상 반파 정류회로 $E_d = 0.45E$

(2) 단상 전파 정류회로 $E_d = 0.9E$

(3) 3상 반파 정류회로 $E_d = 1.17E$

(4) 3상 전파 정류회로 $E_d = 1.35E_l$

E = 교류 상전압, E_l = 교류 선간전압

| 해설

$E_d = 0.45E = 0.45 \times 220 = 99 [\text{V}]$

---

24 **단순 계산형** 난이도 下

| 정답 ④

| 접근 POINT

역방향 최대전압을 구하기 위해서는 주어진 직류 값에 어떠한 값을 곱하면 되는지 생각해 본다.

| 해설

직류 전압을 $E_d [\text{V}]$라 할 때, 단상 반파 정류회로의 역방향 최대 전압(PIV)은 $\pi E_d [\text{V}]$로 계산할 수 있다.

따라서, 지문에 주어진 조건에 대한 역방향 최대전압(PIV) 값은 다음과 같다.

$\text{PIV} = \pi E_d = \pi \times 26 = 81.68 \fallingdotseq 82 [\text{V}]$

---

25 **단순 암기형** 난이도 下

| 정답 ②

| 접근 POINT

다이오드를 이용하여 정류하면, +와 −의 부호를 갖는 교류전압이 +를 갖는 맥류로 정류된다. 이때, 교류상태에서의 +와 맥류상태의 +가 어떠한 관계일지 생각해 본다.

| 해설

교류전압의 최댓값은 다이오드로 정류된 전압의 최댓값과 같다.

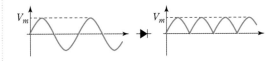

R에 걸리는 전압의 최댓값은 $20\sqrt{2} [\text{V}]$가 된다.

26 단순 암기형 난이도 下

정답 ④

접근 POINT

회로의 콘덴서는 회로에 걸리는 가장 큰 전압을 충전할 수 있다.

해설

콘덴서 C의 충전전압은 변압기 2차 상전압의 최댓값과 같다.

주어진 회로에서 변압기의 권수비에 의거하여 변압기 2차 상전압의 실횻값은 $24[V]$가 되므로, 최댓값은 $24\sqrt{2}[V]$가 되며, 콘덴서 C의 충전전압 또한 $24\sqrt{2}[V]$가 된다.

27 단순 암기형 난이도 下

정답 ③

접근 POINT

전압이 일정하게 유지가 되는 회로를 구성하려면 우선적으로 교류전압을 직류 형태의 전압으로 바꾸어 줄 필요가 있다.

이렇게 전압이 바뀌고 나서 전압을 일정하게 만들어 줄 수 있다.

해설

직류전압을 일정하게 유지하기 위한 정류회로의 구성은 다음과 같다.

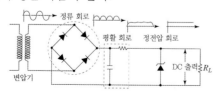

따라서, (평활)콘덴서는 e와 f사이에 설치된다.

28 단순 암기형 난이도 下

정답 ②

접근 POINT

교류를 정류하면 바로 일정한 값의 직류가 나타나지 않는다.

이때, 교류에서 직류로 변경하기 위해서 어떠한 장치들이 필요할지 생각해 본다.

해설

직류전압을 일정하게 유지하기 위한 정류회로의 구성은 다음과 같다.

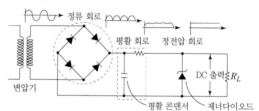

따라서, 회로에 필요한 구성요소가 아닌 것은 트랜지스터가 된다.

29 단순 암기형 난이도 下

정답 ③

접근 POINT

각 부분의 트랜지스터의 역할을 알고 있어야 한다.

해설

트랜지스터를 사용한 정전압 회로에서 Q_1은 제어용, Q_2는 증폭용으로 사용된다.

30 단순 계산형 　　난이도 下

정답　③

접근 POINT

증폭률 β의 관계식을 알고 있어야 한다.

공식 CHECK

증폭률 $\beta = \dfrac{I_C}{I_B} = \dfrac{I_C}{I_E - I_C}$

I_c = 컬렉터 전류, I_E = 이미터 전류,

I_B = 베이스 전류

해설

주어진 조건에 대한 증폭률 β는 다음과 같다.

$\beta = \dfrac{I_C}{I_E - I_C} = \dfrac{0.98}{1 - 0.98} = 49$

31 복합 계산형 　　난이도 中

정답　②

접근 POINT

부궤환 증폭기의 전체 이득 관계식을 알고 있어야 한다.

해설

부궤환 증폭기의 전체 이득 관계식은 다음과 같다.

$A_f = \dfrac{A}{1 + A\beta}$

여기서, A = 전압이득, β = 궤환율

따라서, 지문에 주어진 조건에 대하여 계산하면 다음과 같다.

(1) 전압이득

　$20\log A = 60\,[\mathrm{dB}]$

　$\log A = 3$

　$A = 1,000$

(2) 전체 이득

　$A_f = \dfrac{A}{1 + A\beta} = \dfrac{1,000}{1 + 1,000 \times 0.01}$

　　$= 90.91$

(3) 전체 이득[dB]

　$20\log A_f = 20\log 90.91$

　　$= 39.17\,[\mathrm{dB}] \fallingdotseq 40\,[\mathrm{dB}]$

32 단순 암기형 　　난이도 下

정답　②

접근 POINT

A급 싱글 전력증폭기의 특징을 알고 있어야 한다.

해설

A급 싱글 전력증폭기는 회로의 구성이 비교적 단순한 형태를 갖는다.

▮ 관련개념

A급 싱글 전력증폭기의 특징

• 바이어스점은 부하선이 거의 가운데인 중앙점에 취한다.

• 회로의 구성이 비교적 단순한 형태이다.

• 출력파형의 찌그러짐이 적다.

---

33 단순 암기형　　　난이도 下

▮ 정답 ④

▮ 접근 POINT

인버터가 어떤 전력을 어떤 전력으로 변환하는 장치인지 생각해 본다.

▮ 해설

인버터는 직류를 교류로 변환하는 것으로, 부하장치에는 교류장치를 사용할 수 있다.

---

34 단순 암기형　　　난이도 下

▮ 정답 ④

▮ 접근 POINT

집적회로의 특징을 알고 있어야 한다.

▮ 해설

집적회로(IC)는 한 조각의 실리콘 칩에 많은 트랜지스터, 다이오드, 저항 등을 내장하여 복잡한 기능을 수행하는 소형 패키지 부품으로 다음과 같은 특성이 있다.

(1) 장점
　① 장치가 소형이다.
　② 가격이 저렴하다.
　③ 신뢰성이 높다.
　④ 부품의 교체가 간단하다.
　⑤ 기능이 확대된다.

(2) 단점
　① 전압, 전류에 약하다.
　② 열에 약하다.
　③ 발진, 잡음이 나타나기 쉽다.
　④ 마찰에 의한 정전기의 영향에 주의해야 한다.

---

35 단순 계산형　　　난이도 下

▮ 정답 ③

▮ 접근 POINT

각 배선방식에 대한 전압강하 공식을 구분하여 접목시켜야 한다.

▮ 공식 CHECK

배선방식에 따른 전압강하

(1) 단상 2선식 $e = \dfrac{35.6LI}{1,000A}[\mathrm{V}]$

(2) 단상 3선식 또는 3상 4선식 $e = \dfrac{17.8LI}{1,000A}[\mathrm{V}]$

(3) 3상 3선식 $e = \dfrac{30.8LI}{1,000A}[\mathrm{V}]$

L = 배선길이[m], I = 전류[A], A = 전선 단면적[mm²]

해설

$$e = \frac{30.8LI}{1,000A} = \frac{30.8 \times 80 \times 50}{1,000 \times 14} = 8.8[\text{V}]$$

36 단순 암기형　　　　　　　난이도 下

정답　③

접근 POINT

임피던스로 변환해야 함에 초점을 잡아본다.

해설

변위를 임피던스로 변환하는 것은 가변 저항기
이다.

관련개념

변환기기

• 변위를 임피던스로 변환: 가변 저항기
• 변위를 전압으로 변환: 차동변압기, 전위차계
• 변위를 압력으로 변환: 노즐플래퍼, 유압분사
　관, 스프링
• 전압을 변위로 변환: 전자코일
• 압력을 변위로 변환: 벨로스, 다이어프램

37 단순 암기형　　　　　　　난이도 下

정답　④

접근 POINT

변위(위치가 변화한 양)으로 압력을 형성할 수
있는 것이 무엇이 있을지 생각해 본다.

해설

변위를 압력으로 변환하는 것은 노즐 플래퍼이다.

UBJECT

02 소방전기시설의 구조 및 원리

대표유형 ❶

비상경보설비 및
단독경보형 감지기   58쪽

01	02	03	04	05	06	07	08	09	10
②	②	④	①	④	②	②	③	③	③
11	12	13	14	15	16				
③	②	②	④	②	③				

01 단순 암기형   난이도 下

▌ 정답 ②

▌ 접근 POINT

비상벨설비에 관한 설치기준은 자주 출제되므로 세부기준도 암기해야 한다.

▌ 해설

① 사이렌이 아니라 경종이다.
③ 60dB이 아니라 90dB이다.
④ 30m가 아니라 25m이다.

▌ 관련법규

「비상경보설비 및 단독경보형감지기의 화재안전기술기준」상 용어 정의
• 비상벨설비: 화재발생 상황을 경종으로 경보하는 설비
• 자동식사이렌설비: 화재발생 상황을 사이렌으로 경보하는 설비

「비상경보설비 및 단독경보형감지기의 화재안전기술기준」상 비상벨설비 또는 자동식사이렌설비의 설치기준
• 비상벨설비 또는 자동식사이렌설비는 부식성 가스 또는 습기 등으로 인하여 부식의 우려가 없는 장소에 설치해야 한다.
• 지구음향장치는 특정소방대상물의 층마다 설치하되, 해당 층의 각 부분으로부터 하나의 음향장치까지의 수평거리가 25m 이하가 되도록 하고, 해당 층의 각 부분에 유효하게 경보를 발할 수 있도록 설치해야 한다.
• 음향장치는 정격전압의 80% 전압에서도 음향을 발할 수 있도록 해야 한다.
• 음향장치의 음향의 크기는 부착된 음향장치의 중심으로부터 1m 떨어진 위치에서 음압이 90dB 이상이 되는 것으로 해야 한다.

02 단순 암기형   난이도 下

▌ 정답 ②

▌ 접근 POINT

수평거리와 관련된 기준은 자주 출제되므로 다음과 같이 정리하여 암기하는 것이 좋다.

구분	소방설비
25m 이하	• 음향장치 • 발신기 • 확성기 • 비상콘센트(지하상가 또는 지하층의 바닥면적의 합계가 3,000m² 이상)
50m 이하	비상콘센트(25m 이하 규정에 해당되지 않는 것)

┃ 해설

비상벨설비 또는 자동식사이렌설비의 지구음향장치는 특정소방대상물의 층마다 설치하되, 해당 층의 각 부분으로부터 하나의 음향장치까지의 수평거리가 25m 이하가 되도록 해야 한다.

03 단순 암기형　　　　　난이도 下

┃ 정답　④

┃ 접근 POINT

단순한 문제이지만 자주 출제되므로 해당 수치를 정확하게 암기해야 한다.

┃ 해설

비상벨설비의 음향장치의 음향의 크기는 부착된 음향장치의 중심으로부터 1m 떨어진 위치에서 음압이 90dB 이상이 되는 것으로 해야 한다.

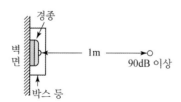

04 단순 암기형　　　　　난이도 下

┃ 정답　①

┃ 접근 POINT

발신기의 설치기준은 자주 출제되므로 세부규정(특히 숫자와 관련련 규정)은 정확하게 암기해야 한다.

┃ 해설

발신기의 위치표시등은 함의 상부에 설치해야 한다.

┃ 관련법규

「비상경보설비 및 단독경보형감지기의 화재안전기술기준」상 설치기준

(1) 발신기

• 조작이 쉬운 장소에 설치하고, 조작스위치는 바닥으로부터 0.8m 이상 1.5m 이하의 높이에 설치할 것
• 특정소방대상물의 층마다 설치하되, 해당 층의 각 부분으로부터 하나의 발신기까지의 수평거리가 25m 이하가 되도록 할 것. 다만, 복도 또는 별도로 구획된 실로서 보행거리가 40m 이상일 경우에는 추가로 설치해야 한다.
• 발신기의 위치표시등은 함의 상부에 설치하되, 그 불빛은 부착 면으로부터 15° 이상의 범위 안에서 부착지점으로부터 10m 이내의 어느 곳에서도 쉽게 식별할 수 있는 적색등으로 할 것

(2) 상용전원

• 상용전원은 전기가 정상적으로 공급되는 축전지설비, 전기저장장치(외부 전기에너지를 저장해 두었다가 필요한 때 전기를 공급하는

장치) 또는 교류전압의 옥내간선으로 하고, 전원까지의 배선은 전용으로 할 것

- 비상벨설비 또는 자동식사이렌설비에는 그 설비에 대한 감시상태를 60분간 지속한 후 유효하게 10분 이상 경보할 수 있는 비상전원으로서 축전지설비(수신기에 내장하는 경우를 포함) 또는 전기저장장치(외부 전기에너지를 저장해 두었다가 필요한 때 전기를 공급하는 장치)를 설치해야 한다.

│ 유사문제

비상벨설비 또는 자동식 사이렌설비의 상용전원을 다른 설비와 겸용으로 해야 한다는 오답 보기가 출제된 적이 있다.

상용전원은 축전지설비, 전기저장장치 또는 교류전압의 옥내간선으로 하고 전원까지의 배선은 전용으로 해야 한다.

05 │ 단순 암기형 · · · · · · · · · 난이도 下

│ 정답 ④

│ 접근 POINT

발신기의 설치기준은 자주 출제되므로 세부규정(특히 숫자와 관련련 규정)은 정확하게 암기해야 한다.

│ 해설

발신기의 불빛은 부착면으로부터 45°가 아니라 15° 이상의 범위로 설치하여야 한다.

│ 유사문제

발신기의 위치표시등은 불빛은 부착지점의 몇

m 이내 떨어진 위치에서 쉽게 식별할 수 있어야 하는지 묻는 문제도 출제되었다.

정답은 10m이다.

06 │ 단순 암기형 · · · · · · · · · 난이도 下

│ 정답 ②

│ 접근 POINT

비상벨설비, 자동식사이렌설비, 비상방송설비, 자동화재속보설비의 속보기의 비상전원 또는 예비전원은 모두 감시상태를 60분간 지속한 후 10분 이상 경보(동작)가 진행되어야 한다.

│ 해설

비상벨설비 또는 자동식사이렌설비에는 그 설비에 대한 감시상태를 60분간 지속한 후 유효하게 10분 이상 경보할 수 있는 비상전원으로서 축전지설비(수신기에 내장하는 경우를 포함) 또는 전기저장장치(외부 전기에너지를 저장해 두었다가 필요한 때 전기를 공급하는 장치)를 설치해야 한다.

│ 유사문제

좀 더 간단한 문제로 비상벨설비 또는 자동식 사이렌설비가 그 감시상태를 몇 시간 지속한 후 유효하게 10분 이상 경보를 발할 수 있어야 하는지 묻는 문제도 출제되었다.

정답은 1시간(60분)이다.

07 | 단순 암기형   난이도 下

| 정답 ②

| 접근 POINT

손으로 작동하는 소방설비의 경우 대부분 0.8m 이상 1.5m 이하의 높이에 설치한다.

| 해설

발신기는 조작이 쉬운 장소에 설치하고, 조작스위치는 바닥으로부터 0.8m 이상 1.5m 이하의 높이에 설치해야 한다.

08 | 개념 이해형   난이도 中

| 정답 ③

| 접근 POINT

발신기의 추가 설치기준을 묻고 있으므로 수평거리 기준을 묻는 문제와는 다르다는 것을 알아야 한다.

| 해설

비상경보설비의 발신기는 특정소방대상물의 층마다 설치하되, 해당 층의 각 부분으로부터 하나의 발신기까지의 수평거리가 25m 이하가 되도록 해야 한다.

다만, 복도 또는 별도로 구획된 실로서 보행거리가 40m 이상일 경우에는 추가로 설치해야 한다.

09 | 단순 암기형   난이도 下

| 정답 ③

| 접근 POINT

단독경보형감지기 관련 문제 중 가장 단순하면서도 자주 출제되는 문제이므로 반드시 맞혀야 하는 문제이다.

| 해설

「비상경보설비 및 단독경보형감지기의 화재안전기술기준」상 단독경보형감지기의 설치기준

• 각 실(이웃하는 실내의 바닥면적이 각각 30㎡ 미만이고 벽체의 상부의 전부 또는 일부가 개방되어 이웃하는 실내와 공기가 상호 유통되는 경우에는 이를 1개의 실로 봄)마다 설치하되, 바닥면적이 150㎡를 초과하는 경우에는 150㎡마다 1개 이상 설치할 것

• 계단실은 최상층의 계단실 천장(외기가 상통하는 계단실은 제외)에 설치할 것

| 유사문제 ①

비슷한 문제로 단독경보형감지기를 설치하는 경우 이웃하는 실내의 바닥면적이 몇 m^2 미만이고 공기가 상호 유통되는 경우에 1개의 실로 보는지에 대한 문제도 출제되었다.

정답은 30m^2이다.

| 유사문제 ②

비슷한 문제로 단독경보형감지기를 설치하는 경우 "외기가 상통하는 최상층의 계단실의 천장에 설치한다."는 오답 보기가 출제된 적 있다.

단독경보형감지기는 최상층의 계단실 천장에 설치하지만 외기가 상통하는 계단실은 제외된다는 것을 기억해야 한다.

10 단순 계산형   난이도 中

┃ 정답 ③

┃ 접근 POINT

단독경보형감지기의 설치기준을 암기한 상태에서 감지기의 설치개수를 계산해야 한다.

┃ 해설

단독경보형감지기는 바닥면적이 150㎡를 초과하는 경우에는 150㎡마다 1개 이상 설치해야 한다.

$$\frac{450}{150} = 3개$$

만약 답이 소수로 나오면 절상해야 한다.

┃ 유사문제

다음과 같은 경우에 단독경보형감지기를 설치할 때 몇 개의 실로 보아야 하는지 묻는 문제도 출제되었다.

> • 각 실은 이웃하고 있고 벽체 상부가 개방되어 공기가 상호유통하고 있다.
> • 실별 바닥면적이 25m²이고 총 4개의 실이 있다.

이웃하는 실내의 바닥면적이 30m² 미만이고 이웃하는 실과 공기가 상호유통하고 있으므로 4개의 실을 1개의 실로 볼 수 있으므로 정답은 1개의 실이다.

11 단순 암기형   난이도 下

┃ 정답 ③

┃ 접근 POINT

자주 출제되는 문제는 아니므로 정답을 확인하는 정도로 공부하는 것이 좋다.

┃ 해설

「비상경보설비의 축전지의 성능인증 및 제품검사의 기술기준」 제3조 구조
축전지설비는 접지전극에 직류전류를 통하는 회로방식을 사용하여서는 아니된다.

12 단순 암기형   난이도 下

┃ 정답 ②

┃ 접근 POINT

자주 출제되는 문제는 아니지만 강판과 합성수지 외함의 두께만 알고 있다면 풀 수 있는 문제이므로 수치를 암기해야 한다.

┃ 해설

「비상경보설비의 축전지의 성능인증 및 제품검사의 기술기준」 제4조 외함의 두께

강판 외함	합성수지 외함
1.2mm 이상	3mm 이상

13 단순 암기형　　　　　　난이도 下

┃정답　②

┃접근 POINT

감지기의 형식승인에 나온 내용으로 수치를 기억하는 정도로 공부하는 것이 좋다.

┃해설

「감지기의 형식승인 및 제품검사의 기술기준」 제5조의2 단독경보형감지기의 일반기능

주기적으로 섬광하는 전원표시등에 의하여 전원의 정상 여부를 감시할 수 있는 기능이 있어야 하며, 전원의 정상상태를 표시하는 전원표시등의 섬광주기는 1초 이내의 점등과 30초에서 60초 이내의 소등으로 이루어져야 한다.

14 단순 암기형　　　　　　난이도 下

┃정답　④

┃접근 POINT

감지기의 형식승인에 나온 내용으로 수치를 기억하는 정도로 공부하는 것이 좋다.

┃해설

「감지기의 형식승인 및 제품검사의 기술기준」 제5조의2 단독경보형감지기의 일반기능

단독경보형감지기는 화재경보 정지 후 15분 이내에 화재경보 정지기능이 자동적으로 해제되어 단독경보형감지기가 정상상태로 복귀되어야 한다.

15 단순 암기형　　　　　　난이도 下

┃정답　②

┃접근 POINT

감지기의 형식승인에 나온 내용으로 수치를 기억하는 정도로 공부하는 것이 좋다.

┃해설

① 60초 이내가 아니라 10초 이내이다.
③ 100초 이내가 아니라 60초 이내이다.
④ 168시간이 아니라 24시간이고, 300초 이내가 아니라 200초 이내이다.

┃관련법규

「감지기의 형식승인 및 제품검사의 기술기준」 제5조의4 무선식 감지기의 기능

• 작동한 단독경보형감지기는 화재경보가 정지하기 전까지 60초 이내 주기마다 화재신호를 발신하여야 한다.
• 화재신호를 수신한 단독경보형감지기는 10초 이내에 경보를 발하여야 한다.
• 화재신호의 발신을 쉽게 확인할 수 있는 장치를 설치하여야 하고 화재신호를 수신하면 내장된 음향장치에 의하여 화재경보를 하여야 한다.
• 무선통신 점검은 24시간 이내에 자동으로 실시하고 이때 통신 이상이 발생하는 경우에는 200초 이내에 통신 이상 상태의 단독경보형감지기를 확인할 수 있도록 표시 및 경보를 하여야 한다.
• 무선통신 점검은 단독경보형감지기가 서로 송수신하는 방식으로 한다.

16 단순 암기형
난이도 下

정답 ③

접근 POINT

소방관계법규 과목에 더 어울리는 문제이나 소방전기시설의 구조 및 원리에도 종종 출제되므로 아래 기준을 암기해야 한다.

해설

「소방시설법 시행령」 별표4 비상경보설비를 설치해야 하는 특정소방대상물

- 연면적 400㎡ 이상인 것은 모든 층
- <u>지하층 또는 무창층의 바닥면적이 150㎡(공연장의 경우 100㎡) 이상인 것은 모든 층</u>
- 지하가 중 터널로서 길이가 500m 이상인 것
- 50명 이상의 근로자가 작업하는 옥내 작업장

대표유형 ❷
비상방송설비   63쪽

01	02	03	04	05	06	07	08	09	10
④	②	③	②	④	②	②	②	①	②

11	12	13	14	15	16	17	18		
①	①	③	②	①	②	④	②		

01 단순 암기형
난이도 下

정답 ④

접근 POINT

비상방송설비의 용어 정의는 소방시설에 대한 이해를 위해 필요하고, 필기 및 실기시험에도 자주 출제되므로 의미를 생각하면서 이해하는 것이 좋다.

해설

가변저항을 이용하여 전류를 변화시켜 음량을 크게 하거나 작게 조절할 수 있는 장치를 음량조절기라고 한다.

유사문제

전압전류의 진폭을 늘려 감도를 좋게 하고 미약한 음성전류를 커다란 음성전류로 변화시켜 소리를 크게 하는 장치를 묻는 문제도 출제되었다. 정답은 증폭기이다.

02 개념 이해형 난이도 中

정답 ②

접근 POINT

전체적인 내용은 맞지만 일부 단어가 틀린 보기가 주어진 문제로 보기를 꼼꼼하게 읽어보아야 하는 문제이다.

해설

증폭기는 전압전류의 진폭을 늘려 감도를 좋게 하고 소리를 크게 하는 장치이다.

03 단순 암기형 난이도 下

정답 ③

접근 POINT

자주 출제되지는 않지만 간단한 문제이고, 실기에도 가끔 출제되므로 계통도에 들어가는 소방설비는 암기해야 한다.

해설

비상방송설비의 계통도

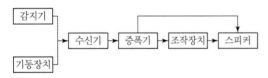

04 단순 암기형 난이도 下

정답 ②

접근 POINT

비상벨설비, 자동식사이렌설비, 비상방송설비, 자동화재속보설비의 속보기의 비상전원 또는 예비전원은 모두 감시상태를 60분간 지속한 후 10분 이상 경보(동작)가 진행되어야 한다.

해설

비상방송설비의 축전지는 감시상태를 60분간 지속한 후 10분 이상 경보를 발할 수 있어야 한다.

관련법규

「비상방송설비의 화재안전기술기준」상 음향장치 및 전원 설치기준

(1) 음향장치

• 확성기의 음성입력은 3W(실내에 설치하는 것에 있어서는 1W) 이상일 것

• 확성기는 각 층마다 설치하되, 그 층의 각 부분으로부터 하나의 확성기까지의 <u>수평거리가 25m 이하</u>가 되도록 하고, 해당 층의 각 부분에 유효하게 경보를 발할 수 있도록 설치할 것

• <u>음량조정기를 설치하는 경우 음량조정기의 배선은 3선식</u>으로 할 것

• 조작부의 조작스위치는 바닥으로부터 0.8m 이상 1.5m 이하의 높이에 설치할 것

• 증폭기 및 조작부는 수위실 등 상시 사람이 근무하는 장소로서 점검이 편리하고 방화상 유효한 곳에 설치할 것

• 다른 방송설비와 공용하는 것에 있어서는 화재 시 비상경보 외의 방송을 차단할 수 있는 구

조로 할 것
- 다른 전기회로에 따라 유도장애가 생기지 않도록 할 것
- 기동장치에 따른 화재신호를 수신한 후 필요한 음량으로 화재발생상황 및 피난에 유효한 방송이 자동으로 개시될 때까지의 소요시간은 10초 이내로 할 것
- 정격전압의 80% 전압에서 음향을 발할 수 있는 것을 할 것
- 자동화재탐지설비의 작동과 연동하여 작동할 수 있는 것으로 할 것

(2) 비상방송설비의 전원
- 상용전원은 전기가 정상적으로 공급되는 축전지설비, 전기저장장치(외부 전기에너지를 저장해 두었다가 필요한 때 전기를 공급하는 장치) 또는 교류전압의 옥내간선으로 하고, 전원까지의 배선은 전용으로 할 것
- 설비에 대한 감시상태를 60분간 지속한 후 유효하게 10분 이상 경보할 수 있는 비상전원으로서 축전지설비(수신기에 내장하는 경우를 포함) 또는 전기저장장치(외부 전기에너지를 저장해 두었다가 필요한 때 전기를 공급하는 장치)를 설치할 것

┃ 유사문제 ①

비상방송설비의 감시상태와 경보를 하는 시간을 괄호넣기로 출제된 문제도 있다.
비상방송설비 축전지는 감시상태는 60분간 지속하고 10분 이상 경보를 발할 수 있어야 한다는 것을 꼭 기억해야 한다.

┃ 유사문제 ②

비상방송설비의 설치기준을 묻는 문제 중 오답 보기로 "확성기의 음성입력은 5W 이상일 것"

이 출제된 적 있다.
확성기의 음성입력은 3W(실내는 1W) 이상이어야 한다.

05 단순 암기형   난이도 下

┃ 정답 ④

┃ 접근 POINT

수평거리와 관련된 기준은 자주 출제되므로 다음과 같이 정리하여 암기하는 것이 좋다.

구분	소방설비
25m 이하	• 음향장치 • 발신기 • 확성기 • 비상콘센트(지하상가 또는 지하층의 바닥면적의 합계가 3,000m² 이상)
50m 이하	비상콘센트(25m 이하 규정에 해당되지 않는 것)

┃ 해설

음량조정기의 배선은 3선식으로 하고 확성기의 수평거리는 25m 이하로 해야 한다.

┃ 유사문제 ①

좀 더 단순한 문제로 확성기의 수평거리만 묻는 문제도 출제되었다.
정답은 25m이다.

┃ 유사문제 ②

좀 더 단순한 문제로 아파트형 공장의 지하 주차장에 설치된 비상방송용 스피커의 음량조정기 배선방식을 묻는 문제도 출제되었다.
정답은 3선식이다.

06 단순 암기형 　　　난이도 下

▮ 정답 ②

▮ 접근 POINT

%를 묻는 문제는 80이 답이 되는 경우가 많다.

▮ 해설

비상방송설비의 음향장치는 정격전압의 80% 전압에서 음향을 발할 수 있는 것으로 하고 자동화재탐지설비의 작동과 연동하여 작동할 수 있는 것으로 해야 한다.

▮ 유사문제

단순한 문제로 비상방송설비의 음향장치가 정격전압의 몇 % 전압에서 음향을 발할 수 있어야 하는지 묻는 문제도 출제되었다.
정답은 80%이다.

07 개념 이해형 　　　난이도 上

▮ 정답 ②

▮ 접근 POINT

비상방송설비의 음향장치는 정격전압의 80% 전압에서 음향을 발할 수 있어야 한다는 규정을 이용하여 실제로 음향을 발할 수 있는 전압 기준을 계산해야 하는 문제이다.

▮ 해설

비상방송설비의 음향장치는 정격전압의 80% 전압에서 음향을 발할 수 있는 것으로 해야 한다. 문제에서 정격전압이 220V로 주어졌으므로 다음과 같이 176V 이상에서 음향을 발해야 한다.
$220 \times 0.8 = 176V$

08 단순 암기형 　　　난이도 下

▮ 정답 ②

▮ 접근 POINT

필기, 실기 모두 자주 출제되는 문제이므로 비상방송설비의 음향장치의 설치기준은 정확하게 암기해야 한다.

▮ 해설

비상방송설비의 음향장치는 자동화재속보설비가 아니라 자동화재탐지설비의 작동과 연동하여 작동할 수 있어야 한다.

09 단순 암기형 　　　난이도 下

▮ 정답 ①

▮ 접근 POINT

필기, 실기 모두 자주 출제되는 문제이므로 비상방송설비의 음향장치의 설치기준은 정확하게 암기해야 한다.

▮ 해설

② 음량조정기를 설치하는 경우 음량조정기의 배선은 <u>3선식</u>으로 한다.
③ 다른 방송설비와 공용하는 것에 있어서는 화재 시 <u>비상경보 외의 방송을 차단할 수 있는 구조</u>로 한다.
④ 기동장치에 따른 화재신호를 수신한 후 필요한 음량으로 화재발생상황 및 피난에 유효한 방송이 자동으로 개시될 때까지의 소요시간은 <u>10초 이내</u>로 한다.

10 단순 암기형
난이도 下

| 정답 ②

| 접근 POINT

자주 출제되는 문제로 비상방송설비라는 용어가 나오면 소요시간 10초를 바로 떠올려야 한다.

| 해설

비상방송설비에서 기동장치에 따른 화재신호를 수신한 후 필요한 음량으로 화재발생상황 및 피난에 유효한 방송이 자동으로 개시될 때까지의 소요시간은 10초 이내로 해야 한다.

11 단순 암기형
난이도 下

| 정답 ①

| 접근 POINT

화재가 발생한 경우 일반방송보다 비상방송이 더 우선적으로 방송되도록 비상방송설비의 배선이 설치되어야 한다.

| 해설

「비상방송설비의 화재안전기술기준」상 배선의 설치기준

• 화재로 인하여 하나의 층의 확성기 또는 배선이 단락 또는 단선되어도 다른 층의 화재 통보에 지장이 없도록 할 것
• 전원회로의 배선은 「옥내소화전설비의 화재안전기술기준」에 따른 내화배선에 따를 것
• 부속회로의 전로와 대지 사이 및 배선 상호 간의 절연저항은 1경계구역마다 직류 250V의

절연저항측정기를 사용하여 측정한 절연저항이 0.1MΩ 이상이 되도록 할 것
• 비상방송설비의 배선은 <u>다른 전선과 별도의 관·덕트, 몰드 또는 풀박스 등에 설치할 것</u>

12 단순 암기형
난이도 下

| 정답 ①

| 접근 POINT

절연저항은 자주 출제되므로 다음과 같이 정리하여 암기하는 것이 좋다.

절연저항 기준 중 1경계구역이라는 용어가 나오면 0.1MΩ을 기억해야 한다.

구분	절연저항	대상
직류 250V	0.1MΩ 이상	비상방송설비의 1경계구역의 절연저항
직류 500V	5MΩ 이상	• 시각경보장치의 전원부와 비충전부 • 자동화재속보설비의 절연된 충전부와 외함 • 누전경보기 • 유도등(교류입력측과 외함 사이)
	20MΩ 이상	• 자동화재속보설비의 교류입력측과 외함 • 비상콘센트설비(전원부와 외함 사이)

| 해설

비상방송설비의 부속회로의 전로와 대지 사이 및 배선 상호 간의 절연저항은 <u>1경계구역마다 직류 250V의 절연저항측정기를 사용하여 측정한 절연저항이 0.1MΩ 이상</u>이 되도록 해야 한다.

13 단순 암기형   난이도 下

┃ 정답 ③

┃ 접근 POINT

23년에 경보방식이 개정되어 개정된 기준에 맞게 문제와 보기를 수정했다. 아래 해설에 있는 개정된 기준을 확인해야 한다.

┃ 해설

층수가 11층(공동주택의 경우에는 16층) 이상의 특정소방대상물의 1층에서 발화한 때에는 발화층·그 직상 4개층 및 지하층에 경보를 발해야 한다.

14 개념 이해형   난이도 中

┃ 정답 ②

┃ 접근 POINT

23년에 경보방식이 개정되어 개정된 기준에 맞게 문제와 보기를 수정했다. 아래 해설에 있는 개정된 기준을 확인해야 한다.

┃ 해설

「비상방송설비의 화재안전기술기준」상 경보를 발하는 층

층수가 11층(공동주택의 경우에는 16층) 이상의 특정소방대상물은 다음의 기준에 따라 경보를 발할 수 있도록 해야 한다.

구분	경보를 발하는 층
2층 이상	발화층 및 그 직상 4개층
1층	발화층·그 직상 4개층 및 지하층
지하층	발화층·그 직상층 및 기타의 지하층

15 단순 암기형   난이도 下

┃ 정답 ①

┃ 접근 POINT

자주 출제되는 문제는 아니므로 정답을 확인하는 정도로 공부하는 것이 좋다.

③번이 소방에서 가장 많이 쓰이는 배선으로 HFIX라고도 하고 실기에서 배선의 명칭을 직접 작성하라고 요구하는 문제도 출제된다.

┃ 해설

①번은 전원회로의 배선에 해당되지 않는다.

┃ 관련법규

「비상방송설비의 화재안전기술기준」상 전원회로의 배선

전원회로의 배선은 다음과 같은 내화배선을 사용하여야 한다.

- 450/750V 저독성 난연 가교 폴리올레핀 절연전선
- 0.6/1kV 가교 폴리에틸렌 절연 저독성 난연 폴리올레핀 시스 전력 케이블
- 0.6/1kV EP 고무절연 클로로프렌 시스케이블
- 내열성 에틸렌-비닐 아세테이트 고무 절연케이블

16 단순 암기형   난이도 下

▌정답 ②

▌접근 POINT

자주 출제되는 문제는 아니므로 정답을 확인하는 정도로 공부하는 것이 좋다.

▌해설

내열배선의 종류

- 450/750V 저독성 난연 가교 폴리올레핀 절연전선
- 0.6/1kV EP 고무절연 클로로프렌 시스 케이블
- 버스덕트(Bus Duct)
- 0.6/1kV EP 가교 폴리에틸렌 절연 저독성 난연 폴리올레핀 시스 전력 케이블
- 가교 폴리에틸렌 절연 비닐시스 트레이용 난연 전력케이블

17 단순 암기형   난이도 中

▌정답 ④

▌접근 POINT

비상경보설비의 설치대상과 비상방송설비의 설치대상을 구분해야 한다.

▌해설

④번은 비상경보설비의 설치대상이다.

▌관련법규

「소방시설법 시행령」 별표4 비상방송설비 설치대상 특정소방대상물

- 연면적 3천5백㎡ 이상인 것은 모든 층
- 층수가 11층 이상인 것은 모든 층
- 지하층의 층수가 3층 이상인 것은 모든 층

18 단순 암기형   난이도 下

▌정답 ②

▌접근 POINT

옥내소화전설비, 비상콘센트설비, 스프링클러설비는 상용전원이 같다.

▌해설

구분	상용전원
비상방송설비	• 축전지설비 • 전기저장장치 • 교류전압의 옥내간선
옥내소화전설비 비상콘센트설비 스프링클러설비	• 저압수전 • 고압수전 • 특별고압수전

대표유형 ❸

자동화재탐지설비 및 시각경보장치　　68쪽

01	02	03	04	05	06	07	08	09	10
④	①	③	②	③	①	③	④	①	②

11	12	13	14	15	16	17	18	19	20
②	①	④	②	④	①	②	③	③	①

21	22	23	24	25	26	27	28	29	30
①	②	③	①	③	③	②	④	②	②

31	32	33	34	35	36	37	38	39	40
②	②	①	①	④	①	④	②	①	②

41	42	43	44						
②	②	②	③						

01 단순 암기형　　난이도 下

정답　④

접근 POINT

자동화재탐지설비에 대한 용어 정의를 알고 있으면 쉽게 답을 고를 수 있는 문제이다.

해설

단독경보형감지기란 화재발생 상황을 단독으로 감지하여 자체에 내장된 음향장치로 경보하는 감지기로 「비상경보설비 및 단독경보형감지기의 화재안전기술기준」에서 사용하는 용어이다.

유사문제

시각경보장치의 용어 정의를 묻는 문제도 출제된 적 있다.
시각경보장치는 시각장애인이 아니라 청각장애인에게 점멸형태의 시각경보를 하는 것이다.

02 단순 암기형　　난이도 下

정답　①

접근 POINT

소방관계법규 과목에서도 출제되는 문제로 경계구역 기준에 대한 수치는 정확하게 암기해야 한다.

해설

「자동화재탐지설비 및 시각경보장치의 화재안전기술기준」상 경계구역

• 하나의 경계구역이 2 이상의 건축물에 미치지 않도록 할 것
• 하나의 경계구역이 2 이상의 층에 미치지 않도록 할 것. 다만, 500㎡ 이하의 범위 안에서는 2개의 층을 하나의 경계구역으로 할 수 있다.
• 하나의 경계구역의 면적은 600㎡ 이하로 하고 한 변의 길이는 50m 이하로 할 것. 다만, 해당 특정소방대상물의 주된 출입구에서 그 내부 전체가 보이는 것에 있어서는 한 변의 길이가 50m의 범위 내에서 1,000㎡ 이하로 할 수 있다.

03 단순 암기형　　난이도 下

정답　③

접근 POINT

소방관계법규 과목에서도 출제되는 문제로 경계구역 기준에 대한 수치는 정확하게 암기해야 한다.

▎해설

① 하나의 경계구역이 2 이상의 건축물에 미치지 않도록 할 것

② 하나의 경계구역의 면적은 600㎡ 이하로 하고 한 변의 길이는 50m 이하로 할 것

④ 특정소방대상물의 주된 출입구에서 그 내부 전체가 보이는 것에 있어서는 한 변의 길이가 50m의 범위 내에서 1,000㎡ 이하로 할 수 있다.

---

04 단순 암기형 난이도 下

▎정답 ②

▎접근 POINT

실기에도 단답형 또는 서술형으로 종종 출제되는 문제이므로 중계기의 설치기준은 확실하게 암기해야 한다.

▎해설

② 수신기와 발신기 사이가 아니라 수신기와 감지기 사이에 설치해야 한다.

▎관련법규

「자동화재탐지설비 및 시각경보장치의 화재안전기술기준」상 자동화재탐지설비의 중계기 설치기준

• 수신기에서 직접 감지기회로의 도통시험을 행하지 않는 것에 있어서는 수신기와 감지기 사이에 설치할 것

• 조작 및 점검에 편리하고 화재 및 침수 등의 재해로 인한 피해를 받을 우려가 없는 장소에 설치할 것

• 수신기에 따라 감시되지 않는 배선을 통하여

전력을 공급받는 것에 있어서는 전원입력 측의 배선에 과전류차단기를 설치하고 해당 전원의 정전이 즉시 수신기에 표시되는 것으로 하며, 상용전원 및 예비전원의 시험을 할 수 있도록 할 것

▎유사문제

거의 같은 문제인데 오답 보기로 감시되지 아니하는 배선을 통하여 전력을 공급받는 것에 있어서는 전원입력 측의 배선에 누전경보기를 설치할 것이 출제된 적 있다.

누전경보기가 아니라 과전류 차단기를 설치해야 함을 기억해야 한다.

---

05 단순 암기형 난이도 下

▎정답 ③

▎접근 POINT

필기와 실기 모두 자주 출제되는 문제이므로 세부규정을 정확하게 암기해야 한다.

▎해설

① 15°가 아니라 45°이다.

② 45°가 아니라 5°이다.

④ 30℃가 아니라 20℃이다.

▎관련법규

「자동화재탐지설비 및 시각경보장치의 화재안전기술기준」상 감지기의 설치기준

• 보상식스포트형감지기는 정온점이 감지기 주위의 평상시 최고온도보다 20℃ 이상 높은 것으로 설치할 것

- 정온식감지기는 주방·보일러실 등으로서 다량의 화기를 취급하는 장소에 설치하되, 공칭작동온도가 최고주위온도보다 20℃ 이상 높은 것으로 설치할 것
- 스포트형감지기는 45° 이상 경사되지 않도록 부착할 것
- 공기관식 차동식분포형감지기의 공기관의 노출 부분은 감지구역마다 20m 이상이 되도록 할 것
- 공기관식 차동식분포형감지기의 공기관과 감지구역의 각 변과의 수평거리는 1.5m 이하가 되도록 하고, 공기관 상호 간의 거리는 6m(주요구조부가 내화구조로 된 특정소방대상물 또는 그 부분에 있어서는 9 m) 이하가 되도록 할 것
- 공기관식 차동식분포형감지기의 공기관은 도중에서 분기하지 않도록 할 것
- 공기관식 차동식분포형감지기의 하나의 검출부분에 접속하는 공기관의 길이는 100m 이하로 할 것
- 공기관식 차동식분포형감지기의 검출부는 5° 이상 경사되지 않도록 부착할 것
- 공기관식 차동식분포형감지기의 검출부는 바닥으로부터 0.8m 이상 1.5m 이하의 위치에 설치할 것

유사문제

비슷한 문제로 "보상식스포트형감지기는 정온점이 평상시 최고온도보다 10℃ 이상 높은 것으로 설치할 것"이라는 오답 보기가 출제된 적 있다. 보상식스포트형감지기는 정온점이 감지기 주위의 평상시 최고온도보다 20℃ 이상 높은 것으로 설치해야 한다.

---

06 단순 암기형　　　　　난이도 下

정답　①

접근 POINT

필기와 실기 모두 자주 출제되는 문제이므로 세부규정도 정확하게 암기해야 한다.

해설

검출부는 5° 이상 경사되지 않도록 부착해야 한다.

---

07 단순 암기형　　　　　난이도 下

정답　②

접근 POINT

자주 출제되는 문제이므로 해당 수치를 정확하게 기억하고 있어야 한다.

해설

정온식감지기는 주방·보일러실 등으로서 다량의 화기를 취급하는 장소에 설치하되, 공칭작동온도가 최고주위온도보다 20℃ 이상 높은 것으로 설치해야 한다.

---

08 단순 암기형　　　　　난이도 下

정답　④

접근 POINT

차동식 감지기는 주위 온도가 일정 상승률 이상 상승했을 때 작동하는 감지기이다.

주위 온도 변화와 관련이 적은 감지기를 찾아본다.

I 해설

차동식 감지기의 종류

불꽃 자외선식 감지기는 불꽃에서 방사되는 자외선의 변화가 일정량 이상이 되었을 때 작동하는 감지기로 불꽃감지기이다.

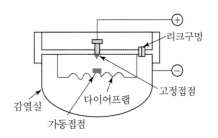

09 개념 이해형 난이도 下

I 정답 ①

I 접근 POINT

리크구멍은 공기가 빠져나갈 수 있는 작은 구멍으로 감지기에 구멍이 있어야 하는 이유를 생각해 본다.

I 용어 CHECK

비화재보: 화재가 발생하지 않았는데 감지기가 작동하는 것

I 해설

화재가 아닌 난방 등으로 실내온도가 완만하게 상승할 경우에는 리크구멍을 통해 공기가 빠져나가 화재신호를 발생하지 않도록 하여 비화재보를 방지할 수 있다.

10 단순 암기형 난이도 下

I 정답 ②

I 접근 POINT

외관이 전선으로 되어 있다는 것으로 감지기가 선형으로 되어 있다는 것을 생각할 수 있다.

I 해설

정온식 감지선형 감지기는 외관이 전선으로 되어 있어 주위의 온도가 일정한 온도 이상이 되면 작동한다.

I 선지분석

① 차동식스포토형과 정온식스토트형 감지기의 성능을 겸한 보상식 스포트형 감지기에 해당된다.
③ 차동식 스포트형 감지기에 해당된다.
④ 차동식 분포형 감지기에 해당된다.

11 단순 암기형 난이도 下

I 정답 ②

I 접근 POINT

실기에도 출제되는 문제이므로 불꽃감지기 설

치기준은 정확하게 암기해야 한다.

┃ 해설

감지기를 천장에 설치하는 경우 화재를 유효하게 감지할 수 있도록 바닥을 향하여 설치해야 한다.

┃ 관련법규

「자동화재탐지설비 및 시각경보장치의 화재안전기술기준」상 불꽃감지기의 설치기준

- 공칭감시거리 및 공칭시야각은 형식승인 내용에 따를 것
- 감지기는 공칭감시거리와 공칭시야각을 기준으로 감시구역이 모두 포용될 수 있도록 설치할 것
- 감지기는 화재감지를 유효하게 감지할 수 있는 모서리 또는 벽 등에 설치할 것
- 감지기를 천장에 설치하는 경우에는 감지기는 바닥을 향하여 설치할 것
- 수분이 많이 발생할 우려가 있는 장소에는 방수형으로 설치할 것

12 단순 암기형 난이도 下

┃ 정답 ①

┃ 접근 POINT

방폭형이란 내부에서 폭발이 일어나도 안전하거나 외부의 폭발성 가스에 의해 인화될 우려가 없는 것으로 감지기에는 많이 적용되지는 않는다.

┃ 해설

불꽃감지기를 방폭형으로 설치해야 한다는 것은 기준에 나와 있지 않고 감지기의 설치와 연관성이 적다.

13 단순 암기형 난이도 下

┃ 정답 ④

┃ 접근 POINT

자주 출제되는 문제는 아니므로 정답을 확인하는 정도로 학습하는 것이 좋다.

┃ 해설

열전대식 감지기의 구성요소는 열전대, 미터릴레이, 접속전선이다.
공기관은 공기관식 감지기의 구성요소이다.

┃ 유사문제

열반도체 감지기의 구성을 묻는 문제도 출제되었다.
열반도체 감지기는 수열판, 미터릴레이, 열반도체 소자로 구성되어 있다.
열전대는 열반도체 감지기가 아니라 열전대식 감지기의 구성요소이다.

14 단순 암기형 난이도 下

┃ 정답 ②

┃ 접근 POINT

비상경보설비 발신기의 설치기준과 수치 기준이 같다.

해설

표시등의 불빛은 부착면으로부터 15° 이상의 범위 안에서 부착지점으로부터 10m 이내의 어느 곳에서도 쉽게 식별할 수 있는 적색등으로 해야 한다.

관련법규

「자동화재탐지설비 및 시각경보장치의 화재안전기술기준」상 자동화재탐지설비 발신기 설치기준

- 조작이 쉬운 장소에 설치하고, 스위치는 바닥으로부터 0.8m 이상 1.5m 이하의 높이에 설치할 것
- 특정소방대상물의 층마다 설치하되, 해당 층의 각 부분으로부터 하나의 발신기까지의 수평거리가 25m 이하가 되도록 할 것. 다만, 복도 또는 별도로 구획된 실로서 보행거리가 40m 이상일 경우에는 추가로 설치해야 한다.
- 발신기의 위치를 표시하는 표시등은 함의 상부에 설치하되, 그 불빛은 부착면으로부터 15° 이상의 범위 안에서 부착지점으로부터 10m 이내의 어느 곳에서도 쉽게 식별할 수 있는 적색등으로 해야 한다.

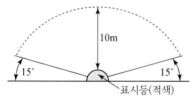

유사문제 ①

자동화재탐지설비의 발신기는 건축물의 각 부분으로부터 하나의 발신기까지의 수평거리가 최대 몇 m 이내인지 묻는 문제도 출제되었다.
정답은 25m이다.

유사문제 ②

복도 또는 별도로 구획된 실에 발신기를 설치하는 경우 보행거리 기준을 묻는 문제도 출제되었다.
정답은 40m 이상이다.

15 개념 이해형　　　　난이도 中

정답　④

접근 POINT

법에 규정된 기준을 암기한 상태에서 감지기의 개수를 계산하는 문제로 필기에서는 난이도가 높은 문제라고 할 수 있다.
실기에서는 실제 감지기 개수를 산정하는 문제가 자주 출제되므로 필기 때부터 이러한 문제에 익숙해지는 것이 좋다.

해설

감지기의 설치기준

감지기는 그 부착 높이 및 특정소방대상물에 따라 다음 표에 따른 바닥면적(단위: m^2)마다 1개 이상을 설치해야 한다.

부착높이 및 구분		보상식 스포트형		정온식 스포트형		
		1종	2종	특종	1종	2종
4m 미만	내화구조	90	70	70	60	20
	기타구조	50	40	40	30	15
4m 이상 8m 미만	내화구조	45	35	35	30	–
	기타구조	30	25	25	15	–

문제에서 부착높이는 4.5m이고, 내화구조이며 보상식 스포트형 1종을 설치한다고 했으므로 감지기 1개가 담당하는 면적은 $45m^2$이다.

$\dfrac{370}{45} = 8.22 ≒ 9$개

감지기 개수를 산정할 때 소수점 이하는 절상 (올림)해야 한다.

┃유사문제

부착높이가 6m, 내화구조이고 정온식 스포트 형 특종 감지기 1개가 담당하는 면적을 묻는 문 제도 출제되었다.

이러한 문제는 계산까지할 필요는 없고 표의 수 치만 암기하고 있으면 풀 수 있는 문제로 정답은 35m²이다.

16 개념 이해형 난이도 中

┃정답 ①

┃접근 POINT

법에 규정된 기준을 암기한 상태에서 감지기의 개수를 계산하는 문제로 필기에서는 난이도가 높은 문제라고 할 수 있다.

실기에서는 실제 감지기 개수를 산정하는 문제 가 자주 출제되므로 필기 때부터 이러한 문제에 익숙해지는 것이 좋다.

┃해설

열반도체식 차동식분포형감지기의 설치기준

감지부는 그 부착높이 및 특정소방대상물에 따 라 다음 표에 따른 바닥면적(단위: m²)마다 1개 이상으로 해야 한다.

부착높이 및 구분		감지기의 종류	
		1종	2종
8m 미만	내화구조	65	36
	기타구조	40	23
8m 이상 15m 미만	내화구조	50	36
	기타구조	30	23

문제에서 부착높이는 3m이고, 내화구조이며 1 종을 설치한다고 했으므로 1종 감지기 1개가 담 당하는 면적은 65m²이다.

$\dfrac{50}{65} = 0.77 ≒ 1$개

17 개념 이해형 난이도 中

┃정답 ②

┃접근 POINT

법에 규정된 기준을 암기한 상태에서 감지기의 개수를 계산하는 문제로 다소 난이도가 높은 문 제이다.

┃해설

열전대식 차동식분포형감지기의 설치기준

• 열전대부는 감지구역의 바닥면적 18㎡(주요 구조부가 내화구조로 된 특정소방대상물에 있어서는 22㎡)마다 1개 이상으로 할 것(최소 4개 이상)

• 하나의 검출부에 접속하는 열전대부는 20개 이하로 할 것

문제에서 내화구조라고 했으므로 기준면적은 22m²이다.

$\dfrac{256}{22} = 11.63 ≒ 12$개

하나의 검출부에 접속하는 열전대부는 20개 이하로 한다고 했으므로 검출부는 1개이다.

┃ 유사문제

감지기의 개수를 계산하는 것이 아니라 관련법규의 기준에 괄호 넣기를 해서 해당 수치를 묻는 문제도 출제된 적 있다.
법에 나온 수치 관련 기준은 시험에 자주 출제되므로 정확하게 암기하는 것이 좋다.

18 단순 암기형　　난이도 下

┃ 정답　③

┃ 접근 POINT

필기와 실기에 모두 자주 출제되므로 해당되는 감지기 8개는 암기해야 한다.

┃ 해설

정온식감지선형감지기는 적응성이 있지만 정온식스포트형감지기는 적응성이 없다.

┃ 관련법규

「자동화재탐지설비 및 시각경보장치의 화재안전기술기준」상 감지기의 설치기준

지하층·무창층 등으로서 환기가 잘되지 아니하거나 실내면적이 40㎡ 미만인 장소, 감지기의 부착면과 실내 바닥과의 거리가 2.3m 이하인 곳으로서 일시적으로 발생한 열·연기 또는 먼지 등으로 인하여 화재신호를 발신할 우려가 있는 장소에는 다음의 기준에서 정한 감지기 중 적응성이 있는 감지기를 설치해야 한다.

• 불꽃감지기

• 정온식감지선형감지기
• 분포형감지기
• 복합형감지기
• 광전식분리형감지기
• 아날로그방식의 감지기
• 다신호방식의 감지기
• 축적방식의 감지기

19 단순 암기형　　난이도 下

┃ 정답　③

┃ 접근 POINT

5m 미만을 묻는 문제도 있지만 해당 규정이 적용되는 장소인 차고, 주자창, 창고를 묻는 문제도 있으니 장소도 기억해야 한다.

┃ 해설

「자동화재탐지설비 및 시각경보장치의 화재안전기술기준」상 경계구역

외기에 면하여 상시 개방된 부분이 있는 차고·주차장·창고 등에 있어서는 외기에 면하는 각 부분으로부터 5m 미만의 범위 안에 있는 부분은 경계구역의 면적에 산입하지 않는다.

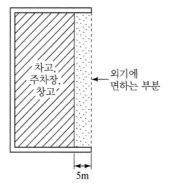

20 단순 암기형 난이도 下

┃정답 ①

┃접근 POINT

실기에도 출제되는 문제이므로 관련 규정을 정확하게 암기해야 한다.

┃해설

학원 같이 실내의 용적이 20m³ 이하인 작은 장소에도 화재가 발생하면 인명피해가 발생할 수 있으므로 감지기를 설치해야 한다.

┃관련법규

「자동화재탐지설비 및 시각경보장치의 화재안전기술기준」상 감지기의 설치제외 장소

• 천장 또는 반자의 높이가 20m 이상인 장소. 다만, 법에 정한 감지기로서 부착 높이에 따라 적응성이 있는 장소는 제외한다.
• 헛간 등 외부와 기류가 통하는 장소로서 감지기에 따라 화재 발생을 유효하게 감지할 수 없는 장소
• 부식성 가스가 체류하고 있는 장소
• 고온도 및 저온도로서 감지기의 기능이 정지되기 쉽거나 감지기의 유지관리가 어려운 장소
• 목욕실·욕조나 샤워시설이 있는 화장실·기타 이와 유사한 장소
• 파이프덕트 등 그 밖의 이와 비슷한 것으로서 2개 층마다 방화구획된 것이나 수평단면적이 5㎡ 이하인 것
• 먼지·가루 또는 수증기가 다량으로 체류하는 장소 또는 주방 등 평상시 연기가 발생하는 장소(연기감지기에 한함)

• 프레스공장·주조공장 등 화재 발생의 위험이 적은 장소로서 감지기의 유지관리가 어려운 장소

21 단순 암기형 난이도 下

┃정답 ①

┃접근 POINT

부착 높이에 따른 감지기의 종류는 법에 4m 미만, 4m 이상 8m 미만, 8m 이상 15m 미만, 15m 이상 20m 미만, 20m 이상으로 세분화되어 규정되어 있다.
이 중 20m 이상에 설치할 수 있는 감지기가 가장 많이 출제된다.

┃해설

부착높이가 20m 이상일 경우 불꽃감지기, 광전식(분리형, 공기흡입형) 중 아날로그 방식의 감지기를 설치해야 한다.

┃관련법규

「자동화재탐지설비 및 시각경보장치의 화재안전기술기준」상 부착높이에 따른 감지기의 종류

부착 높이	감지기의 종류
4m 미만	• 차동식(스포트형, 분포형) • 보상식 스포트형 • 정온식(스포트형, 감지선형) • 이온화식 또는 광전식(스포트형, 분리형, 공기흡입형) • 열복합형 • 연기복합형 • 열연기복합형 • 불꽃감지기

부착 높이	감지기의 종류
4m 이상 8m 미만	• 차동식(스포트형, 분포형) • 보상식 스포트형 • 정온식(스포트형, 감지선형) 특종 또는 1종 • 이온화식 1종 또는 2종 • 광전식(스포트형, 분리형, 공기흡입형) 1종 또는 2종 • 열복합형 • 연기복합형 • 열연기복합형 • 불꽃감지기
8m 이상 15m 미만	• 차동식 분포형 • 이온화식 1종 또는 2종 • 광전식(스포트형, 분리형, 공기흡입형) 1종 또는 2종 • 연기복합형 • 불꽃감지기
15m 이상 20m 미만	• 이온화식 1종 • 광전식(스포트형, 분리형, 공기흡입형) 1종 • 연기복합형 • 불꽃감지기
20m 이상	• 불꽃감지기 • 광전식(분리형, 공기흡입형) 중 아날로그방식

22 단순 암기형 난이도 下

정답 ②

접근 POINT

해설

보상식 분포형감지기는 「자동화재탐지설비 및 시각경보장치의 화재안전기술기준」상 부착 높이에 따른 감지기의 종류에 포함되어 있지 않다.

유사문제 ①

연기복합형 감지기를 설치할 수 없는 높이를 묻

는 문제도 출제되었다.

정답은 20m 이상이다.

유사문제 ②

유사한 문제로 부착높이가 11m인 장소에 적응성이 있는 감지기를 묻는 문제도 출제되었다. 정답은 차동식 분포형 감지기이다.

유사문제 ③

부착높이가 15m 이상 20m 미만에 적응성이 있는 감지기가 아닌 것을 묻는 문제도 출제되었다.

이온화식 1종 감지기, 연기복합형 감지기, 불꽃감지기는 15m 이상 20m 미만에 적응성이 있지만 차동식 분포형 감지기는 15m 이상 20m 미만에 적응성이 없다.

23 단순 암기형 난이도 下

정답 ②

접근 POINT

감광률을 묻는 문제는 5%/m이 답이 되는 경우가 많다.

해설

「자동화재탐지설비 및 시각경보장치의 화재안전기술기준」상 감광율

부착 높이 20m 이상에 설치되는 광전식 중 아날로그방식의 감지기는 공칭감지농도 하한값의 감광률 5%/m 미만인 것으로 한다.

24 단순 암기형   난이도 下

▎정답 ③

▎접근 POINT

필기와 실기 모두 자주 출제되는 문제이므로 종단저항 설치기준을 정확하게 암기해야 한다.

▎해설

③ 2.0m 이내가 아니라 1.5m 이내로 해야 한다.

▎관련법규

「자동화재탐지설비 및 시각경보장치의 화재안전기술기준」상 도통시험을 위한 종단저항의 설치기준

• 점검 및 관리가 쉬운 장소에 설치할 것
• 전용함을 설치하는 경우 그 설치 높이는 바닥으로부터 <u>1.5m 이내로 할 것</u>
• 감지기 회로의 끝부분에 설치하며, 종단감지기에 설치할 경우에는 구별이 쉽도록 해당 감지기의 기판 및 감지기 외부 등에 별도의 표시를 할 것

25 단순 암기형   난이도 下

▎정답 ①

▎접근 POINT

필기와 실기 모두 자주 출제되는 문제이므로 종단저항 설치기준을 정확하게 암기해야 한다.

▎해설

①번의 경우 법에 정확하게 명시되어 있지는 않지만 일반적으로 동일층 발신기함 내부에 종단저항을 설치한다.

②, ③, ④번은 모두 법에 종단저항의 설치기준으로 명시되어 있다.

26 단순 암기형   난이도 下

▎정답 ③

▎접근 POINT

하나의 공통선에 접속할 수 있는 경계구역은 7개 이하로 해야 하는 것은 실기 때 전선 가닥수를 산정하는 데 중요한 조건이므로 필기 때부터 확실하게 이해해야 한다.

▎해설

피(P)형 수신기의 감지기 회로의 배선에 있어서 하나의 공통선에 접속할 수 있는 경계구역은 7개 이하로 해야 한다.

▎관련법규

「자동화재탐지설비 및 시각경보장치의 화재안전기술기준」상 배선의 설치기준

• 감지기 사이의 회로의 배선은 송배선식으로 할 것
• 감지기회로 및 부속회로의 전로와 대지 사이 및 배선 상호 간의 절연저항은 <u>1경계구역마다 직류 250V의 절연저항측정기를 사용하여 측정한 절연저항이 0.1MΩ 이상</u>이 되도록 할 것
• 자동화재탐지설비의 배선은 다른 전선과 별도의 관·덕트·몰드 또는 풀박스 등에 설치할 것. 다만, 60V 미만의 약 전류회로에 사용하는 전선으로서 각각의 전압이 같을 때에는 그렇지 않다.
• P형 수신기 및 G.P형 수신기의 감지기 회로의

배선에 있어서 하나의 공통선에 접속할 수 있는 경계구역은 7개 이하로 할 것
- 자동화재탐지설비의 감지기회로의 전로저항은 50Ω 이하가 되도록 해야 하며, 수신기의 각 회로별 종단에 설치되는 감지기에 접속되는 배선의 전압은 감지기 정격전압의 80% 이상이어야 할 것

┃유사문제

공통신호선용 단자는 7개 회로마다 1개 이상 설치해야 한다.
공통신호선용 단자에 연결할 수 있는 회로의 개수가 다르게 표기되어 오답 보기로 출제되는 경우가 있으므로 대비해야 한다.

27 단순 계산형　　　난이도 中

┃정답　③

┃접근 POINT

법에 나온 규정을 이용하여 계산을 해야 하는 문제이다.
실기에서는 직접 도면을 보고 공통선의 개수를 산정해야 하므로 필기 때부터 해당 개념을 정확하게 이해해야 한다.

┃해설

하나의 공통선에 접속할 수 있는 경계구역은 7개 이하로 해야 한다.

$$\frac{15}{7} = 2.14 ≒ 3개$$

답안이 소수점으로 나온 경우 절상(올림)해야 한다.

28 단순 암기형　　　난이도 下

┃정답　②

┃접근 POINT

자주 출제되는 문제로 %를 묻는 문제는 80이 답이 되는 경우가 많다.

┃해설

자동화재탐지설비의 감지기회로의 전로저항은 50Ω 이하가 되도록 해야 하며, 수신기의 각 회로별 종단에 설치되는 감지기에 접속되는 배선의 전압은 감지기 정격전압의 80% 이상이어야 한다.

┃유사문제

좀 더 간단한 문제로 수신기의 각 회로별 종단에 설치되는 감지기에 접속하는 배선의 전압은 감지기 정격전압의 최소 몇 % 이상이어야 하는지 묻는 문제도 출제되었다.
정답은 80%이다.

29 단순 암기형　　　난이도 下

┃정답　②

┃접근 POINT

필기만 생각하면 답만 암기해도 되지만 실기는 응용되어 나오므로 송배선식 방식을 이해하는 것이 좋다.

┃해설

송배선방식이란 도통시험을 용이하게 하기 위해 다음과 같이 배선의 도중에 분기하지 않는 방

식으로 말단에 종단저항을 설치한다.

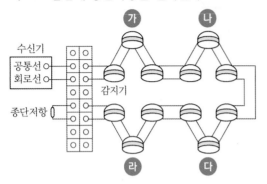

30 단순 암기형 난이도 下

정답 ②

접근 POINT

주음향장치와 지구음향장치의 설치장소를 구분할 수 있어야 한다.

해설

「자동화재탐지설비 및 시각경보장치의 화재안전기술기준」상 음향장치 설치장소

주음향장치	지구음향장치
수신기의 내부 또는 그 직근에 설치	특정소방대상물의 층마다 설치

31 단순 암기형 난이도 下

정답 ②

접근 POINT

실기에도 출제되는 문제이므로 연기감지기 설치장소는 확실하게 암기해야 한다.

해설

길이 30m 미만의 복도는 연기감지기를 설치하지 않아도 된다.

관련법규

「자동화재탐지설비 및 시각경보장치의 화재안전기술기준」에 따른 연기감지기 설치장소

• 계단·경사로 및 에스컬레이터 경사로
• 복도(30m 미만의 것은 제외)
• 엘리베이터 승강로(권상기실이 있는 경우에는 권상기실)·린넨슈트·파이프 피트 및 덕트 기타 이와 유사한 장소
• 천장 또는 반자의 높이가 15m 이상 20m 미만의 장소

32 단순 암기형 난이도 下

정답 ②

접근 POINT

실기에도 종종 출제되는 문제이므로 연기감지기 설치기준은 확실하게 암기해야 한다.
이 문제에서는 3종의 기준을 묻고 있지만 1종 및 2종에 대한 기준을 묻는 문제도 출제될 수 있으므로 대비가 필요하다.

해설

「자동화재탐지설비 및 시각경보장치의 화재안전기술기준」상 연기감지기의 설치기준

• 연기감지기는 복도 및 통로에 있어서는 보행거리 1종 및 2종은 30m(3종에 있어서는 20m)마다 계단 및 경사로에 있어서는 1종 및 2종은 수직거리 15m(3종에 있어서는 10m)

마다 1개 이상으로 할 것
- 천장 또는 반자가 낮은 실내 또는 좁은 실내에 있어서는 출입구의 가까운 부분에 설치할 것
- 천장 또는 반자 부근에 배기구가 있는 경우에는 그 부근에 설치할 것
- 감지기는 벽 또는 보로부터 0.6m 이상 떨어진 곳에 설치할 것

33 단순 암기형   난이도 下

정답 ①

접근 POINT

연기감지기에서 0.6m가 나오는 기준과 구분할 수 있어야 한다.

해설

천장 또는 반자 부근에 배기구가 있는 경우 그 부근에 연기감지기를 설치해야 한다.
연기감지기는 벽 또는 보로부터 0.6m 이상 떨어진 곳에 설치해야 한다.

34 단순 암기형   난이도 下

정답 ①

접근 POINT

실기에도 자주 나오는 문제이므로 해설에 있는 표는 암기해야 한다.

해설

「자동화재탐지설비 및 시각경보장치의 화재안전기술기준」상 연기감지기의 설치기준
연기감지기는 부착높이에 따라 다음 표에 따른 바닥면적마다 1개 이상으로 해야 한다.

부착높이	감지기의 종류(단위: m²)	
	1종 및 2종	3종
4m 미만	150	50
4m 이상 20m 미만	75	-

35 단순 암기형   난이도 下

정답 ④

접근 POINT

실기에도 자주 나오는 문제이므로 아래 해설에 있는 표는 암기해야 한다.

해설

「자동화재탐지설비 및 시각경보장치의 화재안전기술기준」에 따른 연기감지기의 종류
연기감지기는 부착높이에 따라 다음 표에 따른 바닥면적마다 1개 이상으로 해야 한다.

부착높이	감지기의 종류(단위: m²)	
	1종 및 2종	3종
4m 미만	150	50
4m 이상 20m 미만	75	-

36 단순 암기형 난이도 下

정답 ②

접근 POINT

실드선을 사용해야 하는 감지기 3개에 다른 감지기 1개를 넣어 실드선을 사용해야 하는 감지기를 고르는 문제가 주로 출제된다.

실드선을 사용해야 하는 감지기 3개만 알고 있으면 풀 수 있는 문제이다.

해설

「자동화재탐지설비 및 시각경보장치의 화재안전기술기준」상 실드선을 사용해야 하는 것
- 아날로그식 감지기
- 다신호식 감지기
- R형 수신기용으로 사용되는 것

유사문제

거의 같은 문제로 실드선을 사용해야 하는 감지기를 묻는 문제인데 복합형 감지기가 오답 보기로 출제된 적이 있다.

복합형 감지기는 실드선을 사용해야 하는 감지기에 해당되지 않는다.

37 단순 암기형 난이도 下

정답 ④

접근 POINT

자주 출제되는 문제는 아니고 법상에는 몇 페이지에 걸쳐 표로 제시되어 있다.

모든 기준을 암기하기는 어려우므로 정답을 확

인하는 정도로 공부하는 것이 좋다.

해설

「자동화재탐지설비 및 시각경보장치의 화재안전기술기준」상 현저하게 고온으로 되는 장소(건조실, 살균실, 보일러실 등)에 적응성이 있는 열감지기
- 정온식 특종 감지기
- 정온식 1종 감지기
- 열아날로그식 감지기

38 단순 암기형 난이도 下

정답 ④

접근 POINT

훈소화재란 불꽃을 내지 않고 연기가 나면서 발생하는 화재로 훈소화재에 우려가 있는 장소에는 연기감지기를 설치해야 한다.

자주 출제되지는 않으므로 정답을 확인하는 정도로 학습하는 것이 좋다.

해설

「자동화재탐지설비 및 시각경보장치의 화재안전기술기준」상 훈소화재의 우려가 있는 장소에 적응성이 있는 연기감지기
- 광전식스포트형 감지기
- 광전아날로그식스포트형 감지기
- 광전식분리형 감지기
- 광전아날로그식분리형 감지기

39 단순 암기형   난이도 下

▌정답 ④

▌접근 POINT

필기와 실기 모두 자주 출제되는 내용이므로 세부규정을 정확하게 암기해야 한다.

글로 암기하는 것보다는 해설에 있는 그림을 직접 그려보면서 암기하는 것이 좋다.

▌해설

「자동화재탐지설비 및 시각경보장치의 화재안전기술기준」상 광전식분리형감지기의 설치기준

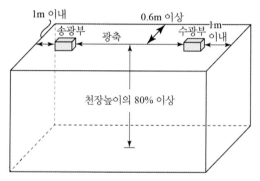

- 감지기의 수광면은 햇빛을 직접 받지 않도록 설치할 것
- 광축(송광면과 수광면의 중심을 연결한 선)은 나란한 벽으로부터 0.6m 이상 이격하여 설치할 것
- 감지기의 송광부와 수광부는 설치된 뒷벽으로부터 1m 이내의 위치에 설치할 것
- 광축의 높이는 천장 등(천장의 실내에 면한 부분 또는 상층의 바닥하부면) 높이의 80% 이상일 것
- 감지기의 광축의 길이는 공칭감시거리 범위 이내일 것

▌유사문제 ①

거의 같은 문제이고 감지기의 "송광부와 수광부는 설치된 뒷벽으로부터 0.5m 이내 위치에 설치할 것"이라는 오답 보기가 출제되었다.

0.5m가 아니라 1m 이내에 설치해야 한다.

▌유사문제 ②

거의 같은 문제이고 "광축은 나란한 벽으로부터 0.5m 이상 이격하여 설치할 것"이라는 오답 보기가 출제되었다.

0.5m가 아니라 0.6m 이상 이격하여 설치하여야 한다.

40 단순 암기형   난이도 下

▌정답 ②

▌접근 POINT

필기와 실기 모두 출제되는 문제이므로 해당 수치는 정확하게 암기해야 한다.

▌해설

「자동화재탐지설비 및 시각경보장치의 화재안전기술기준」상 시각경보장치 설치기준

- 복도·통로·청각장애인용 객실 및 공용으로 사용하는 거실에 설치하며, 각 부분으로부터 유효하게 경보를 발할 수 있는 위치에 설치할 것
- 공연장·집회장·관람장 또는 이와 유사한 장소에 설치하는 경우에는 시선이 집중되는 무대부 부분 등에 설치할 것
- 설치 높이는 바닥으로부터 2m 이상 2.5m 이하의 장소에 설치할 것. 다만, 천장의 높이가 2m 이하인 경우에는 천장으로부터 0.15m

이내의 장소에 설치해야 한다.
- 시각경보장치의 광원은 전용의 축전지설비 또는 전기저장장치에 의하여 점등되도록 할 것

41 단순 암기형 　　　　　 난이도 下

정답 ②

접근 POINT
절연저항은 자주 출제되므로 다음과 같이 정리하여 암기하는 것이 좋다.

구분	절연저항	대상
직류 250V	0.1MΩ 이상	비상방송설비의 1경계구역의 절연저항
직류 500V	5MΩ 이상	• 시각경보장치의 전원부와 비충전부 • 자동화재속보설비의 절연된 충전부와 외함 • 누전경보기 • 유도등(교류입력측과 외함 사이)
	20MΩ 이상	• 자동화재속보설비의 교류입력측과 외함 • 비상콘센트설비(전원부와 외함 사이)

해설
「시각경보장치의 성능인증 및 제품검사의 기술기준」 제10조 절연저항시험
시각경보장치의 전원부 양단자 또는 양선을 단락시킨 부분과 비충전부를 DC 500V 절연저항계로 측정하는 경우 절연저항이 5MΩ 이상이어야 한다.

42 단순 암기형 　　　　　 난이도 下

정답 ②

접근 POINT
감지기의 형식승인에 나오는 문제로 자주 출제되지는 않으므로 수치를 암기하는 정도로 공부하는 것이 좋다.

해설
「감지기의 형식승인 및 제품검사의 기술기준」 제5조 차동식분포형(공기관식) 감지기의 구조
- 공기관은 하나의 길이(이음매가 없는 것)가 20m 이상의 것으로 안지름 및 관의 두께가 일정하고 홈, 갈라짐 및 변형이 없어야 하며 부식되지 않아야 한다.
- 공기관의 두께는 0.3mm 이상, 바깥지름은 1.9mm 이상이어야 한다.

43 단순 암기형 　　　　　 난이도 下

정답 ②

접근 POINT
필기만 보면 답만 암기해도 되지만 실기문제는 도면을 해석해야 하는 문제도 있으므로 자주 나오는 도시기호는 암기해야 한다.

해설
②번이 수신기를 나타내는 소방시설 도시기호이다.

▌관련개념

소방시설 도시기호

구분	도시기호
수신기	
부수신기	
중계기	
제어반	
표시반	

② 근린생활시설 중 목욕장, 문화 및 집회 시설, 운동시설, 방송통신시설로 연면적 1,000m² 이상인 경우에 자동화재탐지설비를 설치해야 한다.

④ 지하가 중 터널로서 길이가 1,000m인 경우에 자동화재탐지설비를 설치해야 한다.

44 단순 암기형   난이도 下

▌정답 ③

▌접근 POINT

소방관계법규에 더 어울리는 문제이나 소방전기시설의 구조 및 원리 과목에도 출제될 수 있으므로 대비가 필요하다.

▌해설

① 의료시설, 위락시설은 연면적 600m² 이상인 경우에 자동화재탐지설비를 설치해야 한다.

대표유형 ❹

자동화재속보설비 　78쪽

01	02	03	04	05	06	07	08	09	10
①	①	③	②	②	②	③	③	③	②

01 단순 암기형　　난이도 下

▌정답　①

▌접근 POINT

소방설비에서 손으로 조작하는 것은 대부분 손으로 조작하기 편한 0.8~1.5m 기준으로 설치하도록 되어 있다.

▌해설

「자동화재속보설비의 화재안전기술기준」상 자동화재속보설비의 설치기준

• 자동화재탐지설비와 연동으로 작동하여 자동적으로 화재신호를 소방관서에 전달되는 것으로 할 것

• 조작스위치는 바닥으로부터 0.8m 이상 1.5m 이하의 높이에 설치할 것

• 속보기는 소방관서에 통신망으로 통보하도록 하며, 데이터 또는 코드전송방식을 부가적으로 설치할 수 있다.

• 문화재에 설치하는 자동화재속보설비는 속보기에 감지기를 직접 연결하는 방식으로 할 수 있다.

▌유사문제

거의 같은 문제인데 자동화재속보설비가 비상경보설비와 연동으로 작동해야 한다는 오답 보기가 출제된 적 있다.

자동화재속보설비는 자동화재탐지설비와 연동으로 작동해야 한다.

02 단순 암기형　　난이도 下

▌정답　①

▌접근 POINT

자동화재속보설비에서 자주 출제되는 유형의 문제로 반드시 맞혀야 하는 문제이다.

▌해설

「자동화재속보설비의 속보기의 성능인증 및 제품검사의 기술기준」 제5조 속보기의 기능

• 작동신호를 수신하거나 수동으로 동작시키는 경우 20초 이내에 소방관서에 자동적으로 신호를 발하여 알리되, 3회 이상 속보할 수 있어야 한다.

• 예비전원을 병렬로 접속하는 경우에는 역충전 방지 등의 조치를 하여야 한다.

• 예비전원은 감시상태를 60분간 지속한 후 10분 이상 동작이 지속될 수 있는 용량이어야 한다.

• 속보기는 연동 또는 수동 작동에 의한 다이얼링 후 소방관서와 전화접속이 이루어지지 않는 경우에는 최초 다이얼링을 포함하여 10회 이상 반복적으로 접속을 위한 다이얼링이 이루어져야 한다. 이 경우 매 회 다이얼링 완료 후 호출은 30초 이상 지속되어야 한다.

03 단순 암기형   난이도 下

▮ 정답 ③

▮ 접근 POINT

자동화재속보설비에서 자주 출제되는 유형의 문제로 반드시 맞혀야 하는 문제이다.

▮ 해설

속보기는 작동신호를 수신하거나 수동으로 동작시키는 경우 20초 이내에 소방관서에 자동적으로 신호를 발하여 알리되, 3회 이상 속보할 수 있어야 한다.

▮ 유사문제

좀더 간단한 문제로 속보기가 몇 회 이상 속보할 수 있어야 하는지 묻는 문제도 출제되었다. 정답은 3회 이상이다.

04 단순 암기형   난이도 下

▮ 정답 ②

▮ 접근 POINT

법에 나온 수치가 변경되어 출제되는 경우가 많으므로 수치는 정확하게 암기해야 한다.

▮ 해설

① 10초 이내가 아니라 20초 이내이다.
③ 30분간 지속이 아니라 60분간 지속이다.
④ 20회 이상이 아니라 10회 이상이다.

▮ 유사문제

좀더 간단한 문제로 자동화재속보설비 속보기

의 예비전원을 병렬로 접속하는 경우 필요한 조치를 묻는 문제도 출제되었다.
정답은 역충전 방지 조치이다.

05 단순 암기형   난이도 下

▮ 정답 ②

▮ 접근 POINT

자주 출제되는 문제는 아니므로 정답을 확인하는 정도로 공부하는 것이 좋다.

▮ 해설

접지전극에 직류전류를 통하는 회로방식은 속보기에 사용하지 않아야 한다.

▮ 관련법규

「자동화재속보설비의 속보기의 성능인증 및 제품검사의 기술기준」 제3조 속보기의 구조

• 예비전원 회로에는 단락사고 등을 방지하기 위한 퓨즈, 차단기 등과 같은 보호장치를 하여야 한다.
• 작동 시 그 작동시간과 작동회수를 표시할 수 있는 장치를 하여야 한다.
• 수동통화용 송수화장치를 설치하여야 한다.
• 속보기는 다음의 회로방식을 사용하지 않아야 한다.
  - 접지전극에 직류전류를 통하는 회로방식
  - 수신기에 접속되는 외부 배선과 다른 설비(화재신호의 전달에 영향을 미치지 않는 것은 제외)의 외부 배선을 공용으로 하는 회로방식

06 단순 암기형　　　　　　　　　난이도 下

정답　②

접근 POINT

강판과 합성수지를 사용할 경우 외함의 두께 기
준이 다른 것에 주의해야 한다.

해설

「자동화재속보설비의 속보기의 성능인증 및 제품검
사의 기술기준」 제4조 외함의 두께

강판 외함	합성수지 외함
1.2mm 이상	3mm 이상

07 단순 암기형　　　　　　　　　난이도 下

정답　③

접근 POINT

법에는 상온 충방전시험, 주위온도 충방전시험
으로 구분되어 있고 시험방법에 따른 기준도 다
양하다.
자주 출제되는 문제는 아니므로 출제된 문제 위
주로 공부하는 것이 좋다.

해설

「자동화재속보설비의 속보기의 성능인증 및 제품검
사의 기술기준」 제6조 주위온도 충방전시험
무보수 밀폐형 연축전지는 방전종지전압 상태에
서 0.1C로 48시간 충전한 다음 1시간 방치하여
0.05C으로 방전시킬 때 정격용량의 95% 용량을
지속하는 시간이 30분 이상이어야 하며, 외관이
부풀어 오르거나 누액 등이 생기지 않아야 한다.

08 단순 암기형　　　　　　　　　난이도 下

정답　③

접근 POINT

절연저항은 자주 출제되므로 다음과 같이 정리
하여 암기하는 것이 좋다.

구분	절연저항	대상
직류 250V	0.1MΩ 이상	비상방송설비의 1경계구역의 절연저항
직류 500V	5MΩ 이상	• 시각경보장치의 전원부와 비충전부 • 자동화재속보설비의 절연된 충전부와 외함 • 누전경보기 • 유도등(교류입력측과 외함 사이)
	20MΩ 이상	• 자동화재속보설비의 교류입력측과 외함 • 비상콘센트설비(전원부와 외함 사이)

해설

「자동화재속보설비의 속보기의 성능인증 및 제품검
사의 기술기준」 제10조 절연저항시험

• 절연된 충전부와 외함 간의 절연저항은 직류
500V의 절연저항계로 측정한 값이 5MΩ(교
류입력측과 외함 간에는 20MΩ) 이상이어야
한다.

• 절연된 선로 간의 절연저항은 직류 500V의
절연저항계로 측정한 값이 20MΩ 이상이어
야 한다.

09 단순 암기형   난이도 下

| 정답 ③

| 접근 POINT

자주 출제되는 문제는 아니므로 수치를 암기하는 정도로 공부하는 것이 좋다.

| 해설

「자동화재속보설비의 속보기의 성능인증 및 제품검사의 기술기준」 별표1 재전송 규약

119서버로부터 처리결과 메시지를 <u>20초 이내</u> <u>수신받지 못할 경우에는 10회 이상 재전송</u> 할 수 있어야 한다.

10 단순 암기형   난이도 下

| 정답 ②

| 접근 POINT

소방관계법규 과목에 더 어울리는 문제이나 소방전기시설의 구조 및 원리 과목에도 종종 출제되므로 대비가 필요하다.

| 해설

「소방시설법 시행령」 별표4 자동화재속보설비를 설치해야 하는 특정소방대상물

(1) 바닥면적 $500m^2$ 이상인 층이 있는 것
- 노유자 시설
- <u>수련시설(숙박시설이 있는 것)</u>
- 정신병원 및 의료재활시설

(2) 모두 해당
- <u>문화재 중 보물 또는 국보로 지정된 목조 건축물</u>
- 노유자 생활시설
- 의원, 치과의원 및 한의원으로서 입원실이 있는 시설
- 조산원 및 산후조리원
- 종합병원, 병원, 치과병원, 한방병원 및 요양병원(의료재활시설은 제외)
- <u>판매시설 중 전통시장</u>

| 유사문제

정신병원과 의료재활시설 또는 노유자시설에 자동화재속보설비를 설치해야 하는 바닥면적 기준을 묻는 문제도 출제되었다.
정답은 $500m^2$ 이상이다.

01	02	03	04	05	06	07	08	09	10
②	②	②	④	①	②	③	③	①	③

11	12	13	14	15	16	17	18	19	20
②	②	③	③	④	②	①	②	①	②

21	22	23	24	25					
③	②	③	③	③					

01 단순 암기형　　　난이도 下

| 정답 ②

| 접근 POINT

소화설비의 기본적인 용어는 정확하게 이해해야 실기 대비가 된다.

| 해설

수신부란 변류기로부터 검출된 신호를 수신하여 누전의 발생을 해당 특정소방대상물의 관계인에게 경보하여 주는 것이다.

음향장치는 자동화재탐지설비, 단독경보형감지기 등에 설치되어 있다.

02 개념 이해형　　　난이도 中

| 정답 ②

| 접근 POINT

법의 세부규정을 알아야 하는 문제로 법을 정확하게 이해해야 한다.

| 해설

변류기는 옥외 인입선의 제1지점의 부하측에 설치한다.

| 관련법규

「누전경보기의 화재안전기술기준」상 누전경보기의 설치기준

- 경계전로의 정격전류가 60A를 초과하는 전로에 있어서는 1급 누전경보기를, 60A 이하의 전로에 있어서는 1급 또는 2급 누전경보기를 설치할 것
- 변류기는 특정소방대상물의 형태, 인입선의 시설방법 등에 따라 옥외 인입선의 제1지점의 부하 측 또는 제2종 접지선 측의 점검이 쉬운 위치에 설치할 것
- 변류기를 옥외의 전로에 설치하는 경우에는 옥외형으로 설치할 것

| 유사문제

경계전로의 정격전류가 몇 A를 초과하는 전로에 1급 누전경보기를 설치해야 하는지 묻는 문제도 출제되었다.

정답은 60A이다.

03 단순 암기형   난이도 下

┃정답 ②

┃접근 POINT

자주 출제되는 문제로 과전류차단기와 배선용 차단기 기준이 다른 것을 주의해야 한다.

┃해설

「누전경보기의 화재안전기술기준」상 누전경보기의 전원 설치기준

과전류차단기	배선용 차단기
15A 이하	20A 이하

04 단순 암기형   난이도 下

┃정답 ④

┃접근 POINT

누전경보기와 가장 어울리지 않는 구성요소를 찾을 수 있다.

┃해설

발신기는 자동화재탐지설비에서 수동누름버턴 등의 작동으로 화재신호를 수신기에 발신하는 장치이다.

┃관련개념

누전경보기의 구성요소

구성요소	내용
차단기	전기회로를 차단한다.
영상변류기	누설전류를 검출한다.
음향장치	경보를 발한다.
수신기	누설전류를 증폭한다.

05 단순 암기형   난이도 下

┃정답 ①

┃접근 POINT

누전경보기의 수신부는 누전경보기가 정상적으로 작동할 수 있는 곳에 설치해야 한다.

┃해설

누전경보기는 습도가 높은 장소 외의 장소에 설치해야 하기 때문에 습도가 낮은 장소에는 설치할 수 있다.

┃관련법규

「누전경보기의 화재안전기술기준」상 수신부의 설치 장소

누전경보기의 수신부는 다음의 장소 이외의 장소에 설치해야 한다.

- 가연성의 증기·먼지·가스 등이나 부식성의 증기·가스 등이 다량으로 체류하는 장소
- 화약류를 제조하거나 저장 또는 취급하는 장소
- 습도가 높은 장소
- 온도의 변화가 급격한 장소
- 대전류회로·고주파 발생회로 등에 따른 영향을 받을 우려가 있는 장소

┃유사문제

거의 동일한 문제인데 정답 보기가 "부식성의 증기·가스 등이 체류하지 않는 장소"로 출제된 적이 있다.

06 개념 이해형   난이도 中

▌정답 ②

▌접근 POINT

기존에 출제되었던 문제의 보기가 변형되어 출제된 문제로 기출문제의 답만 외우는 것이 아니라 기준을 이해해야 한다.

▌해설

누전경보기의 수신부는 습도가 높은 장소에는 설치할 수 없기 때문에 옥내의 건조한 장소에는 설치할 수 있다.

07 개념 이해형   난이도 中

▌정답 ③

▌접근 POINT

누전경보기의 음향장치는 경보를 발하는 것으로 경보를 듣고 조치를 취할 수 있는 사람이 있는 곳에 설치해야 한다.

▌해설

「누전경보기의 화재안전기술기준」상 음향장치 설치기준

누전경보기의 음향장치는 수위실 등 상시 사람이 근무하는 장소에 설치해야 하며, 그 음량 및 음색은 다른 기기의 소음 등과 명확히 구별할 수 있는 것으로 해야 한다.

08 단순 암기형   난이도 下

▌정답 ③

▌접근 POINT

전압과 관련된 기준은 다음과 같이 정리하여 암기하는 것이 좋다.

구분	대상
0.5V 이하	누전경보기의 경계전로의 전압강하
60V 초과	자동화재탐지설비 수신기의 접지단자
300V 이하	• 누전경보기 변압기의 정격 1차 전압 • 유도등·비상조명등의 사용전압
600V 이하	누전경보기의 경계전로 전압

▌해설

「누전경보기의 형식승인 및 제품검사의 기술기준」 제2조 용어의 정의

누전경보기란 사용전압 600V 이하인 경계전로의 누설전류를 검출하여 당해 소방 대상물의 관계자에게 경보를 발하는 설비로서 변류기와 수신부로 구성된 것을 말한다.

09 단순 암기형   난이도 下

▌정답 ①

▌접근 POINT

일반적인 외함과 벽 속에 매립하는 외함의 두께 기준이 다른 것을 주의해야 한다.

| 해설

「누전경보기의 형식승인 및 제품검사의 기술기준」
상 제3조 외함의 구조

누전경보기의 외함은 다음의 두께 이상이어야
한다.

일반적인 외함	직접 벽면에 접하여 벽 속에 매립되는 외함
1.0mm	1.6mm

10 단순 암기형 난이도 下

| 정답 ③

| 접근 POINT

자주 출제되는 문제는 아니므로 정답을 확인하
는 정도로 공부하는 것이 좋다.

| 해설

「누전경보기의 형식승인 및 제품검사의 기술기준」
제4조 부품의 구조 및 기능

누전경보기에 차단기구를 설치하는 경우에는
다음에 적합하여야 한다.

• 개폐부는 원활하고 확실하게 작동하여야 하
 며 정지점이 명확하여야 한다.

• 개폐부는 수동으로 개폐되어야 하며 자동적
 으로 복귀하지 아니하여야 한다.

• 개폐부는 KS C 4613(누전차단기)에 적합한
 것이어야 한다.

11 단순 암기형 난이도 下

| 정답 ②

| 접근 POINT

누전경보기의 형식승인과 관련된 문제 중에서
는 가장 자주 출제되는 문제로 대비가 필요하다.

| 해설

표시등은 주위의 밝기가 300lx인 장소에서 측
정하여 앞면으로부터 3m 떨어진 곳에서 켜진
등이 확실히 식별되어야 한다.

| 관련법규

「누전경보기의 형식승인 및 제품검사의 기술기준」
상 제4조 표시등

• 전구는 사용전압의 130%인 교류전압을 20
 시간 연속하여 가하는 경우 단선, 현저한 광속
 변화, 흑화, 전류의 저하 등이 발생하지 아니
 하여야 한다.

• 소켓은 접촉이 확실하여야 하며 쉽게 전구를
 교체할 수 있도록 부착하여야 한다.

• 전구는 2개 이상을 병렬로 접속하여야 한다.
 다만, 방전등 또는 발광다이오드의 경우에는
 그러하지 아니한다.

• 전구에는 적당한 보호카바를 설치하여야 한
 다. 다만, 발광다이오드의 경우에는 그러하지
 아니하다.

• 누전화재의 발생을 표시하는 표시등(누전등)
 이 설치된 것은 등이 켜질 때 적색으로 표시되
 어야 하며, 누전화재가 발생한 경계전로의 위
 치를 표시하는 표시등(지구등)과 기타의 표시
 등은 다음과 같아야 한다.

 - 지구등은 적색으로 표시되어야 한다. 이 경

우 누전등이 설치된 수신부의 지구등은 적색 외의 색으로도 표시할 수 있다.

- 기타의 표시등은 적색 외의 색으로 표시되어야 한다. 다만, 누전등 및 지구등과 쉽게 구별할 수 있도록 부착된 기타의 표시등은 적색으로도 표시할 수 있다.
• 주위의 밝기가 300lx인 장소에서 측정하여 앞면으로부터 3m 떨어진 곳에서 켜진등이 확실히 식별되어야 한다.

12 개념 이해형   난이도 中

▎정답 ②

▎접근 POINT

법에 나온 예외규정을 묻는 문제로 법에 대한 이해가 필요한 문제이다.

▎해설

전구는 2개 이상을 병렬로 접속하여야 하지만 방전등 또는 발광다이오드의 경우에는 해당되지 않는다.

▎유사문제

거의 같은 문제인데 표시등의 "지구등이 녹색으로 표시되어야 한다."는 오답 보기가 출제되었다. 지구등은 적색으로 표시되어야 한다.

13 단순 암기형   난이도 下

▎정답 ③

▎접근 POINT

전압과 관련된 기준은 전체적으로 정리하여 암기하는 것이 좋다.

구분	대상
0.5V 이하	누전경보기의 경계전로의 전압강하
60V 초과	• 자동화재탐지설비 수신기의 접지단자
300V 이하	• 누전경보기 변압기의 정격 1차 전압 • 유도등·비상조명등의 사용전압
600V 이하	누전경보기의 경계전로 전압

▎해설

「누전경보기의 형식승인 및 제품검사의 기술기준」 제4조 변압기

• 변압기는 KS C 6308(전자기기용 소형전원 변압기) 또는 이와 동등 이상의 성능이 있는 것이어야 한다.
• 정격1차 전압은 300V 이하로 한다.
• 변압기의 외함에는 접지단자를 설치하여야 한다.
• 용량은 최대사용전류에 연속하여 견딜 수 있는 크기 이상이어야 한다.

14 단순 암기형　　　　난이도 下

▮정답　③

▮접근 POINT
%를 묻는 문제는 80이 답이 되는 경우가 많다.

▮해설
「누전경보기의 형식승인 및 제품검사의 기술기준」
제4조 경보기구에 내장하는 음향장치
• 사용전압의 80%인 전압에서 소리를 내어야
  한다.
• 사용전압에서의 음압은 무향실내에서 정위치
  에 부착된 음향장치의 중심으로부터 1m 떨어
  진 지점에서 누전경보기는 70dB 이상이어야
  한다. 다만, 고장표시장치용 등의 음압은
  60dB 이상이어야 한다.

15 단순 암기형　　　　난이도 下

▮정답　④

▮접근 POINT
누전경보기의 공칭작동전류치는 200mA 이하,
감도조정장치의 조정범위는 1A 이하로 구분해
서 암기해야 한다.

▮해설
「누전경보기의 형식승인 및 제품검사의 기술기준」
제7조 공칭작동전류치
누전경보기의　공칭작동전류치(누전경보기를
작동시키기 위하여 필요한 누설전류의 값으로
서 제조자에 의하여 표시된 값)는 200mA 이하
이어야 한다.

16 단순 암기형　　　　난이도 下

▮정답　②

▮접근 POINT
누전경보기의 공칭작동전류치는 200mA 이하,
감도조정장치의 조정범위는 1A 이하로 구분해
서 암기해야 한다.

▮해설
「누전경보기의 형식승인 및 제품검사의 기술기준」
제8조 감도조정장치
감도조정장치를 갖는 누전경보기에 있어서 감
도조정장치의 조정범위는 최대치가 1A 이어야
한다.

▮유사문제
문제에서 단위가 mA로 주어질 수도 있다.
1A=1,000mA이다.

17 단순 암기형　　　　난이도 下

▮정답　①

▮접근 POINT
자주 출제되는 문제는 아니므로 정답을 확인하
는 정도로 공부하는 것이 좋다.

▮해설
「누전경보기의 형식승인 및 제품검사의 기술기준」
제14조 과누전시험
변류기는 1개의 전선을 변류기에 부착시킨 회
로를 설치하고 출력단자에 부하저항을 접속한
상태로 당해 1개의 전선에 변류기의 정격전압

의 20%에 해당하는 수치의 전류를 5분간 흘리는 경우 그 구조 또는 기능에 이상이 생기지 아니하여야 한다.

18 단순 암기형   난이도 下

정답 ②

접근 POINT

절연저항은 자주 출제되므로 다음과 같이 정리하여 암기하는 것이 좋다.

구분	절연저항	대상
직류 250V	0.1MΩ 이상	비상방송설비의 1경계구역의 절연저항
직류 500V	5MΩ 이상	• 시각경보장치의 전원부와 비충전부 • 자동화재속보설비의 절연된 충전부와 외함 • 누전경보기 • 유도등(교류입력측과 외함 사이)
	20MΩ 이상	• 자동화재속보설비의 교류입력측과 외함 • 비상콘센트설비(전원부와 외함 사이)

해설

「누전경보기의 형식승인 및 제품검사의 기술기준」 제19조 절연저항시험

변류기는 DC 500V의 절연저항계로 다음 각 호에 의한 시험을 하는 경우 <u>5MΩ 이상</u>이어야 한다.
- 절연된 1차권선과 2차권선 간의 절연저항
- 절연된 1차권선과 외부금속부 간의 절연저항
- 절연된 2차권선과 외부금속부 간의 절연저항

19 단순 암기형   난이도 下

정답 ①

접근 POINT

절연저항 수치(5MΩ)를 묻는 문제도 출제되므로 대비가 필요하다.

해설

절연저항시험 부위
- 절연된 1차권선과 2차권선 간의 절연저항
- 절연된 1차권선과 외부금속부 간의 절연저항
- 절연된 2차권선과 외부금속부 간의 절연저항

20 단순 암기형   난이도 下

정답 ②

접근 POINT

전압과 관련된 기준은 다음과 같이 정리하여 암기하는 것이 좋다.

구분	대상
0.5V 이하	누전경보기의 경계전로의 전압강하
60V 초과	자동화재탐지설비 수신기의 접지단자
300V 이하	• 누전경보기 변압기의 정격 1차 전압 • 유도등·비상조명등의 사용전압
600V 이하	누전경보기의 경계전로 전압

해설

「누전경보기의 형식승인 및 제품검사의 기술기준」 제22조 전압강하방지시험

변류기(경계전로의 전선을 그 변류기에 관통시

키는 것은 제외)는 경계전로에 정격전류를 흘리는 경우, 그 경계전로의 전압강하는 <u>0.5V 이하</u>이어야 한다.

21 단순 암기형 난이도 下

정답 ③

접근 POINT

누전경보기의 형식승인 및 제품검사의 기술기준에 규정되어 있는 것을 묻는 문제로 자주 출제되지는 않으므로 정답을 확인하는 정도로 공부하는 것이 좋다.

해설

① 감도조정장치를 제외하고 감도조정부는 외함의 바깥쪽에 노출되지 아니하여야 한다.
②, ④ 모두 2급 수신부에는 적용하지 않는 규정이다.

22 단순 암기형 난이도 下

정답 ②

접근 POINT

자주 출제되지는 않으므로 시험의 종류에 해당되는 것과 해당되지 않는 것을 구분하는 정도로 학습하면 된다.

해설

「누전경보기의 형식승인 및 제품검사의 기술기준」
상 시험의 종류

- <u>전원전압변동시험</u>
- 온도특성시험
- <u>과입력전압시험</u>
- 개폐기의 조작시험
- 반복시험
- 진동시험
- <u>충격시험</u>
- 방수시험
- 절연저항시험
- 절연내력시험
- 충격파내전압시험

유사문제

거의 같은 문제인데 오답 보기로 내식성시험이 출제된 적 있다.
내식성시험은 누전경보기의 수신부의 기능검사 항목에 해당되지 않는다.

23 단순 암기형 난이도 下

정답 ③

접근 POINT

자주 출제되는 문제는 아니므로 정답을 확인하는 정도로 공부하는 것이 좋다.

해설

「누전경보기의 형식승인 및 제품검사의 기술기준」
상 제26조 수신부의 기능

비호환성형 수신부는 신호입력회로에 <u>공칭작동전류치의 42%에 대응하는 변류기의 설계출력전압을 가하는 경우 30초 이내에 작동하지 아니하여야</u> 하며, 공칭작동전류치에 대응하는 변류기의 설계출력전압을 가하는 경우 1초(차단기구가 있는 것은 0.2초)이내에 작동하여야 한다.

24 단순 암기형　　　　　　난이도 下

▌정답　③

▌접근 POINT

누전경보기의 형식승인과 관련된 기준 중에서는 자주 출제되는 문제로 수치를 기억해야 한다.

▌해설

「누전경보기의 형식승인 및 제품검사의 기술기준」제31조 반복시험

수신부는 그 정격전압에서 1만 회의 누전작동시험을 실시하는 경우 그 구조 또는 기능에 이상이 생기지 아니하여야 한다.

25 단순 암기형　　　　　　난이도 下

▌정답　③

▌접근 POINT

절연저항은 자주 출제되므로 18번 해설의 표처럼 정리하여 암기하는 것이 좋다.

▌해설

「누전경보기의 형식승인 및 제품검사의 기술기준」제35조 절연저항시험

수신부는 절연된 충전부와 외함간 및 차단기구의 개폐부(열린 상태에서는 같은 극의 전원단자와 부하측 단자와의 사이, 닫힌 상태에서는 충전부와 손잡이 사이)의 절연저항을 DC 500V의 절연저항계로 측정하는 경우 5 MΩ 이상이어야 한다.

대표유형 ❻
유도등 및 유도표지　88쪽

01	02	03	04	05	06	07	08	09	10
③	②	③	④	②	③	①	①	④	②
11	12	13	14	15	16	17	18	19	20
④	①	④	①	①	①	①	①	②	①
21	22	23	24	25	26				
③	②	②	②	①	④				

01 단순 계산형　　　　　　난이도 下

▌정답　③

▌접근 POINT

필기와 실기 모두 자주 출제되는 문제로 공식을 정확하게 암기해야 한다.

▌공식 CHECK

객석유도등의 설치 개수

$$= \frac{객석 통로의 직선부분 길이(m)}{4} - 1$$

▌해설

$$설치 개수 = \frac{85}{4} - 1 = 20.25 ≒ 21$$

소수점 이하의 수는 1로 본다.(절상함)

▌관련법규

「유도등 및 유도표지의 화재안전기술기준」상 객석유도등 설치기준

• 객석유도등은 객석의 통로, 바닥 또는 벽에 설치해야 한다.

• 객석 내의 통로가 경사로 또는 수평로로 되어 있는 부분은 다음 식에 따라 산출한 개수(소수점 이하의 수는 1로 봄)의 유도등을 설치해야 한다.

설치개수 =

$$\frac{\text{객석 통로의 직선부분 길이(m)}}{4} - 1$$

┃ 유사문제

객석유도등의 설치개수 공식 자체를 묻는 문제도 출제된 적이 있으니 공식을 정확하게 암기해야 한다.

수치가 변경되어 출제될 수도 있으니 대비해야 한다.

㉠ 통로의 직선부분 길이가 25m인 경우

$$\frac{25}{4} - 1 = 5.25 ≒ 6개$$

02 단순 암기형 ⠀⠀⠀⠀⠀ 난이도 下

┃ 정답 ②

┃ 접근 POINT

실기에도 출제되는 문제로 해당 규정을 정확하게 암기해야 한다.

┃ 해설

「유도등 및 유도표지의 화재안전기술기준」상 객석유도등의 설치제외 장소

• 주간에만 사용하는 장소로서 채광이 충분한 객석
• 거실 등의 각 부분으로부터 하나의 거실출입구에 이르는 보행거리가 20m 이하인 객석의 통로로서 그 통로에 통로유도등이 설치된 객석

03 단순 암기형 ⠀⠀⠀⠀⠀ 난이도 下

┃ 정답 ③

┃ 접근 POINT

보행거리 관련 기준은 자주 출제되므로 함께 정리하여 암기하는 것이 좋다.

구분	대상
유도표지	보행거리가 15m 이하가 되는 곳과 구부러진 모퉁이의 벽에 설치
비상조명등 설치 제외	거실의 각 부분으로부터 하나의 출입구에 이르는 보행거리가 15m 이내일 경우
복도통로유도등 거실통로유도등	구부러진 모퉁이 및 보행거리 20m 마다 설치
객석유도등 설치 제외	보행거리가 20m 이하인 객석의 통로로서 그 통로에 통로유도등이 설치된 경우
휴대용비상조명등	• 지하상가 및 지하역사에는 보행거리 25m 이내마다 3개 이상 • 대규모 점포 및 영화상영관에는 보행거리 50m 이내마다 3개 이상
비상경보설비, 자동화재탐지설비의 발신기	보행거리가 40m 이상일 경우 추가 설치

┃ 해설

「유도등 및 유도표지의 화재안전기술기준」상 유도표지의 설치기준

• 계단에 설치하는 것을 제외하고는 각 층 마다 복도 및 통로의 각 부분으로부터 하나의 유도표지까지의 보행거리가 15m 이하가 되는 곳과 구부러진 모퉁이의 벽에 설치할 것
• 피난구유도표지는 출입구 상단에 설치하고, 통로유도표지는 바닥으로부터 높이 1m 이하의 위치에 설치할 것
• 축광방식의 유도표지는 외광 또는 조명장치에 의하여 상시 조명이 제공되거나 비상조명등에 의한 조명이 제공되도록 설치할 것

04 단순 암기형 난이도 下

┃ 정답 ④

┃ 접근 POINT

설치장소별 유도등 유도표지의 종류는 구분해서 암기해야 한다.
공연장, 집회장, 관람장, 운동시설 등에 설치해야 하는 유도등 및 유도표지의 종류가 자주 출제된다.

┃ 해설

「유도등 및 유도표지의 화재안전기술기준」상 설치장소별 유도등 및 유도표지의 종류

설치장소	종류
• 공연장·집회장·관람장·운동시설 • 유흥주점 영업시설(카바레, 나이트클럽)	• 대형피난구유도등 • 통로유도등 • 객석유도등
• 위락시설·판매시설 • 운수시설 • 관광숙박업 • 의료시설·장례식장	• 대형피난구유도등 • 통로유도등
• 숙박시설·오피스텔 • 지하층·무창층 또는 11층 이상 특정소방대상물	• 중형피난구유도등 • 통로유도등
근린생활시설·노유자시설·업무시설·발전시설·종교시설	• 소형피난구유도등 • 통로유도등

┃ 유사문제

공연장 및 집회장에 설치해야 하는 유도등의 종류를 묻는 문제도 출제되었다.
정답은 대형피난구유도등, 통로유도등, 객석유도등이다.

05 단순 암기형 난이도 下

┃ 정답 ②

┃ 접근 POINT

보기 중에 객석이 있을만한 장소가 어디인지 생각해 본다.

┃ 해설

객석유도등은 공연장, 집회장, 관람장, 운동시설, 유흥주점 영업시설에 설치한다.

06 개념 이해형 난이도 下

┃ 정답 ③

┃ 접근 POINT

통로유도등을 복도통로유도등, 거실통로유도등, 계단통로유도등으로 구분하여 설치기준을 정확하게 암기해야 한다.

┃ 해설

유도등의 표시면 색상은 피난구유도등은 녹색바탕에 백색문자로, 통로유도등은 백색바탕에 녹색문자를 사용해야 한다.

┃ 관련법규

「유도등 및 유도표지의 화재안전기술기준」상 통로유도등 설치기준

구분	내용
복도통로 유도등	• 구부러진 모퉁이 및 설치된 통로유도등을 기점으로 보행거리 20m마다 설치 • 바닥으로부터 높이 1m 이하의 위치에 설치

구분	내용
거실통로 유도등	• 구부러진 모퉁이 및 보행거리 20m마다 설치 • 바닥으로부터 높이 1.5m 이상의 위치에 설치
계단통로 유도등	• 각 층의 경사로 참 또는 계단참마다 설치 • 바닥으로부터 높이 1m 이하의 위치에 설치

07 | 개념 이해형   난이도 中

| 정답 ①

| 접근 POINT

법에 있는 예외규정에 대한 문제로 법에 대한 정확한 이해가 필요한 문제이다.

| 해설

거실통로유도등은 거실의 통로에 설치해야 한다. 하지만 거실의 통로가 벽체 등으로 구획된 경우에는 복도통로유도등을 설치한다.

| 관련법규

「유도등 및 유도표지의 화재안전기술기준」상 거실통로유도등 설치 예외규정

• 거실의 통로에 설치할 것. 다만, 거실의 통로가 벽체 등으로 구획된 경우에는 복도통로유도등을 설치할 것

• 바닥으로부터 높이 1.5m 이상의 위치에 설치할 것. 다만, 거실통로에 기둥이 설치된 경우에는 기둥 부분의 바닥으로부터 높이 1.5m 이하의 위치에 설치할 수 있다.

08 | 단순 암기형   난이도 下

| 정답 ①

| 접근 POINT

다음과 같이 계단 중간에 편평한 부분으로 되어 있는 것이 계단참이다. 계단참이 많은 경우 몇 개의 계단참마다 계단통로유도등을 설치해야 하는지 묻는 문제이다.

| 해설

「유도등 및 유도표지의 화재안전기술기준」상 계단통로유도등의 설치기준

• 각층의 경사로 참 또는 계단참마다(1개 층에 경사로 참 또는 계단참이 2 이상 있는 경우에는 2개의 계단참마다)설치할 것

• 바닥으로부터 높이 1m 이하의 위치에 설치할 것

• 통행에 지장이 없도록 설치할 것

• 주위에 이와 유사한 등화광고물·게시물 등을 설치하지 않을 것

| 유사문제

1개 층에 계단참이 4개 있을 경우 계단통로유도등은 최소 몇 개 이상 설치해야 하는지 묻는 문제도 출제되었다.

1개 층에 계단참이 2 이상 있는 경우 2개의 계단참마다 계단통로유도등을 설치해야 한다.

$$\frac{4}{2} = 2개$$

09 단순 암기형 　　　　　난이도 下

| 정답 ④

| 접근 POINT

피난구유도등은 피난구 또는 피난경로로 사용되는 출입구에 표시하여 피난을 유도하는 등이다. 피난구유도등 설치에 적합하지 않은 장소를 찾아 본다.

| 해설

옥내로부터 직접 지상으로 통하는 출입구에 피난구유도등을 설치해야 한다.

| 관련법규

「유도등 및 유도표지의 화재안전기술기준」상 피난구유도등의 설치장소

• 옥내로부터 직접 지상으로 통하는 출입구 및 그 부속실의 출입구
• 직통계단·직통계단의 계단실 및 그 부속실의 출입구
• 출입구에 이르는 복도 또는 통로로 통하는 출입구
• 안전구획된 거실로 통하는 출입구

10 단순 암기형 　　　　　난이도 下

| 정답 ②

| 접근 POINT

법에 나온 숫자가 변형되어 나오는 문제가 많기 때문에 법에 나온 숫자는 정확하게 기억해야 한다.

| 해설

② 500m²가 아니라 1,000m²이다.

| 관련법규

「유도등 및 유도표지의 화재안전기술기준」상 피난구유도등의 설치 제외장소

• 바닥면적이 1,000㎡ 미만인 층으로서 옥내로부터 직접 지상으로 통하는 출입구
• 대각선 길이가 15m 이내인 구획된 실의 출입구
• 거실 각 부분으로부터 하나의 출입구에 이르는 보행거리가 20m 이하이고 비상조명등과 유도표지가 설치된 거실의 출입구
• 출입구가 3개소 이상 있는 거실로서 그 거실 각 부분으로부터 하나의 출입구에 이르는 보행거리가 30m 이하인 경우에는 주된 출입구 2개소 외의 출입구(유도표지가 부착된 출입구)

11 단순 암기형 　　　　　난이도 下

| 정답 ④

| 접근 POINT

유도등의 비상전원은 일반적인 경우 20분 이상 작동시킬 수 있어야 하지만 화재 발생 시 위험성이 높은 경우 60분 이상 작동할 수 있어야 한다.

| 해설

지하층을 제외한 층수가 11층 이상인 특정소방대상물이므로 20분이 아니라 60분이 답이 된다.

| 관련법규

「유도등 및 유도표지의 화재안전기술기준」상 비상전원

• 축전지로 할 것

• 유도등을 20분 이상 유효하게 작동시킬 수 있는 용량으로 할 것. 다만, 다음의 특정소방대상물의 경우에는 그 부분에서 피난층에 이르는 부분의 <u>유도등을 60분 이상</u> 유효하게 작동시킬 수 있는 용량으로 해야 한다.
  - <u>지하층을 제외한 층수가 11층 이상의 층</u>
  - 지하층 또는 무창층으로서 용도가 도매시장·소매시장·여객자동차터미널·지하역사 또는 지하상가

12 단순 암기형 　　　　난이도 中

| 정답 ①

| 접근 POINT

비상전원의 용량이 20분에 해당되는 규정과 60분에 해당되는 규정을 구분할 수 있어야 한다.

| 해설

지하층을 제외한 층수가 11층 이상의 층의 유도등, 비상조명등의 비상전원은 60분 이상 유효하게 작동하여야 한다.

13 단순 암기형 　　　　난이도 下

| 정답 ④

| 접근 POINT

유도등은 항상 켜져 있어야 하나 점멸기를 설치하여 유도등을 켜거나 끌 수 있는 장소가 어디인지 생각해 본다.

| 해설

「유도등 및 유도표지의 화재안전기술기준」상 점멸기를 설치할 수 있는 장소

• 외부의 빛에 의해 피난구 또는 피난방향을 쉽게 식별할 수 있는 장소
• 공연장, 암실(暗室) 등으로서 어두워야 할 필요가 있는 장소
• 특정소방대상물의 관계인 또는 종사원이 주로 사용하는 장소

14 단순 암기형 　　　　난이도 下

| 정답 ①

| 접근 POINT

화재가 발생하거나 정전되었을 경우 점멸기가 설치된 유도등도 점등되어야 한다.

| 해설

「유도등 및 유도표지의 화재안전기술기준」상 유도등이 점등되어야 할 경우

3선식 배선으로 상시 충전되는 유도등의 전기회로에 점멸기를 설치하는 경우에는 다음의 어느 하나에 해당되는 경우에 자동으로 점등되도록 해야 한다.

• <u>자동화재탐지설비의 감지기</u> 또는 발신기가 작동되는 때
• 비상경보설비의 발신기가 작동되는 때
• 상용전원이 정전되거나 전원선이 단선되는 때
• 방재업무를 통제하는 곳 또는 전기실의 배전반에서 수동으로 점등하는 때
• <u>자동소화설비가 작동되는 때</u>

15 단순 암기형

난이도 下

| 정답 ①

| 접근 POINT

축광방식의 피난유도선은 숫자 50과 관련된 규정이 많다.

| 해설

「유도등 및 유도표지의 화재안전기술기준」상 축광방식의 피난유도선 설치기준
- 구획된 각 실로부터 주출입구 또는 비상구까지 설치할 것
- 바닥으로부터 높이 50cm 이하의 위치 또는 바닥면에 설치할 것
- 피난유도 표시부는 50cm 이내의 간격으로 연속되도록 설치할 것
- 부착대에 의하여 견고하게 설치할 것

16 단순 암기형

난이도 下

| 정답 ④

| 접근 POINT

법에 나온 숫자가 변형되어 나오는 문제가 많기 때문에 법에 나온 숫자는 정확하게 기억해야 한다.

| 해설

④ 2m 이내가 아니라 1m 이내이다.

| 관련법규

「유도등 및 유도표지의 화재안전기술기준」상 광원점등방식의 피난유도선의 설치기준

- 구획된 각 실로부터 주출입구 또는 비상구까지 설치할 것
- 피난유도 표시부는 바닥으로부터 높이 1m 이하의 위치 또는 바닥면에 설치할 것
- 피난유도 표시부는 50cm 이내의 간격으로 연속되도록 설치하되 실내장식물 등으로 설치가 곤란할 경우 1m 이내로 설치할 것
- 수신기로부터의 화재신호 및 수동조작에 의하여 광원이 점등되도록 설치할 것
- 비상전원이 상시 충전상태를 유지하도록 설치할 것
- 바닥에 설치되는 피난유도 표시부는 매립하는 방식을 사용할 것
- 피난유도 제어부는 조작 및 관리가 용이하도록 바닥으로부터 0.8m 이상 1.5m 이하의 높이에 설치할 것

17 단순 암기형

난이도 下

| 정답 ①

| 접근 POINT

자주 출제되는 문제는 아니므로 정답을 확인하는 정도로 공부하는 것이 좋다.

| 해설

유도등은 축전지에 배선 등을 직접 납땜하지 아니하여야 한다.

| 관련법규

「유도등의 우수품질인증 기술기준」 제2조 일반구조
- 상용전원전압의 110% 범위 안에서는 유도등 내부의 온도상승이 그 기능에 지장을 주거나

위해를 발생시킬 염려가 없어야 한다.

- 외함은 기기 내의 온도 상승에 의하여 변형, 변색 또는 변질되지 아니하여야 한다.
- 사용전압은 300V 이하이어야 한다. 다만, 충전부가 노출되지 아니한 것은 300V를 초과할 수 있다.
- 축전지에 배선 등을 직접 납땜하지 아니하여야 한다.
- 전선의 굵기는 인출선인 경우에는 단면적이 0.75mm² 이상, 인출선 외의 경우에는 면적이 0.5mm² 이상이어야 한다.

18 단순 암기형   난이도 下

정답 ①

접근 POINT

자주 출제되는 문제는 아니지만 숫자만 기억하고 있다면 풀 수 있는 문제이다.

해설

유도등의 전선의 굵기는 인출선인 경우에는 단면적이 0.75mm² 이상, 인출선 외의 경우에는 면적이 0.5mm² 이상이어야 한다.

19 단순 암기형   난이도 下

정답 ②

접근 POINT

투광식과 패널식을 구분할 수 있어야 한다.

해설

「유도등의 형식승인 및 제품검사의 기술기준」 제2조 용어의 정의

- 투광식: 광원의 빛이 통과하는 투과면에 피난유도표시 형상을 인쇄하는 방식
- 패널식: 영상표시소자(LED, LCD 및 PDP 등)를 이용하여 피난유도표시 형상을 영상으로 구현하는 방식

20 단순 암기형   난이도 下

정답 ①

접근 POINT

표시면과 조사면을 구분할 수 있어야 한다.

해설

「유도등의 형식승인 및 제품검사의 기술기준」 제2조 용어의 정의

- 표시면: 유도등에 있어서 피난구나 피난방향을 안내하기 위한 문자 또는 부호등이 표시된 면
- 조사면: 유도등에 있어서 표시면 외 조명에 사용되는 면

21 단순 암기형   난이도 下

정답 ③

접근 POINT

자주 출제되는 문제는 아니므로 정답을 확인하는 정도로 학습하는 것이 좋다.

┃해설

「유도등의 형식승인 및 제품검사의 기술기준」 제3
조 예비전원

유도등의 예비전원을 병렬로 접속하는 경우에
역충전 방지 등의 조치를 강구해야 한다.

22 단순 암기형 난이도 下

┃정답 ②

┃접근 POINT

절연저항은 자주 출제되므로 다음과 같이 정리
하여 암기하는 것이 좋다.

구분	절연저항	대상
직류 250V	0.1MΩ 이상	비상방송설비의 1경계구역의 절연저항
직류 500V	5MΩ 이상	• 시각경보장치의 전원부와 비충전부 • 자동화재속보설비의 절연된 충전부와 외함 • 누전경보기 • 유도등(교류입력측과 외함 사이)
	20MΩ 이상	• 자동화재속보설비의 교류입력측과 외함 • 비상콘센트설비(전원부와 외함 사이)

┃해설

「유도등의 형식승인 및 제품검사의 기술기준」 제14
조 절연저항시험

유도등의 교류입력측과 외함 사이, 교류입력측
과 충전부 사이 및 절연된 충전부와 외함 사이의
각 절연저항은 DC 500V의 절연저항계로 측정
한 값이 5MΩ 이상이어야 한다.

23 단순 암기형 난이도 下

┃정답 ②

┃접근 POINT

자주 출제되는 문제는 아니므로 해당 수치를 확
인하는 정도로 공부하는 것이 좋다.

┃해설

「유도등의 형식승인 및 제품검사의 기술기준」 제16
조 식별도 시험

복도통로유도등에 있어서 사용전원으로 등을
켜는 경우에는 직선거리 20m의 위치에서, 비
상전원으로 등을 켜는 경우에는 직선거리 15m
의 위치에서 보통시력에 의하여 표시면의 화살
표가 쉽게 식별되어야 한다.

24 단순 암기형 난이도 下

┃정답 ②

┃접근 POINT

계단통로유도등, 복도통로유도등, 객석유도등
의 조도시험 기준이 모두 다른 것에 주의해야
한다.

┃해설

「유도등의 형식승인 및 제품검사의 기술기준」 제23
조 조도시험

구분	기준
계단통로 유도등	바닥면 또는 디딤바닥 면으로부터 높이 2.5m의 위치에 그 유도등을 설치하고 그 유도등의 바로 밑으로부터 수평거리로 10m 떨어진 위치에서의 법선조도가 0.5lx 이상

구분	기준
복도통로 유도등	바닥면으로부터 1m 높이에, 거실통로유도등은 바닥면으로부터 2m 높이에 설치하고 그 유도등의 중앙으로부터 0.5m 떨어진 위치의 바닥면 조도와 유도등의 전면 중앙으로부터 0.5m 떨어진 위치의 조도가 1lx 이상
객석 유도등	바닥면 또는 디딤 바닥면에서 높이 0.5m의 위치에 설치하고 그 유도등의 바로 밑에서 0.3m 떨어진 위치에서의 수평조도가 0.2lx 이상

25 단순 암기형 난이도 下

정답 ①

접근 POINT

자주 출제되는 문제는 아니지만 수치만 알면 풀 수 있는 문제이므로 수치기준은 기억하는 것이 좋다.

해설

「축광표지의 성능인증 및 제품검사의 기술기준」 제8조 식별도 시험

• 축광유도표지 및 축광위치표지는 200lx 밝기의 광원으로 20분간 조사시킨 상태에서 다시 주위조도를 0lx로 하여 60분간 발광시킨 후 직선거리 20m(축광위치표지의 경우 10m) 떨어진 위치에서 유도표지 또는 위치표지가 있다는 것이 식별되어야 하고, 유도표지는 직선거리 3m의 거리에서 표시면의 표시중 주체가 되는 문자 또는 주체가 되는 화살표등이 쉽게 식별되어야 한다.

• 축광보조표지는 200lx 밝기의 광원으로 20분간 조사시킨 상태에서 다시 주위조도를 0lx로 하여 60분간 발광시킨 후 직선거리 10m 떨어진 위치에서 축광보조표지가 있다는 것이 식별되어야 한다.

26 단순 암기형 난이도 下

정답 ④

접근 POINT

자주 출제되는 문제는 아니지만 수치만 알면 풀 수 있는 문제이므로 수치기준은 기억하는 것이 좋다.

해설

「축광표지의 성능인증 및 제품검사의 기술기준」 제9조 휘도시험

축광표지의 표시면을 0lx 상태에서 1시간 방치한 후 200lx 밝기의 광원으로 20분간 조사시킨 상태에서 다시 주위 조도를 0lx로 하여 휘도시험을 실시하는 경우 다음의 기준에 적합해야 한다.

• 5분간 발광시킨 후의 휘도는 $1m^2$당 110mcd 이상이어야 한다.
• 10분간 발광시킨 후의 휘도는 $1m^2$당 50mcd 이상이어야 한다.
• 20분간 발광시킨 후의 휘도는 $1m^2$당 24mcd 이상이어야 한다.
• 60분간 발광시킨 후의 휘도는 $1m^2$당 7mcd 이상이어야 한다.

<table>
<tr><td>01</td><td>02</td><td>03</td><td>04</td><td>05</td><td>06</td><td>07</td><td>08</td><td>09</td><td>10</td></tr>
<tr><td>①</td><td>②</td><td>④</td><td>②</td><td>①</td><td>③</td><td>②</td><td>②</td><td>①</td><td>①</td></tr>
<tr><td>11</td><td>12</td><td></td><td></td><td></td><td></td><td></td><td></td><td></td><td></td></tr>
<tr><td>③</td><td>②</td><td></td><td></td><td></td><td></td><td></td><td></td><td></td><td></td></tr>
</table>

대표유형 ❼ 비상조명등 94쪽

01 단순 암기형 난이도 下

정답 ①

접근 POINT
보행거리 25m 기준과 50m 기준을 구분해서 암기해야 한다.

해설
지하상가 및 지하역사에는 보행거리 25m 이내마다 3개 이상 설치해야 한다.
대규모 점포와 영화상영관에는 보행거리 50m 이내마다 휴대용비상조명등을 3개 이상 설치해야 한다.

02 단순 암기형 난이도 下

정답 ②

접근 POINT
보행거리 25m 기준과 50m 기준을 구분해서 암기해야 한다.

해설
휴대용비상조명등은 지하상가 및 지하역사에는 보행거리 25m 이내마다 3개 이상 설치해야 한다.

03 단순 암기형 난이도 下

정답 ④

접근 POINT
휴대용비상조명등은 화재 발생시 대피할 수 있는 최소한의 시간 동안 켜져 있어야 한다.

해설
휴대용비상조명등의 건전지 및 충전식 배터리의 용량은 20분 이상 유효하게 사용할 수 있는 것으로 할 것

04 단순 암기형 난이도 下

정답 ②

접근 POINT
손으로 조작해야 하는 소방시설은 대부분 0.8~1.5m 사이에 설치되어 있다.

해설
휴대용비상조명등은 바닥으로부터 0.8m 이상 1.5m 이하의 높이에 설치해야 한다.

05 단순 암기형 　　난이도 下

| 정답 ①

| 접근 POINT

조도 기준은 다음과 같이 정리하여 암기하는 것
이 좋다.

구분	기준
객석유도등	0.2lx 이상
계단통로유도등	0.5lx 이상
복도통로유도등	1lx 이상
비상조명등	1lx 이상

| 해설

비상조명등의 조도는 설치된 장소의 각 부분의
바닥에서 1lx 이상이 되어야 한다.

| 관련법규

「비상조명등의 화재안전기술기준」상 비상조명등의
설치기준

- 특정소방대상물의 각 거실과 그로부터 지상
에 이르는 복도·계단 및 그 밖의 통로에 설치
할 것
- 조도는 비상조명등이 설치된 장소의 각 부분
의 바닥에서 1lx 이상이 되도록 할 것
- 예비전원을 내장하는 비상조명등에는 평상시
점등 여부를 확인할 수 있는 점검스위치를 설
치하고 해당 조명등을 유효하게 작동시킬 수
있는 용량의 축전지와 예비전원 충전장치를
내장할 것
- 점검에 편리하고 화재 및 침수 등의 재해로 인
한 피해를 받을 우려가 없는 곳에 설치할 것
- 상용전원으로부터 전력의 공급이 중단된 때
에는 자동으로 비상전원으로부터 전력을 공

급받을 수 있도록 할 것
- 비상전원의 설치장소는 다른 장소와 방화구
획 할 것. 이 경우 그 장소에는 비상전원의 공
급에 필요한 기구나 설비 외의 것을 두어서는
아니 된다.
- 비상전원을 실내에 설치하는 때에는 그 실내
에 비상조명등을 설치할 것
- 예비전원과 비상전원은 비상조명등을 20분
이상 유효하게 작동시킬 수 있는 용량으로
할 것

| 유사문제

좀 더 간단한 문제로 비상조명등의 조도는 비상
조명등이 설치된 장소의 각 부분의 바닥에서 몇
lx 이상이 되도록 하여야 하는지 묻는 문제도 출
제되었다.
정답은 1lx이다.

06 단순 암기형 　　난이도 下

| 정답 ③

| 접근 POINT

필기와 실기에 모두 자주 출제되는 내용이므로
수치 기준을 정확하게 암기해야 한다.

| 해설

「비상조명등의 화재안전기술기준」상 비상조명등의
설치 제외 기준

- 거실의 각 부분으로부터 하나의 출입구에 이
르는 보행거리가 15m 이내인 부분
- 의원·경기장·공동주택·의료시설·학교의 거실

07 단순 암기형   난이도 下

┃정답 ②

┃접근 POINT

비상전원을 20분이 아니라 60분 이상 유효하게 작동시켜야 한다는 것은 화재 발생시 위험도가 크거나 화재발생지점과 피난층에 이르는 부분과 거리가 먼 건물이다.

┃해설

「비상조명등의 화재안전기술기준」 비상조명등을 60분 이상 작동시킬 수 있는 용량으로 해야 하는 특정소방대상물
- 지하층을 제외한 층수가 11층 이상의 층
- 지하층 또는 무창층으로서 용도가 도매시장·소매시장·여객자동차터미널·지하역사 또는 지하상가

┃유사문제 ①

거의 같은 문제인데 오답 보기로 지하가 중 터널로서 길이 500m 이상이 출제된 적 있다.
지하가 중 터널로서 길이 500m 이상은 비상조명등을 60분 이상 작동시킬 수 있는 용량으로 해야 하는 특정소방대상물에 포함되지 않는다.

┃유사문제 ②

무창층의 도매시장에 설치하는 비상조명등용 비상전원은 비상조명등을 몇 분 이상 유효하게 작동시킬 수 있는 용량으로 해야 하는지를 묻는 문제도 출제되었다.
정답은 60분이다.

08 단순 암기형   난이도 下

┃정답 ②

┃접근 POINT

유도등의 인출선 기준과 비상조명등의 인출선 수치가 동일하므로 함께 기억해야 한다.

┃해설

「비상조명등의 우수품질인증 기술기준」 제2조 일반구조
전선의 굵기는 다음의 이상이어야 한다.

인출선	인출선 외의 경우
$0.75mm^2$ 이상	$0.5mm^2$ 이상

09 단순 암기형   난이도 下

┃정답 ①

┃접근 POINT

비상조명등의 형식승인 및 제품검사의 기술기준에 나오는 규정으로 자주 출제되지는 않으므로 정답을 확인하는 정도로 공부하는 것이 좋다.

┃해설

「비상조명등의 형식승인 및 제품검사의 기술기준」 제3조의 일반구조
비상조명등은 상용전원전압의 110% 범위 안에서는 비상조명등 내부의 온도상승이 그 기능에 지장을 주거나 위해를 발생시킬 염려가 없어야 한다.

10 단순 암기형 난이도 下

┃정답 ①

┃접근 POINT

자주 출제되는 문제는 아니므로 정답을 확인하는 정도로 공부하는 것이 좋다.

┃해설

전원함은 방폭구조가 아니라 불연재료 또는 난연재료의 재질을 사용해야 한다.

┃관련법규

「비상조명등의 형식승인 및 제품검사의 기술기준」 제3조 비상조명등의 일반구조

광원과 전원부를 별도로 수납하는 구조인 것은 다음에 적합하여야 한다.

• 전원함은 불연재료 또는 난연재료의 재질을 사용할 것
• 광원과 전원부 사이의 배선길이는 1m 이하로 할 것
• 배선은 충분히 견고한 것을 사용할 것

11 단순 암기형 난이도 下

┃정답 ③

┃접근 POINT

자주 출제되는 문제는 아니므로 정답을 확인하는 정도로 공부하는 것이 좋다.

┃해설

「비상조명등의 우수품질인증 기술기준」 제15조 자가점검 및 무선점검시험

• 자가점검시간은 30초 이상 30분 이하로 30일 마다 최소 한번 이상 자동으로 수행하여야 한다.
• 자가점검결과 이상상태를 확인할 수 있는 표시 또는 점등(점멸, 음향 포함)장치를 설치하여야 한다.

12 단순 암기형 난이도 下

┃정답 ②

┃접근 POINT

비상조명등의 형식승인과 관련된 문제로 자주 출제되지는 않으므로 해당 수치를 암기하는 정도로 공부하는 것이 좋다.

┃해설

「비상조명등의 형식승인 및 제품검사의 기술기준」 제5조의 2 비상점등 회로의 보호

비상조명등은 비상점등을 위하여 비상전원으로 전환되는 경우 비상점등 회로로 정격전류의 1.2배 이상의 전류가 흐르거나 램프가 없는 경우에는 3초 이내에 예비전원으로부터의 비상전원 공급을 차단하여야 한다.

대표유형 ❽

비상콘센트 98쪽

01	02	03	04	05	06	07	08	09	10
④	④	③	④	③	④	①	④	④	③
11	12	13	14	15	16	17	18	19	20
③	③	②	④	②	①	①	①	②	④

01 단순 암기형 난이도 下

▍정답 ④

▍접근 POINT

수치만 알면 답을 고를 수 있는 문제로 수치 기준은 정확하게 암기해야 한다.

▍해설

비상콘센트용의 풀박스 등은 방청도장을 한 것으로서, 두께 1.6mm 이상의 철판으로 해야 한다.

02 개념 이해형 난이도 下

▍정답 ④

▍접근 POINT

비상콘센트설비의 설치기준은 필기와 실기 모두 자주 출제되므로 해당 규정은 정확하게 암기해야 한다.

▍해설

비상콘센트설비의 전원회로는 단상교류 220V인 것으로서, 그 공급용량은 1.5kVA 이상인 것으로 한다.

▍유사문제

거의 같은 문제인데 오답 보기로 "하나의 전용회로에 설치하는 비상콘센트는 10개 이상으로 한다."가 출제된 적 있다.

10개 이상이 아니라 10개 이하이다.

03 단순 암기형 난이도 下

▍정답 ③

▍접근 POINT

비상콘센트설비의 설치기준은 필기와 실기 모두 자주 출제되므로 해당 규정은 정확하게 암기해야 한다.

▍해설

하나의 전용회로에 설치하는 비상콘센트는 10개 이하로 해야 한다.

04 개념 이해형 난이도 下

▍정답 ④

▍접근 POINT

비상콘센트설비의 설치기준은 필기와 실기 모두 자주 출제되므로 해당 규정은 정확하게 암기해야 한다.

┃ 해설

① 10개 이하로 해야 한다.

② 공급용량은 1.5kVA 이상으로 해야 한다.

③ 두께 1.6mm 이상의 철판으로 해야 한다.

05 개념 이해형　　　　　난이도 中

┃ 정답　③

┃ 접근 POINT

비상콘센트가 6개이지만 6를 곱하는 것이 아니라 법에 정한 최대용량을 곱해야 한다.

┃ 해설

하나의 전용회로에 설치하는 비상콘센트는 10개 이하로 하고, 이 경우 전선의 용량은 각 비상콘센트(3개 이상인 경우는 3개)의 공급용량을 합한 용량 이상으로 해야 한다.

비상콘센트가 6개이므로 3개를 적용해야 하고, 하나의 공급용량은 1.5kVA이다.

$3 \times 1.5 = 4.5kVA$ 이상

06 단순 암기형　　　　　난이도 下

┃ 정답　④

┃ 접근 POINT

비상전원 용량은 자주 출제되므로 다음과 같이 한번에 정리하여 암기하는 것이 좋다.

용량	설비의 종류
10분 이상	• 자동화재탐지설비 • 비상경보설비 • 자동화재속보설비
20분 이상	• 유도등·비상조명등 • 제연설비 • 비상콘센트 • 휴대용비상조명등 • 옥내소화전설비(30층 미만)
30분 이상	무선통신보조설비의 증폭기
40분 이상	• 옥내소화전설비(30~49층 이하) • 스프링클러설비(30~49층 이하)
60분 이상	• 유도등·비상조명등(지하상가 및 11층 이상) • 옥내소화전설비(50층 이상) • 스프링클러설비(50층 이상)

┃ 해설

「비상콘센트설비의 화재안전기술기준」상 비상전원 설치기준

• 점검이 편리하고 화재 및 침수 등의 재해로 인한 피해를 받을 우려가 없는 곳에 설치할 것

• 비상콘센트설비를 유효하게 20분 이상 작동시킬 수 있는 용량으로 할 것

• 상용전원으로부터 전력의 공급이 중단된 때에는 자동으로 비상전원으로부터 전력을 공급받을 수 있도록 할 것

• 비상전원의 설치장소는 다른 장소와 방화구획 할 것. 이 경우 그 장소에는 비상전원의 공급에 필요한 기구나 설비 외의 것(열병합발전설비에 필요한 기구나 설비는 제외)을 두어서는 안 된다.

• 비상전원을 실내에 설치하는 때에는 그 실내에 비상조명등을 설치할 것

07 단순 암기형　　　　난이도 下

▎정답　①

▎접근 POINT

직류에 대한 기준이 개정되어 개정된 내용으로 정답을 수정한 문제이다.

개정 전 저압 기준은 "직류는 750V 이하, 교류는 600V 이하인 것"이었으나 해설의 개정된 기준을 기억해야 한다.

▎해설

「비상콘센트설비의 화재안전기술기준」상 전압의 기준

구분	내용
저압	직류는 1.5kV 이하, 교류는 1kV 이하
고압	직류 교류 모두 저압의 범위를 초과하고 7kV 이하
특고압	7kV를 초과하는 것

08 단순 암기형　　　　난이도 下

▎정답　④

▎접근 POINT

비상콘센트설비에서 자주 출제되는 문제이므로 전원회로, 공급용량, 플러그접속기와 관련된 기준은 정확하게 암기해야 한다.

▎해설

비상콘센트설비의 기준

구분	내용
전원회로	단상교류 220V
공급용량	1.5kVA 이상
플러그접속기	접지형 2극

▎유사문제 ①

좀 더 단순한 문제로 비상콘센트설비의 전원회로의 공급용량을 최소 몇 kVA 이상인 것으로 해야 하는지 묻는 문제도 출제되었다.

정답은 1.5kVA 이상이다.

▎유사문제 ②

좀 더 단순한 문제로 비상콘센트설비는 몇 극의 플러그 접속기를 사용해야 하는지 묻는 문제도 출제되었다.

정답은 2극이다.

09 단순 암기형　　　　난이도 下

▎정답　④

▎접근 POINT

자주 출제되는 문제는 아니므로 정답을 확인하는 방법으로 학습하는 것이 좋다.

▎해설

「비상콘센트설비의 화재안전기술기준」상 전원의 설치기준

상용전원회로의 배선은 저압수전인 경우에는 인입개폐기의 직후에서, 고압수전 또는 특고압수전인 경우에는 전력용변압기 2차 측의 주차단기 1차 측 또는 2차 측에서 분기하여 전용배선으로 할 것

10 단순 암기형   난이도 下

┃ 정답 ③

┃ 접근 POINT

표식은 사람들이 잘 보이는 곳에 표시해야 한다.

┃ 해설

「비상콘센트설비의 화재안전기술기준」상 보호함의 설치기준

• 보호함에는 쉽게 개폐할 수 있는 문을 설치할 것

• 보호함 표면에 "비상콘센트"라고 표시한 표지를 할 것

• 보호함 상부에 적색의 표시등을 설치할 것. 다만, 비상콘센트의 보호함을 옥내소화전함 등과 접속하여 설치하는 경우에는 옥내소화전함 등의 표시등과 겸용할 수 있다.

┃ 유사문제

거의 같은 문제인데 오답 보기로 "비상콘센트의 보호함을 옥내소화전함 등과 접속하여 설치하는 경우에는 옥내소화전함의 표시등과 분리하여야 한다."가 출제된 적이 있다.
분리가 아니라 겸용할 수 있다.

11 단순 암기형   난이도 下

┃ 정답 ③

┃ 접근 POINT

비상콘센트 관련 규정은 수치 기준을 정확하게 암기해야 한다.

┃ 해설

비상콘센트의 배치는 바닥면적이 1,000㎡ 미만인 층은 계단의 출입구로부터 5m 이내에 설치해야 한다.

┃ 관련법규

「비상콘센트설비의 화재안전기술기준」상 비상콘센트의 설치기준

• 바닥으로부터 높이 0.8m 이상 1.5m 이하의 위치에 설치할 것

• 비상콘센트의 배치는 바닥면적이 1,000㎡ 미만인 층은 계단의 출입구로부터 5m 이내에, 바닥면적 1,000㎡ 이상인 층은 각 계단의 출입구 또는 계단부속실의 출입구(계단의 부속실을 포함하며 계단이 3 이상 있는 층의 경우에는 그 중 2개의 계단을 말함)로부터 5m 이내에 설치하되, 그 비상콘센트로부터 그 층의 각 부분까지의 거리가 다음의 기준을 초과하는 경우에는 그 기준 이하가 되도록 비상콘센트를 추가하여 설치할 것

  - 지하상가 또는 지하층의 바닥면적의 합계가 3,000㎡ 이상인 것은 수평거리 25m

  - 위에 해당하지 아니하는 것은 수평거리 50m

12 개념 이해형   난이도 上

┃ 정답 ③

┃ 접근 POINT

법에 나와 있는 기준을 해석하여 소방시설이 적합하게 설치되었는지 묻는 문제로 기준을 정확하게 이해해야 풀 수 있다.

▌해설

① 바닥으로부터 높이 1.45m는 0.8m 이상 1.5m 이하에 해당하므로 적합하다.

② 바닥면적이 1,000m² 미만인 층은 계단의 출입구로부터 5m 이내에 설치해야 하는데 4m에 설치했으므로 적합하다.

③ 바닥면적의 합계가 12,000m²으로 3,000㎡ 이상이기 때문에 수평거리 25m 마다 설치해야 하는데 30m 마다 설치했으므로 적합하지 않다.

④ 바닥면적의 합계가 2,500m²으로 3,000㎡ 미만이기 때문에 수평거리 50m 마다 설치해야 하는데 40m마다 설치했으므로 적합하다.

---

13 단순 암기형   난이도 下

▌정답 ②

▌접근 POINT

절연저항은 자주 출제되므로 다음과 같이 정리하여 암기하는 것이 좋다.

구분	절연저항	대상
직류 250V	0.1MΩ 이상	비상방송설비의 1경계구역의 절연저항
직류 500V	5MΩ 이상	• 시각경보장치의 전원부와 비충전부 • 자동화재속보설비의 절연된 충전부와 외함 • 누전경보기 • 유도등(교류입력측과 외함 사이)
	20MΩ 이상	• 자동화재속보설비의 교류입력측과 외함 • 비상콘센트설비(전원부와 외함 사이)

▌해설

「비상콘센트설비의 화재안전기술기준」상 절연저항

비상콘센트설비의 전원부와 외함 사이의 절연저항은 전원부와 외함 사이를 500V 절연저항계로 측정할 때 20MΩ 이상일 것

---

14 단순 암기형   난이도 下

▌정답 ④

▌접근 POINT

지하층을 포함한 층수가 7층인 특정소방대상물은 해당되지 않음을 주의해야 한다.

▌해설

「비상콘센트설비의 화재안전기술기준」상 비상전원 설치기준

다음에 해당하는 특정소방대상물의 비상콘센트설비에는 자가발전설비, 비상전원수전설비, 축전지설비 또는 전기저장장치(외부 전기에너지를 저장해 두었다가 필요한 때 전기를 공급하는 장치)를 비상전원으로 설치해야 한다.

• 지하층을 제외한 층수가 7층 이상으로서 연면적이 2,000㎡ 이상인 경우

• 지하층의 바닥면적의 합계가 3,000㎡ 이상인 경우

▌유사문제

거의 같은 문제인데 정답 보기가 지하층의 바닥면적의 합계가 3,000m²인 특정소방대상물로 주어진 적이 있다.

지하층의 바닥면적의 합계가 3,000m² 이상이면 층수와 관계없이 비상콘센트설비에 자가발

전설비, 비상전원수전설비 등의 비상전원을 설치해야 한다.

15 단순 암기형 난이도 下

┃ 정답 ②

┃ 접근 POINT

자주 출제되는 문제는 아니지만 수치만 기억하면 풀 수 있는 문제이므로 대비가 필요하다.

┃ 해설

「비상콘센트설비의 성능인증 및 제품검사의 기술기준」 제4조 표시등의 구조 및 기능

• 전구는 사용전압의 130%인 교류전압을 20시간 연속하여 가하는 경우 단선, 현저한 광속변화, 흑화, 전류의 저하 등이 발생하지 아니하여야 한다.

• 소켓은 접속이 확실하여야 하며 쉽게 전구를 교체할 수 있도록 부착하여야 한다.

• 전구에는 적당한 보호카바를 설치하여야 한다. 다만, 발광다이오드의 경우에는 그러하지 아니하다.

• 적색으로 표시되어야 하며 주위의 밝기가 300lx 이상인 장소에서 측정하여 앞면으로부터 3m 떨어진 곳에서 켜진 등이 확실히 식별되어야 한다.

16 단순 암기형 난이도 下

┃ 정답 ①

┃ 접근 POINT

이 문제는 시간을 묻는 문제이지만 실효전압(1,000V)을 묻는 문제도 출제될 수 있다.

┃ 해설

「비상콘센트설비의 성능인증 및 제품검사의 기술기준」 제7~8조 절연내력시험

• 비상콘센트설비의 절연된 충전부와 외함간의 절연저항은 500V의 절연저항계로 측정한 값이 20MΩ 이상이어야 한다.

• 절연저항 시험부위의 절연내력은 정격전압 150V 이하의 경우 60Hz의 정현파에 가까운 실효전압 1,000V 교류전압을 가하는 시험에서 1분간 견디는 것이어야 한다.

• 정격전압이 150V를 초과하는 경우 그 정격전압에 2를 곱하여 1천을 더한 값의 교류전압을 가하는 시험에서 1분간 견디는 것이어야 한다.

┃ 유사문제

정격전압이 150V 이하일 때와 150V 초과일 때 각각 시험기준을 묻는 문제도 출제되었으므로 해당 시험기준과 관련된 수치는 기억해야 한다.

17 단순 암기형   난이도 下

정답 ①

접근 POINT

자주 출제되지는 않으므로 정답을 확인하는 정도로 학습하는 것이 좋다.

해설

전구에는 적당한 보호카바를 설치하여야 하지만 발광다이오드의 경우에는 그러하지 아니하다.

18 단순 암기형   난이도 下

정답 ①

접근 POINT

자주 출제되지는 않으므로 정답을 확인하는 정도로 학습하는 것이 좋다.

해설

비상콘센트설비의 배선용 차단기는 KS C 8321(배선용차단기)에 적합하여야 한다.

19 단순 암기형   난이도 下

정답 ②

접근 POINT

비상콘센트설비는 층수가 11층 이상인 경우 전층이 아니라 11층 이상의 층에 설치해야 하는 것을 주의해야 한다.

해설

「소방시설법 시행령」별표4 비상콘센트설비를 설치해야 하는 특정소방대상물

• 층수가 11층 이상인 특정소방대상물의 경우에는 11층 이상의 층
• 지하층의 층수가 3층 이상이고 지하층의 바닥면적의 합계가 1천㎡ 이상인 것은 지하층의 모든 층
• 지하가 중 터널로서 길이가 500m 이상인 것

20 개념 이해형   난이도 中

정답 ④

접근 POINT

법에 나온 규정을 이해해야 풀 수 있는 문제로 다소 난이도가 높은 문제이다.

실기에서는 직접 비상콘센트를 설치해야 하는 층을 도면에 표기하는 문제도 출제되므로 필기 때부터 해당 규정을 정확하게 이해하는 것이 좋다.

해설

층수가 11층 이상인 특정소방대상물의 경우에는 11층 이상의 층에 비상콘센트설비를 설치해야 하므로 지상 11층에는 비상콘센트설비를 설치해야 한다.

지하층의 층수가 3층 이상이고 지하층의 바닥면적의 합계가 1,200㎡으로 1,000㎡ 이상이므로 지하층의 모든 층에도 비상콘센트설비를 설치해야 한다.

따라서 정답은 모든 지하층, 지상 11층이다.

만약 문제가 지상 12층으로 주어졌다면 모든 지하층, 지상 11층, 지상 12층에 비상콘센트설비를 설치해야 한다.

대표유형 ⑨
무선통신보조설비 **104쪽**

01	02	03	04	05	06	07	08	09	10
④	③	④	③	③	②	③	④	④	①

11	12	13	14	15					
③	③	③	①	③					

01 단순 암기형   난이도 下

┃ 정답 ④

┃ 접근 POINT

┃ 해설

감시제어반 등에 설치된 무선중계기의 입력과 출력포트에 연결되어 송수신 신호를 원활하게 방사·수신하기 위해 옥외에 설치하는 장치를 옥외안테나라고 한다.

┃ 유사문제 ①

비슷한 문제로 분파기의 의미를 묻는 문제도 출제되었다.
서로 다른 주파수의 합성된 신호를 분리하기 위해서 사용하는 장치가 분파기이다.

┃ 유사문제 ②

신호의 전송로가 분기되는 장소에 설치되는 것으로 임피던스 매칭과 신호 균등분배를 위해 사용하는 장치를 묻는 문제도 출제되었다.
정답은 분배기이다.

02 단순 암기형   난이도 下

┃ 정답 ③

┃ 접근 POINT

무선통신보조설비란 지하층이나 초고층 건물에서 화재를 진압하는 대원과 지휘소 간의 원활한 무선통신을 하기 위한 설비이다.
무선통신보조설비와 어울리지 않는 구성요소를 찾아본다.

┃ 해설

음향장치는 자동화재탐지설비의 주요 구성요소이다.

┃ 관련법규

「무선통신보조설비의 화재안전기술기준」상 무선통신보조설비의 주요 구성요소
• 누설동축케이블
• 분배기
• 분파기
• 혼합기
• 증폭기
• 무선중계기
• 옥외안테나

03 단순 암기형

| 정답 ④

| 접근 POINT

증폭기가 아니라 무선중계기의 설치기준을 묻는 문제도 출제될 수 있는데 증폭기와 무선중계기의 설치기준은 같다.

| 해설

「무선통신보조설비의 화재안전기술기준」상 증폭기 및 무선중계기 설치기준

- 상용전원은 전기가 정상적으로 공급되는 축전지설비, 전기저장장치 또는 교류전압의 옥내 간선으로 하고, 전원까지의 배선은 전용으로 할 것
- 증폭기의 전면에는 주회로 전원의 정상 여부를 표시할 수 있는 표시등 및 전압계를 설치할 것
- 증폭기에는 비상전원이 부착된 것으로 하고 해당 비상전원 용량은 무선통신보조설비를 유효하게 30분 이상 작동시킬 수 있는 것으로 할 것

| 유사문제

무선통신보조설비 증폭기의 설치기준을 묻는 문제의 오답 보기로 증폭기의 전면에 표시등 및 전류계를 설치한다는 보기가 출제된 적이 있다. 증폭기의 전면에는 표시등 및 전압계를 설치해야 한다.

04 단순 암기형

| 정답 ③

| 접근 POINT

비상전원 용량은 자주 출제되므로 한번에 정리하여 암기하는 것이 좋다.

용량	설비의 종류
10분 이상	• 자동화재탐지설비 • 비상경보설비 • 자동화재속보설비
20분 이상	• 유도등·비상조명등 • 제연설비 • 비상콘센트 • 휴대용비상조명등 • 옥내소화전설비(30층 미만)
30분 이상	무선통신보조설비의 증폭기
40분 이상	• 옥내소화전설비(30~49층 이하) • 스프링클러설비(30~49층 이하)
60분 이상	• 유도등·비상조명등(지하상가 및 11층 이상) • 옥내소화전설비(50층 이상) • 스프링클러설비(50층 이상)

| 해설

무선통신보조설비의 증폭기에는 비상전원이 부착된 것으로 하고 해당 비상전원 용량은 무선통신보조설비를 유효하게 30분 이상 작동시킬 수 있는 것으로 해야 한다.

05 단순 암기형 난이도 中

┃정답 ③

┃접근 POINT

비상전원은 10분 이상, 20분 이상, 30분 이상, 40분 이상, 60분 이상으로 구분해서 암기해야 한다.

┃해설

③ 비상경보설비 - 10분 이상

06 단순 암기형 난이도 中

┃정답 ②

┃접근 POINT

비상전원은 10분 이상, 20분 이상, 30분 이상, 40분 이상, 60분 이상으로 구분해서 암기해야 한다.

┃해설

① 20분 이상
② 30분 이상
③ 20분 이상
④ 20분 이상

07 단순 암기형 난이도 下

┃정답 ③

┃접근 POINT

임피던스라는 용어가 나오면 50을 바로 떠올려야 한다.

┃용어 CHECK

임피던스: 교류 회로에 전압이 가해졌을 때 전류의 흐름을 방해하는 값으로서 교류 회로에서의 전류에 대한 전압의 비

┃해설

「무선통신보조설비의 화재안전기술기준」상 누설동축케이블의 설치기준

• 소방전용주파수대에서 전파의 전송 또는 복사에 적합한 것으로서 소방전용의 것으로 할 것

• 누설동축케이블 및 동축케이블은 화재에 따라 해당 케이블의 피복이 소실된 경우에 케이블 본체가 떨어지지 않도록 4m 이내마다 금속제 또는 자기제 등의 지지금구로 벽·천장·기둥 등에 견고하게 고정할 것

• 누설동축케이블 및 안테나는 고압의 전로로부터 1.5m 이상 떨어진 위치에 설치할 것. 다만, 해당 전로에 정전기 차폐장치를 유효하게 설치한 경우에는 그렇지 않다.

• 누설동축케이블의 끝부분에는 무반사 종단저항을 견고하게 설치할 것

• 누설동축케이블 및 동축케이블의 임피던스는 50Ω으로 하고, 이에 접속하는 안테나·분배기 기타의 장치는 해당 임피던스에 적합한 것으로 해야 한다.

08 단순 암기형
난이도 下

┃정답 ④

┃접근 POINT

금속제 또는 자기제로 지지한다는 말이 나오면 4를 떠올려야 한다.

┃해설

누설동축케이블 및 동축케이블은 4m 이내마다 금속제 또는 자기제 등의 지지금구로 벽·천장·기둥 등에 견고하게 고정해야 한다.

09 단순 암기형
난이도 下

┃정답 ④

┃접근 POINT

누설동축케이블의 끝부분에 무엇을 설치해야 하는지를 묻는 문제이다.

┃해설

누설동축케이블의 끝부분에는 무반사종단저항을 견고하게 설치해야 하기 때문에 ⓐ는 무반사종단저항이다.

10 단순 암기형
난이도 下

┃정답 ①

┃접근 POINT

무반사종단저항은 전자파의 반사를 방지하여 교신을 원활하게 하기 위해 설치한다는 것을 기

억해야 한다.

┃해설

누설동축케이블의 끝부분에는 반사 종단저항이 아니라 무반사종단저항을 설치해야 한다.

┃유사문제

거의 같은 문제로 누설동축케이블의 중간 부분에 무반사종단저항을 설치해야 한다는 오답 보기가 출제된 적 있다.
누설동축케이블의 끝부분에 무반사종단저항을 설치해야 한다는 점을 기억해야 한다.

11 개념 이해형
난이도 中

┃정답 ③

┃접근 POINT

법에 있는 예외조항을 알고 있는지 묻는 문제로 법을 정확하게 이해해야 한다.

┃해설

해당 전로에 정전기 차폐장치를 유효하게 설치한 경우 누설동축케이블 및 안테나는 고압의 전로로부터 1.5m 이상 떨어진 위치에 설치하지 않아도 된다.

┃유사문제

거의 같은 문제인데 누설동축케이블을 고압의 전로로부터 0.5m 이상 떨어진 위치에 설치해야 한다는 오답 보기가 출제된 적 있다.
누설동축케이블 및 안테나는 고압의 전로로부터 1.5m 이상 떨어진 위치에 설치해야 한다.

12 단순 암기형 난이도 下

정답 ③

접근 POINT

임피던스라는 용어가 나오면 50을 바로 떠올려야 한다.

해설

「무선통신보조설비의 화재안전기술기준」상 분배기·분파기 및 혼합기의 설치기준
- 먼지·습기 및 부식 등에 따라 기능에 이상을 가져오지 않도록 할 것
- 임피던스는 50Ω의 것으로 할 것
- 점검에 편리하고 화재 등의 재해로 인한 피해의 우려가 없는 장소에 설치할 것

13 단순 암기형 난이도 下

정답 ③

접근 POINT

분배기·분파기 및 혼합기의 설치기준은 실기에도 출제되는 내용으로 정확하게 암기해야 한다.

해설

③은 증폭기 및 무선중계기의 설치기준에 해당된다.

14 단순 암기형 난이도 下

정답 ①

접근 POINT

무선통신보조설비에서 자주 출제되는 문제로 반드시 맞혀야 하는 문제이다.

해설

「무선통신보조설비의 화재안전기술기준」상 설치제외 기준

지하층으로서 특정소방대상물의 바닥부분 2면 이상이 지표면과 동일하거나 지표면으로부터의 깊이가 1m 이하인 경우에는 해당 층에 한해 무선통신보조설비를 설치하지 아니할 수 있다.

유사문제

좀 더 단순한 문제로 무선통신보조설비를 설치하지 않을 수 있는 지표면에서의 깊이를 묻는 문제도 출제되었다.
정답은 1m 이하이다.
거의 같은 문제이지만 바닥 부분의 2면 이상 부분의 숫자 2에 괄호가 위치한 문제도 있었으므로 해당 수치는 정확하게 암기해야 한다.

15 단순 암기형 난이도 下

정답 ③

접근 POINT

비상방송설비의 설치기준은 11층 이상인 것과 구분해서 암기해야 한다.

▌해설

「소방시설법 시행령」 별표4 무선통신보조설비를 설치해야 하는 특정소방대상물

- 지하가(터널은 제외)로서 연면적 1천㎡ 이상인 것
- 지하층의 바닥면적의 합계가 3천㎡ 이상인 것 또는 지하층의 층수가 3층 이상이고 지하층의 바닥면적의 합계가 1천㎡ 이상인 것은 지하층의 모든 층
- 지하가 중 터널로서 길이가 500m 이상인 것
- 지하구 중 공동구
- 층수가 30층 이상인 것으로서 16층 이상 부분의 모든 층

▌유사문제

"지하층의 층수가 3층 이상이고 지하층의 바닥면적의 합계가 1천㎡ 이상인 것은 지하층의 모든 층에 무선통신보조설비를 설치해야 한다."가 맞는 보기로 출제된 적 있으므로 설치대상을 기억해야 한다.

대표유형 ⑩

기타 소방전기시설   108쪽

01	02	03	04	05	06	07	08	09	10
③	①	④	①	③	③	②	③	③	④
11	12	13	14	15	16	17	18	19	20
③	①	③	①	①	③	③	③	③	②
21	22	23	24	25	26				
②	④	④	②	③	②				

01 단순 암기형　　　　난이도 下

▌정답 ③

▌접근 POINT

수전설비의 용어를 묻는 간단한 문제이다.
다른 보기는 거의 출제되지 않으나 큐비클형에서 공용 큐비클식과 전용 큐비클식을 묻는 문제도 종종 출제된다.

▌해설

수전설비란 전력수급용 계기용변성기·주차단장치 및 그 부속기기를 말한다.

02 단순 암기형　　　　난이도 下

▌정답 ①

▌접근 POINT

자주 출제되는 문제는 아니므로 인입선과 인입구배선의 뜻만 알고 넘어는 것이 좋다.

▎해설

인입선이란 수용장소의 조영물(토지에 정착한 시설물 중 지붕 및 기둥 또는 벽이 있는 시설물)의 옆면 등에 시설하는 전선으로서 그 수용장소의 인입구에 이르는 부분의 전선이다.

▎해설

「소방시설용 비상전원수전설비의 화재안전기술기준」상 외함에 노출하여 설치할 수 있는 것
- 표시등(불연성 또는 난연성 재료로 덮개를 설치한 것에 한함)
- 전선의 인입구 및 입출구

03 단순 암기형   난이도 下

▎정답 ④

▎접근 POINT

자주 출제되지는 않지만 수치 정도는 기억해 두는 것이 좋다.

▎해설

「소방시설용 비상전원수전설비의 화재안전기술기준」상 제1종 배전반 및 제1종 분전반의 설치기준
- <u>외함은 두께 1.6mm(전면판 및 문은 2.3mm) 이상</u>의 강판과 이와 동등 이상의 강도와 내화성능이 있는 것으로 제작할 것
- 외함의 내부는 외부의 열에 의해 영향을 받지 않도록 내열성 및 단열성이 있는 재료를 사용하여 단열할 것. 이 경우 단열부분은 열 또는 진동에 따라 쉽게 변형되지 않아야 한다.

04 단순 암기형   난이도 下

▎정답 ①

▎접근 POINT

자주 출제되지는 않으므로 정답을 확인하는 정도로 공부하는 것이 좋다.

05 단순 암기형   난이도 下

▎정답 ③

▎접근 POINT

자주 출제되는 문제는 아니므로 정답을 확인하는 정도로 공부하는 것이 좋다.

▎해설

「소방시설용 비상전원수전설비의 화재안전기술기준」상 인입선 및 입입구 배선의 시설

인입구 배선은 「옥내소화전설비의 화재안전기술기준」에 따른 <u>내화배선</u>으로 해야 한다.

06 단순 암기형   난이도 下

▎정답 ③

▎접근 POINT

실기에서도 단답형으로 출제되는 문제로 수치를 정확하게 기억해야 한다.

┃해설

「소방시설용 비상전원수전설비의 화재안전기술기준」상 인입선 및 입입구 배선의 시설

소방회로배선은 일반회로배선과 불연성의 격벽으로 구획할 것. 다만, <u>소방회로배선과 일반회로배선을 15cm 이상 떨어져 설치한 경우</u>는 그렇지 않다.

07 단순 암기형   난이도 下

┃정답 ②

┃접근 POINT

비상전원수전설비의 화재안전기술기준에 해당하는 문제 중 자주 출제되는 문제로 반드시 맞혀야 하는 문제이다.

┃해설

「소방시설용 비상전원수전설비의 화재안전기술기준」상 비상전원수전설비의 종류

구분	종류
특별고압 또는 고압으로 수전	• 방화구획형 • 옥외개방형 • 큐비클(Cubicle)형
저압으로 수전	• 전용배전반(1·2종) • 전용분전반(1·2종) • 공용분전반(1·2종)

┃유사문제 ①

전기사업자로부터 저압으로 수전하는 경우 비상전원설비를 묻는 문제도 출제되었다.
정답은 전용배전반(1·2종)이다.

┃유사문제 ②

특별고압 또는 고압으로 수전하는 비상전원수전설비의 형식에 해당되지 않는 것을 묻는 문제도 출제되었다.
큐비클형, 옥외개방형, 방화구획형은 해당되지만 옥내개방형은 해당되지 않는다.

08 단순 암기형   난이도 下

┃정답 ③

┃접근 POINT

공용 큐비클식과 전용 큐비클식을 묻는 문제가 모두 출제될 수 있으므로 대비해야 한다.
겸용이라는 단어가 나오면 공용 큐비클식을 떠올려야 한다.

┃해설

「소방시설용 비상전원수전설비의 화재안전기술기준」상 큐비클형

큐비클형이란 수전설비를 큐비클 내에 수납하여 설치하는 방식으로서 다음의 형식을 말한다.

구분	내용
공용 큐비클식	소방회로 및 일반회로 겸용의 것으로서 수전설비, 변전설비와 그 밖의 기기 및 배선을 금속제 외함에 수납한 것
전용 큐비클식	소방회로용의 것으로 수전설비, 변전설비와 그 밖의 기기 및 배선을 금속제 외함에 수납한 것

┃유사문제

소방회로용의 것으로 수전설비, 변전설비와 그 밖의 기기 및 배선을 금속제 외함에 수납한 것을 묻는 문제도 출제되었다.
정답은 전용 큐비클식이다.

09 단순 암기형 난이도 下

정답 ③

접근 POINT

방화문의 용어가 개정되어 개정된 용어로 보기를 수정했다.
갑종방화문, 을종방화문은 60분+ 방화문, 60분 방화문, 30분 방화문으로 개정된 것을 기억해야 한다.

해설

「소방시설용 비상전원수전설비의 화재안전기술기준」상 큐비클형의 설치기준
- 전용 큐비클 또는 공용 큐비클식으로 설치할 것
- 외함은 두께 2.3mm 이상의 강판과 이와 동등이상의 강도와 내화성능이 있는 것으로 제작해야 하며, 개구부에는 60분+ 방화문, 60분 방화문 또는 30분 방화문으로 설치할 것
- 외함은 건축물의 바닥 등에 견고하게 고정할 것
- 자연환기구에 따라 충분히 환기할 수 없는 경우에는 환기설비를 설치할 것
- 공용큐비클식의 소방회로와 일반회로에 사용되는 배선 및 배선용기기는 불연재료로 구획할 것

10 개념 이해형 난이도 中

정답 ④

접근 POINT

자주 출제되지는 않으므로 정답을 확인하는 정도로 학습하는 것이 좋다.

해설

공용 큐비클식의 소방회로와 일반회로에 사용되는 배선 및 배선용 기기는 난연재료가 아니라 불연재료로 구획해야 한다.

11 단순 암기형 난이도 下

정답 ③

접근 POINT

자주 출제되는 문제는 아니므로 수치를 확인하는 정도로 공부하는 것이 좋다.

해설

「경종의 우수품질인증 기술기준」 제4조 기능시험
경종은 정격전압을 인가하여 다음의 기능에 적합하여야 한다.
- 경종의 중심으로부터 1m 떨어진 위치에서 90dB 이상이어야 하며, 최소 청취거리에서 110dB을 초과하지 아니하여야 한다.
- 경종의 소비전류는 50mA 이하이어야 한다.

12 단순 암기형 난이도 下

정답 ①

접근 POINT

자주 출제되는 문제는 아니므로 수치를 확인하는 정도로 공부하는 것이 좋다.

해설

경종은 정격전압을 인가하여 경종의 중심으로부터 1m 떨어진 위치에서 90dB 이상이어야 하며, 최소 청취거리에서 110dB을 초과하지 아니하여야 한다.

---

13 단순 암기형 난이도 下

정답 ③

접근 POINT

자주 출제되는 문제는 아니므로 수치를 확인하는 정도로 공부하는 것이 좋다.

해설

「경종의 형식승인 및 제품검사의 기술기준」 제4조 전원전압변동 시의 기능

경종은 전원전압이 정격전압의 ±20% 범위에서 변동하는 경우 기능에 이상이 생기지 않아야 한다.

---

14 단순 암기형 난이도 下

정답 ①

접근 POINT

수고치가 낮을 경우와 높을 경우 발생하는 현상을 구분할 수 있어야 한다.

해설

접점수고시험은 공기관에 마노미터를 접속한 후 공기를 서서히 주입해서 감지기의 접점이 붙는 순간의 수고치를 측정하여 검출기에 표시된 기준값의 범위와 비교하는 것이다.

수고치가 낮을 경우 감지기가 예민하게 작동하여 비화재보의 원인이 되고, 수고치가 규정 이상으로 높을 경우 감지기의 작동이 늦어진다.

---

15 단순 암기형 난이도 下

정답 ①

접근 POINT

발신기의 형식승인과 관련된 문제 중에서는 가장 자주 출제되는 문제로 수치를 정확하게 기억해야 한다.

해설

「발신기의 형식승인 및 제품검사의 기술기준」 제4조의2 발신기의 작동기능

발신기의 조작부는 작동스위치의 동작방향으로 가하는 힘이 2kg을 초과하고 8kg 이하인 범위에서 확실하게 동작되어야 하며, 2kg의 힘을 가하는 경우 동작되지 아니하여야 한다. 이 경우 누름판이 있는 구조로서 손끝으로 눌러 작동하는 방식의 작동스위치는 누름판을 포함한다.

16 단순 암기형   난이도 下

┃ 정답 ③

┃ 접근 POINT

충전방식을 묻는 문제는 대부분 부동충전방식에 대해 묻는 문제이다.

부동충전방식은 실기에도 종종 출제되므로 기본개념을 이해해야 한다.

┃ 해설

부동충전방식

• 축전지의 자기방전을 보충함과 동시에 상용부하에 대한 전력공급은 충전기가 부담하되 부담하기 어려운 일시적인 대전류 부하는 축전지가 부담하도록 하는 방식이다.

• 축전지와 부하를 충전기에 병렬로 접속하는 방식이다.

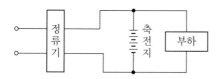

┃ 선지분석

① 과충전방식은 사용하지 않는 방식이다.

② 균등충전방식은 1~3개월마다 정전압으로 충전하는 방식이다.

④ 세류충전방식은 자기방전량만을 항상 충전하는 방식이다.

17 단순 암기형   난이도 下

┃ 정답 ③

┃ 접근 POINT

소방시설에서 사용하는 예비전원 3가지를 기억해야 한다.

┃ 해설

「예비전원의 성능인증 및 제품검사의 기술기준」 제2조 예비전원의 종류

• 알카리계 2차 축전지

• 리튬계 2차 축전지

• 무보수 밀폐형 연축전지

┃ 유사문제

유도등의 예비전원에 해당되는 것을 묻는 문제도 출제되었다.

정답은 알카리계 2차 축전지, 리튬계 2차 축전지이다.

18 단순 암기형   난이도 下

┃ 정답 ③

┃ 접근 POINT

자주 출제되지는 않으므로 정답을 확인하는 정도로 학습하는 것이 좋다.

┃ 해설

「예비전원의 성능인증 및 제품검사의 기술기준」 제4조 구조 및 성능

예비전원에 연결되는 배선의 경우 양극은 적색, 음극은 청색 또는 흑색으로 오접속방지 조치를 하여야 한다.

19 단순 암기형   난이도 下

┃ 정답 ③

┃ 접근 POINT

자주 출제되는 문제는 아니므로 정답을 확인하는 정도로 학습하는 것이 좋다.

┃ 해설

「예비전원의 성능인증 및 제품검사의 기술기준」 제8조 안전장치시험

예비전원은 1/5C 이상 1C 이하의 전류로 역충전하는 경우 5시간 이내에 안전장치가 작동하여야 하며, 외관이 부풀어 오르거나 누액 등이 없어야 한다.

20 단순 암기형   난이도 下

┃ 정답 ②

┃ 접근 POINT

자주 출제되지는 않으므로 연기감지기의 종류를 파악하는 정도로 학습하는 것이 좋다.

┃ 해설

「감지기의 형식승인 및 제품검사의 기술기준」 제3조 연기감지기의 종류

- 이온화식스포트형
- 광전식스포트형
- 광전식분리형
- 공기흡입형

21 단순 암기형   난이도 中

┃ 정답 ②

┃ 접근 POINT

실기에서 단답형 또는 서술형으로 출제되던 문제가 필기에 출제된 문제로 감지기의 의미를 이해하면서 암기하는 것이 좋다.

┃ 해설

「감지기의 형식승인 및 제품검사의 기술기준」 제4조 감지기의 형식

- 다(多)신호식: 1개의 감지기 내에 서로 다른 종별 또는 감도 등의 기능을 갖춘 것으로서 일정시간 간격을 두고 각각 다른 2개 이상의 화재신호를 발하는 감지기
- 방폭형: 폭발성 가스가 용기 내부에서 폭발하였을 때 용기가 그 압력에 견디거나 또는 외부의 폭발성가스에 인화될 우려가 없도록 만들어진 형태의 감지기
- 방수형: 구조가 방수구조로 되어 있는 감지기
- 축적형: 일정 농도 이상의 연기가 일정 시간(공칭축적시간) 연속하는 것을 전기적으로 검출함으로써 작동하는 감지기
- 아날로그식: 주위의 온도 또는 연기의 양의 변화에 따른 화재정보신호값을 출력하는 방식의 감지기
- 연동식: 단독경보형감지기가 작동할 때 화재를 경보하며 유·무선으로 주위의 다른 감지기에 신호를 발신하고 신호를 수신한 감지기도 화재를 경보하며 다른 감지기에 신호를 발신하는 방식의 것

22 단순 암기형 　　　　난이도 中

정답 ④

접근 POINT

다소 지엽적인 부분에서 출제된 문제로 법에 나온 규정을 암기하기 보다는 감지기의 용어를 보고 뜻을 생각하는 방식으로 답을 고르는 것이 좋다.

해설

단독경보형감지기가 작동할 때 화재를 경보하며 유·무선으로 주위의 다른 감지기에 신호를 발신하고 신호를 수신한 감지기도 화재를 경보하며 다른 감지기에 신호를 발신하는 방식의 것을 연동식 감지기라고 한다.

23 단순 암기형 　　　　난이도 下

정답 ④

접근 POINT

자주 출제되지는 않지만 수치만 알고 있다면 쉽게 답을 고를 수 있는 문제이다.

해설

「감지기의 형식승인 및 제품검사의 기술기준」 제19조의2 불꽃감지기

불꽃감지기 중 도로형은 최대시야각이 180° 이상이어야 한다.

24 단순 암기형 　　　　난이도 下

정답 ②

접근 POINT

전압과 관련된 기준은 다음과 같이 정리하여 암기하는 것이 좋다.

구분	대상
0.5V 이하	누전경보기의 경계전로의 전압강하
60V 초과	자동화재탐지설비 수신기의 접지단자
300V 이하	• 누전경보기 변압기의 정격 1차 전압 • 유도등·비상조명등의 사용전압
600V 이하	누전경보기의 경계전로 전압

해설

「수신기의 형식승인 및 제품검사의 기술기준」 제3조 구조 및 일반기능

정격전압이 60V를 넘는 기구의 금속제 외함에는 접지단자를 설치하여야 한다.

25 단순 암기형　　　　　　　난이도 下

┃ 정답　③

┃ 접근 POINT

도로터널의 화재안전기술기준은 잘 출제되지 않은 행정규칙이지만 비상전원과 연계되어 해당 수치를 암기하는 것이 좋다.

┃ 해설

「도로터널의 화재안전기술기준」상 비상조명등 설치 기준

비상조명등의 비상전원은 상용전원이 차단되는 경우 자동으로 <u>비상조명등을 유효하게 60분 이상 작동</u>할 수 있어야 할 것

26 단순 암기형　　　　　　　난이도 下

┃ 정답　②

┃ 접근 POINT

피난방향을 알려주는 축광보조표지가 설치되기 적절한 위치를 생각해 본다.

┃ 해설

「축광표지의 성능인증 및 제품검사의 기술기준」 제2조 용어의 정의

"축광보조표지"란 피난로 등의 <u>바닥·계단·벽면 등에 설치</u>함으로서 피난방향 또는 소방용품 등의 위치를 추가적으로 알려주는 보조역할을 하는 표지를 말한다.